21世纪高等学校规划教材 | 计算机应用

Java面向对象
程序设计与Web开发

薛福亮 主　编

马　莉 副主编

张彦龙 王　心 张春霁 编　著

清华大学出版社

北　京

内 容 简 介

本书在全面介绍 Java 语言的基本语法、面向对象思想的基础上着重介绍了当前流行的 Struts＋Hibernate＋Spring MVC 开发框架,通过具体的开发案例引导读者掌握 Java 的 Web 开发的核心技术。

全书分为两个部分,共 13 章。第一部分为第 1～7 章,介绍 Java 面向对象程序设计;第二部分为第 8～13 章,介绍利用 MVC 框架进行 Web 开发。其中,第 1 章介绍 Java 语言基础,第 2 章介绍 Java 语法基础,第 3 章和第 4 章介绍 Java 面向对象机制,第 5 章介绍输入与输出流,第 6 章介绍多线程机制与网络编程,第 7 章介绍操作数据库,第 8 章介绍 Web 开发的相关技术,第 9 章介绍 Ajax 与 jQuery,第 10 章介绍 MVC 与 Struts 框架,第 11 章介绍 Hibernate 框架,第 12 章介绍 Spring 框架,第 13 章介绍 Struts＋Hibernate＋Spring 整合实例。

图书在版编目(CIP)数据

Java 面向对象程序设计与 Web 开发/薛福亮主编. —北京:清华大学出版社,2014
  21 世纪高等学校规划教材·计算机应用
  ISBN 978-7-302-37324-7

  Ⅰ. ①J…　Ⅱ. ①薛…　Ⅲ. ①JAVA 语言－程序设计－高等学校－教材　Ⅳ. ①TP312

中国版本图书馆 CIP 数据核字(2014)第 159676 号

责任编辑:高买花　王冰飞
封面设计:傅瑞学
责任校对:白　蕾
责任印制:何　芊

出版发行:清华大学出版社
　　　　　网　　　　址:http://www.tup.com.cn,http://www.wqbook.com
　　　　　地　　　　址:北京清华大学学研大厦 A 座　　　　邮　　编:100084
　　　　　社 总 机:010-62770175　　　　　　　　　　　邮　　购:010-62786544
　　　　　投稿与读者服务:010-62776969,c-service@tup.tsinghua.edu.cn
　　　　　质 量 反 馈:010-62772015,zhiliang@tup.tsinghua.edu.cn
　　　　　课 件 下 载:http://www.tup.com.cn,010-62795954
印 装 者:北京密云胶印厂
经　　销:全国新华书店
开　　本:185mm×260mm　　　　印　张:18.5　　　　字　　数:441 千字
版　　次:2014 年 6 月第 1 版　　　　　　　　　　　印　　次:2014 年 6 月第 1 次印刷
印　　数:1～2000
定　　价:35.00 元

产品编号:052168-01

出 版 说 明

　　随着我国改革开放的进一步深化,高等教育也得到了快速发展,各地高校紧密结合地方经济建设发展需要,科学运用市场调节机制,加大了使用信息科学等现代科学技术提升、改造传统学科专业的投入力度,通过教育改革合理调整和配置了教育资源,优化了传统学科专业,积极为地方经济建设输送人才,为我国经济社会的快速、健康和可持续发展以及高等教育自身的改革发展做出了巨大贡献。但是,高等教育质量还需要进一步提高以适应经济社会发展的需要,不少高校的专业设置和结构不尽合理,教师队伍整体素质亟待提高,人才培养模式、教学内容和方法需要进一步转变,学生的实践能力和创新精神亟待加强。

　　教育部一直十分重视高等教育质量工作。2007 年 1 月,教育部下发了《关于实施高等学校本科教学质量与教学改革工程的意见》,计划实施“高等学校本科教学质量与教学改革工程(简称‘质量工程’)”,通过专业结构调整、课程教材建设、实践教学改革、教学团队建设等多项内容,进一步深化高等学校教学改革,提高人才培养的能力和水平,更好地满足经济社会发展对高素质人才的需要。在贯彻和落实教育部“质量工程”的过程中,各地高校发挥师资力量强、办学经验丰富、教学资源充裕等优势,对其特色专业及特色课程(群)加以规划、整理和总结,更新教学内容、改革课程体系,建设了一大批内容新、体系新、方法新、手段新的特色课程。在此基础上,经教育部相关教学指导委员会专家的指导和建议,清华大学出版社在多个领域精选各高校的特色课程,分别规划出版系列教材,以配合“质量工程”的实施,满足各高校教学质量和教学改革的需要。

　　为了深入贯彻落实教育部《关于加强高等学校本科教学工作,提高教学质量的若干意见》精神,紧密配合教育部已经启动的“高等学校教学质量与教学改革工程精品课程建设工作”,在有关专家、教授的倡议和有关部门的大力支持下,我们组织并成立了“清华大学出版社教材编审委员会”(以下简称“编委会”),旨在配合教育部制定精品课程教材的出版规划,讨论并实施精品课程教材的编写与出版工作。“编委会”成员皆来自全国各类高等学校教学与科研第一线的骨干教师,其中许多教师为各校相关院、系主管教学的院长或系主任。

　　按照教育部的要求,“编委会”一致认为,精品课程的建设工作从开始就要坚持高标准、严要求,处于一个比较高的起点上;精品课程教材应该能够反映各高校教学改革与课程建设的需要,要有特色风格、有创新性(新体系、新内容、新手段、新思路,教材的内容体系有较高的科学创新、技术创新和理念创新的含量)、先进性(对原有的学科体系有实质性的改革和发展,顺应并符合 21 世纪教学发展的规律,代表并引领课程发展的趋势和方向)、示范性(教材所体现的课程体系具有较广泛的辐射性和示范性)和一定的前瞻性。教材由个人申报或各校推荐(通过所在高校的“编委会”成员推荐),经“编委会”认真评审,最后由清华大学出版社审定出版。

目前,针对计算机类和电子信息类相关专业成立了两个"编委会",即"清华大学出版社计算机教材编审委员会"和"清华大学出版社电子信息教材编审委员会"。推出的特色精品教材包括:

(1) 21世纪高等学校规划教材·计算机应用——高等学校各类专业,特别是非计算机专业的计算机应用类教材。

(2) 21世纪高等学校规划教材·计算机科学与技术——高等学校计算机相关专业的教材。

(3) 21世纪高等学校规划教材·电子信息——高等学校电子信息相关专业的教材。

(4) 21世纪高等学校规划教材·软件工程——高等学校软件工程相关专业的教材。

(5) 21世纪高等学校规划教材·信息管理与信息系统。

(6) 21世纪高等学校规划教材·财经管理与应用。

(7) 21世纪高等学校规划教材·电子商务。

(8) 21世纪高等学校规划教材·物联网。

清华大学出版社经过三十多年的努力,在教材尤其是计算机和电子信息类专业教材出版方面树立了权威品牌,为我国的高等教育事业做出了重要贡献。清华版教材形成了技术准确、内容严谨的独特风格,这种风格将延续并反映在特色精品教材的建设中。

清华大学出版社教材编审委员会
联系人:魏江江
E-mail:weijj@tup.tsinghua.edu.cn

前　言

　　目前,市场上关于 Java 面向对象程序设计的教材主要分为两类,一类是以 J2SDK 为基础,讲授 Java 的基本数据类型、基本语法,以及面向对象程序设计的基本思想,而忽略了 Java 的应用开发,在学完之后,读者虽然对 Java 的面向对象思想及基本语法有了一定的了解,但不能应用 Java 语言进行实际的开发;另一类是直接讲授 Java 的具体应用,例如基于 Struts＋Hibernate＋Spring 的 Web 开发,基于安卓开源的移动应用开发等,这类教材对于初学 Java 的人员而言有点困难,在其未了解 Java 的基本思想之前很难直接进入开发阶段。本书针对 Java 初学者的特点,将 Java 的面向对象思想与 Java 的一个非常重要的应用领域——Web 开发结合起来,使得读者在学完本书之后能够掌握 Java 的面向对象思想,并且了解现在比较成熟的 Java Web 开发框架,能够进行基本的 Java Web 应用开发,使得信息系统与信息管理专业、电子商务专业、软件工程专业、计算机科学与技术等专业的学生将面向对象思想与开发应用结合起来。本书循序渐进,适合 Java 的初学者,从基础到应用开发均有所涉及,在学完本书之后读者能够应用 Java 进行 Web 系统的开发。

　　本书适合 Java 初学者,通过学习本书,读者能够掌握 Java 面向对象的基本思想与应用程序的开发。在此基础上,本书将会介绍优秀的 MVC 开发框架 Struts＋Hibernate＋Spring,使读者能够应用该开发框架进行 Java Web 应用的开发。本书在让读者了解 Java 面向对象思想的同时,通过具体的开发案例引导读者循序渐进地完成 Java Web 的开发。本书的所有代码全部经过精心测试,读者通过学习案例代码能够快速地掌握 Java 的 Web 应用开发,并能够在基本案例的基础上进行扩展,活学活用进行 Web 应用开发。

　　本书分为两个部分,共 13 章。第一部分为第 1～7 章,介绍 Java 面向对象程序设计;第二部分为第 8～13 章,介绍利用 MVC 框架进行 Web 开发。其中,第 1 章介绍 Java 语言基础,第 2 章介绍 Java 语法基础,第 3 章和第 4 章介绍 Java 面向对象机制,第 5 章介绍输入与输出流,第 6 章介绍多线程机制与网络编程,第 7 章介绍操作数据库,第 8 章介绍 Web 开发的相关技术,第 9 章介绍 Ajax 与 jQuery,第 10 章介绍 MVC 与 Struts 框架,第 11 章介绍 Hibernate 框架,第 12 章介绍 Spring 框架,第 13 章介绍 Struts＋Hibernate＋Spring 整合实例。

　　本书由薛福亮主编,其中,第 2 章由王心编写,第 3 章由马莉编写,第 8 章和第 9 章由张彦龙编写,感谢张春霁老师参与了本书的校对与程序调试工作。

编　者

2014 年 6 月

目 录

第一部分　Java 面向对象程序设计

第二部分　Java 与 Web 开发

第 **一** 部分　**Java 面向对象程序设计**

第1章

Java语言基础

1.1 Java 入门

1.1.1 Java 的诞生

Java 的历史可以追溯到 1991 年 4 月,Sun 公司的 James Gosling 领导的绿色计划 (Green Project)开始着力发展一种分布式系统结构,使其能够在各种消费性电子产品上运行,他们使用了 C、C++、Oak 语言。由于电子产品种类繁多,运行环境各不相同,使得用这些语言开发的软件必须为不同的电子产品专门设计,所以项目组疲于奔命,消费性电子产品软件环境的发展无法达到预期的目标,绿色计划也陷于停滞状态。

直到 1994 年下半年,由于 Internet 的迅猛发展和环球信息网 WWW 的快速增长,第一个全球信息网络浏览器 Mosaic 诞生了。此时,工业界对适合在网络异构环境下使用的语言有一种非常急迫的需求,James Gosling 决定改变绿色计划的发展方向,重新定义这种语言,一开始,James Gosling 依据公司楼外的一棵橡树而将这种语言起名为橡树(Oak)。他们用 Oak 设计了用于控制电灯、电话、电视机等装置的一些小系统,接着又开发了电视点播系统软件。后来,Green 小组想起,Sun 公司曾经有过一种叫做 Oak 的语言,于是多次思索,多番讨论,最后用 Java 作为这种新语言的名字。其实,Java 就是印度尼西亚盛产咖啡的爪哇岛的名字,将这种具有跨平台特性的新颖语言取名为 Java,是设计者寄托了“请你喝杯热咖啡”的寓意。后来,他们还把这种情意形象化,在 Java 文档中,人们常常可以见到一杯冒着热气的咖啡的图标,在英文参考书中,几乎每一本书都用一杯热咖啡的图标来点缀每一页的页码。之后,他们对 Oak 进行了小规模的改造,这样,Java 在 1995 年的 3 月 23 日诞生了! Java 的诞生标志着互联网时代的开始,它能够被应用在全球信息网络的平台上编写互动性极强的 Applet 程序。

但没有相应的开发库而只靠 Java 语言进行开发肯定是困难重重,所以 Sun 公司在 1996 年的 1 月 23 日发布了 JDK 1.0 来帮助开发人员开发。JDK 包括两大部分,即运行环境和开发工具。运行环境包括五大部分,即核心 API、集成 API、用户界面 API、发布技术、Java 虚拟机(JVM)。Java 能够在信息网络时代快速发展,得益于它独特的组成结构,它并不直接被编译成所在平台的机器语言后执行,而是先被编译成字节码,然后才到装有 JVM 的硬件上运行,所以它能够跨平台运行;而且,不是一定要使用 Java 语言来写程序才能编译成 Java 字节码,用 C、C++、JavaScript 等语言来写程序也可以编译出 JVM 要求的字节码文件。在这个时期,人们使用最多的 Java API 无疑就是 AWT。

紧接着,Sun 公司在 1997 年 2 月 18 日发布了 JDK 1.1。到 1998 年,Java 已经走过了 3 个年头。从 JDK 1.0 到 JDK 1.8,JDK 经过了 9 个小版本的发展,已经初具规模。至此,JDK 已经走出了"摇篮",可以去独闯世界了。在 1998 年 12 月 4 日,Sun 公司发布了 Java 历史上最重要的一个 JDK 版本——JDK 1.2。这个版本标志着 Java 已经进入 Java2 时代,这个时期也是 Java 飞速发展的时期。在 Java2 时代,Sun 公司对 Java 进行了很多革命性的改进,这些改进一直沿用到现在,对 Java 的发展形成了深远的影响。

JDK 1.2 自从被分成了 J2EE、J2SE 和 J2ME 三大块,得到了市场的强烈反响,Java 被 Oracle 公司收购后称为 Java SE、Java EE、Java ME。不仅如此,从 JDK 1.2 开始,Sun 公司以平均两年一个版本的速度推出新的 JDK,先后出现了 J2SE 1.2、J2SE 1.2.1、J2SE 1.2.2、J2SE 1.3、J2SE 1.3.1、J2SE 1.4.0、J2SE 1.4.1、J2SE 1.4.2、J2SE 5.0 (1.5.0)……,直到现在最新的版本 JDK 7u(截止到 Oracle 官方网站 www.oracle.com 于 2013 年年底发布的最新版本)。

1.1.2 Java 的特点

概略地讲,Java 具有跨平台、面向对象、多线程、半编译、半解释等特点。

Java 语言最突出的特点是跨平台性,这是以往任何语言都不具备的特点。跨平台性也称与平台无关性,也就是说,用 Java 语言编写的程序任何时候可以在任何一台计算机上运行,这是因为 Java 语言中没有一个功能和工作平台有关。

Java 语言的第 2 个重要的特点是面向对象。面向对象原本是自然科学中的一个通用术语,它表示把世界看成由许多彼此有联系的对象构成。现在,面向对象成了计算机的一个专用名词,它把程序实现的每一个具体功能作为类,然后由类构成对象,类中构造方法(本书后面将会具体讲解)。

Java 语言的第 3 个特点是多线程。接触过多任务系统的读者一定知道"进程"这个术语,进程是一个正在运行中的程序,它有自己管理的一组系统资源和一个独立的存储空间。进程的特点是它所设计的数据、内存是独立的。所以,多进程系统一定带有进程之间的通信机制,而为了实现进程通信,就要有别于进程,这就要费去很多时间,也让系统做出许多开销。线程也是指一个正在运行中的程序。但线程有别于进程,即多个线程公用一个内存区域,也共享同一组系统资源。对于每个线程来讲,只有堆栈和寄存器数据是独立的。所以,在线程之间进行通信和切换时,系统开销要比进程机制小得多。

Java 语言的另一个特点是半编译半解释。编译是指一次性地把一个高级语言编写的源程序翻译成可以运行的目标程序,以后翻译好的目标程序作为一个独立的文件可以无数次地运行。编译过程所需要的存储空间较大,同时,编译所需要的时间较长,但目的程序执行时的速度快。当前大多数语言属于这种类型,例如 C 语言、Fortran 语言、Pascal 语言等。因为不需要多次翻译,所以这种方法特别适用于重复执行的程序。解释是指对于高级语言编写的源程序翻译一句执行一句,翻译和运行过程交叉进行,如果要再运行一次,那么就必须重新翻译、重新执行,翻译完即执行完。这类语言最典型的例子是 Basic。解释型语言适用于计算机存储空间小或者需要经常修改程序的情况,由于边解释边执行,所以,解释型语言的速度远远慢于编译型语言。Java 是半编译半解释的语言,一个 Java 语言的源程序要运行,必须先由 Java 编译器编译成字节码,但这个编译过程是不彻底的,因为字节码不是最终的执行程序,不能在具体的平台上运行,而必须由运行系统上的字节码解释器将其翻译成机器语言。Java 字节码解释器只占 40KB 的存储空间,它的工作是边解释边执行程序。但是由于字节码已经非常接近于机器码,所以,Java 尽管也是采用边解释边执行的方式,速度仍然相当快,这和一般情况下以牺牲速度来换取可移植性、安全性和稳定性等方案相比显然是技高一筹。

Java 语言还有一个非常重要的特点,就是 Applet 功能及与此相关的图形功能。Applet 是 Java 特有的一种小应用程序。Java 系统提供特殊的技术,可以使这种小应用程序的功能很方便地加入到 Internet 的网页上,从而使 Internet 网页增加各种图形效果,包括多媒体功能,正是 Applet 功能及跨平台功能使 Java 和 Internet 之间产生了成功的结合。

除了上述特点以外,Java 还具有稳定性好、安全性好和编程简单等特点。

1.1.3　Java 和 C 语言的差别

对于 Java 和 C 语言有什么差别,熟悉 C 语言和 C++ 语言的读者一定想搞清楚这个问题,而其他读者不必关注这个问题。实际上,Java 确实从 C 语言和 C++ 语言继承了许多东西,甚至可以说 Java 是由 C 语言发展和衍生的产物。比如,Java 语言在变量声明、操作符形式、参数传递、流控制等方面和 C 语言、C++ 语言相通。但是,Java 和 C 语言、C++ 语言又有许多差别,主要有以下几个方面:

(1) Java 中对内存的分配是动态的,它采用面向对象的机制,采用运算符 new 为每个对象分配内存空间,且实际内存还会随程序运行的情况而改变。在程序运行中,Java 系统自动对内存进行扫描,将长期不用的内存空间作为“垃圾”进行收集,使系统资源得到更充分的利用。按照这种机制,程序员不必关注内存管理问题,这使得 Java 程序的编写变得简单明了,并且避免了由于内存管理方面的差错而造成系统出问题。C 语言是通过 malloc() 和 free() 这两个库函数分别实现内存分配和释放内存空间的,C++ 语言中则通过运算符 new 和 delete 来分配内存、释放内存和释放内存空间的,在 C 和 C++ 这两种语言中,程序员必须非常仔细地处理内存的使用问题。一方面,如果对已释放的内存再做释放或者对未曾分配的内存做释放,都会造成死机;另一方面,如果对长期不用的或不再使用的内存不释放,则会浪费系统资源,甚至造成资源枯竭。

(2) Java 不在所有类之外定义全局变量,而是在某个类中定义一种公用静态的变量来完成全局变量的功能。例如“class GlobalVar{public static global_var; ...}”,在 GlobalVar 这个类中定义了一个公用静态变量 global_var,其他类可以访问或修改这个变量,所以,公用静态变量起到了全局变量的作用。但由于前者进行了较好的封装,所以避免了 C 语言中由于全局变量不加封装造成的系统死机现象。

(3) Java 不用 goto 语句,而用 try-catch-finally 异常处理语句来代替 goto 与处理出错的功能,这些将在后面讲述。

(4) Java 不支持头文件,而 C 和 C++ 语言中都用头文件来定义类的原型、全局变量、库函数等。这种采用头文件的结构使得系统的运行、维护相当繁杂。

（5）Java 不支持宏定义,而用关键字 final 来定义常量,在 C++中则采用宏定义来实现常量的定义,这不利于程序的可读性。

（6）Java 对每种数据类型都分配了固定长度。例如,在 Java 中,int 型数据总是 32 位的,而在 C 和 C++中,对于不同的平台,同一个数据类型分配不同的字节数,同样是 int,在 PC 中两个字节即 16 位,而在 VAX-11 中则为 32 位。这使得 C 语言具有不可移植性,而 Java 语言具有跨平台性。

（7）Java 不用指针,从而不存在程序员对指针进行编程的问题,也不允许通过指针来分配或释放某个内存空间,而在 C 或 C++中,常用指针对内存地址进行灵活的操作,但这种操作非常容易造成不可预知的错误,使系统的安全性大大降低。

1.1.4　Java 语言主要应用领域

早就有权威预言:"Java 的出现,将会引起一场软件革命。"的确,由于 Java 语言具有很多优点,所以 Java 有很好的应用前景。综合来讲,主要有以下几个方面:

（1）由于跨平台的特点,Java 能很好地用于不同机型、不同操作系统计算机之间的数据交换和通信,完成协调控制、综合管理等功能。

（2）用于可视化图形软件和动画软件的设计。由于用 Java 可以设计质量很高的活动特性软件,因此,它将对计算机图形学、计算机多媒体通信提供良好的支持。

（3）用于计算机交互软件的设计和开发。由于 Java 具有良好的图形功能、可视化及可操作等优点,为交互软件的设计带来很多方便。

（4）为 Internet 网络用户设计生动活泼的带动画的主页。由于 Java 具有 Applet 功能,能够非常方便地将动画和各种信息嵌入网页,因此,Java 对于网络用户具有强大的吸引力。

（5）可进行动态网站的编程,特别是 JSP 技术和许多优秀 MVC 框架的产生,使得 Java 在动态网站编程方面具有很好的优势。

（6）Andriod 应用开发,Android 是由谷歌在 2007 年推出的一个开放系统平台,主要针对移动设备市场,Android 基于 Linux,开发者可以使用 Java 开发 Android 应用。目前,Java 开发的手机应用占有了绝大部分的手机市场。

1.1.5　Java 中的基本概念

Java 的用户程序分为两类,一类是一般形式的应用程序,这类程序通过编译器编译以后就可以由 Java 解释器边解释边执行,大家通常所说的应用程序就是指这类程序;另一类程序是 Applet,这类程序的规模较小,每个 Applet 实现一个较简单的功能,但不能单独运行。Applet 必须被嵌入网络的 Web 页中,通过与 Java 兼容的浏览器控制执行。这两类程序在组成结构和执行机制上都不一样。

Java 虚拟机(JVM-Java Virtual Machine)是一种假想的计算机。从结构上看,它由一组抽象的部件组成,这些部件包括指令集、寄存器组、类文件、堆栈、垃圾收集器和存储区。指令集采用独立于平台的字节码形式;寄存器组中包含程序计数器、堆栈指针、运行环境指针和变量指针;类文件也独立于平台;堆栈用来传递参数和返回运行结果;垃圾收集器收集不再使用的内存片段；存储区则用来存放字节码。JVM 仅仅规定了部件的功能和规格（虽然这些功能和规格是统一的），并没有规定这些部件的具体实现技术，也就是说，可以用任何一种技术来实现。所以，JVM 是一种不具体的、能够使得一台实际机器运行 Java 字节码的规范机制。

　　在 Java 推出初期，JVM 都是通过软件仿真的方法实现的，这种方法目前仍被广泛采用。但是，现在也出现了通过硬件方法实现的 Java 虚拟机。不管是通过软件方法还是硬件方法实现的 JVM，它们都必须符合和遵从 JVM 规范，完成相应的功能。

　　JDK，即 Java Develop Kit，它是 Java 的开发工具包。1998 年 12 月，Sun 公司发布了 JDK 1.2，开始使用 Java2 这一名称，目前已经很少使用 JDK 1.1 版本，所以大家所说的 Java 都是指 Java2。J2SDK 当然就是 Java 2 Software Develop Kit，那么什么是 JRE 呢？ JRE(Java Runtime Environment)即 Java 运行环境，通常已包含在 J2SDK 中。如果用户仅仅是为了运行 Java 程序，而不是从事 Java 开发，可以直接下载 JRE，在系统上安装。J2EE 即 Java2 平台企业版(Java 2 Platform，Enterprise Edition)，Oracle 收购 Sun 公司后改为 Java EE。

1.1.6　安装 JDK

　　在 Windows 下安装 JDK 主要有以下几个步骤，即下载安装程序、进行安装、配置 path 和 classpath。

1. 下载安装程序

下载地址如下：

http://www.oracle.com/technetwork/java/javase/downloads/index.html
这里使用的是 jdk-6u22-windows-i586.exe Window 安装版本。

2. 进行安装

双击安装程序即可进行安装，如图 1-1 所示。

图 1-1　安装界面 1

单击"下一步"按钮进入配置对话框,在配置对话框中主要有开发工具(见图 1-2)、演示程序及样例(见图 1-3)、源代码、公共 JRE、Java DB 几个可选功能,建议新手把这些功能都安装上,以避免使用时出现不必要的麻烦。对于安装目录,可以单击"更改"按钮进行更改,此处更改安装目录为 C:\Program Files\Java\jdk1.6.0_2\。

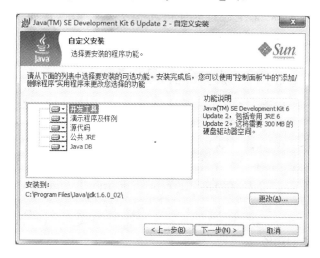

图 1-2　安装界面 2

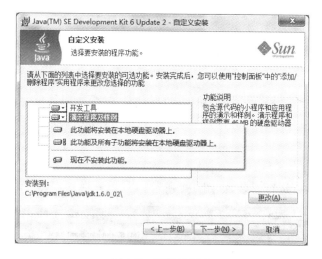

图 1-3　安装界面 3

单击"下一步"按钮,程序自动进行安装,如图 1-4 和图 1-5 所示。

到图 1-5 为止,JDK 安装完毕,单击"完成"按钮关闭对话框,接下来要配置 path 和 classpath。

3. 配置 path 和 classpath

在编写好 Java 程序之后要对其进行编译和运行,主要用到两个 Java 处理程序,即 Javac.exe(用于编译 Java 源程序)和 Java.exe(用于运行编译好的 .class 文件),其所处位置如图 1-6 所示,也就是位于 JDK 安装目录下的 \bin 子目录下面。

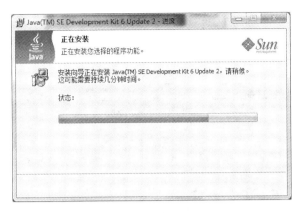

图 1-4　安装界面 4

图 1-5　安装完毕

图 1-6　Java 命令所在的目录

安装 JDK 后 java.exe 和 javac.exe 还不是系统内部处理命令,打开命令界面(按 Win+R 组合键,在弹出的对话框中输入 cmd,然后按回车键就进入命令界面),在命令界面中输入 javac 命令,发现它不是内部命令,无法进行 Java 源程序的编译,如图 1-7 所示。

图 1-7   测试 javac 命令

下面要进行 path 和 classpath 配置,javac 命令才能在命令界面下运行。

首先右击“我的电脑”,选择“属性”命令,在弹出的对话框中单击“高级”选项卡中的“环境变量”按钮(见图 1-8),弹出 Windows 的“环境变量”对话框,如图 1-9 所示。

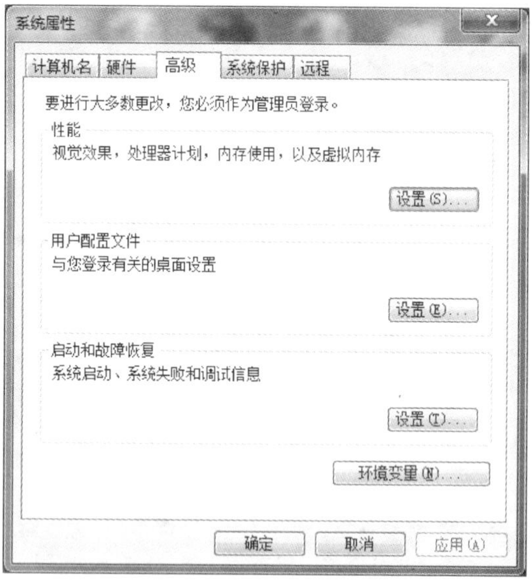

图 1-8   “系统属性”对话框

在该对话框中执行以下操作:

(1) 新建 Java_Home,设置其值为 JDK 所在的绝对路径(例如 C:\Program Files\Java\jdk1.6.0_29)。

(2) 新建 Classpath(如果已有,则直接编辑),设置其值为. ;%Java_Home%\lib (若值中原来有内容,用分号与之隔开)。注意路径前面的符号. ;不能漏掉。

(3) 新建 Path(如果已有,则直接编辑),设置其值为%Java_Home%\bin;(若值中原来有内容,用分号与之隔开)。重新打开一个字符命令界面,发现 javac 命令可以用了。

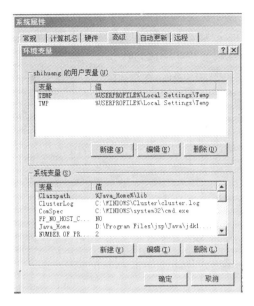

图1-9 "环境变量"对话框

接下来编辑一个 Java 源程序：

//Java 程序 HelloWorld.java
```
public class HelloWorld{
public static void main(String[ ] args){
System.out.println("Hello World !");
}
}
```

编辑完毕后在字符命令界面下进入 C:\JAVA 目录，运行 Java 编译命令 Javac HelloWorld.java，如果没有错误则运行 java 命令 java HelloWorld，字符命令界面中输出 "Hello World !"，如图 1-10 所示。至此，Java 环境配置完毕。

```
C:\JAVA>javac HelloWorld.java

C:\JAVA>java HelloWorld
Hello World !

C:\JAVA>
```

图 1-10 测试程序输出结果

1.1.7 一个 Java 程序的开发过程

使用任何一种纯文本编辑工具编写以下程序，并保存文件名为 HelloWorldApp.java。

//第一个 Java 程序 HelloWorldApp.java
```
public class HelloWorldApp{
public static void main(String args[ ]){
System.out.println("Hello World!");
  }
  }
```

为了运行上面的程序,必须先为程序起一个文件名,这样,此程序就能以这个名字保存于硬盘。在 Java 中,要求将公共类放在与它同名的文件中,而且要求源文件以.java 为扩展名,所以,此程序名必须为 HelloWorldApp.java。

下一步是对源程序 HelloWorldApp.java 进行编译,应该如下执行编译过程:

```
C:\> javac HelloWorldApp.java
```

编译之后会自动生成一个字节码文件,这里,字节码文件名为 HelloWorldApp.class。最后一步就是用 Java 解释器边解释边运行字节码文件:

```
C:\> java HelloWorldApp
```

这个字节码文件的运行结果是在屏幕上显示字符串"Hello World!"。

1.1.8　Java 集成开发工具

1. JDK Java 开发工具集

从初学者角度来看,使用 JDK(Java Development Kit)开发 Java 程序能够很快地理解程序中各部分代码之间的关系,有利于理解 Java 面向对象的设计思想。JDK 的另一个显著的特点是随着 Java (J2EE、J2SE、J2ME)版本的升级而升级。它的缺点也是非常明显的,就是从事大规模企业级 Java 应用开发非常困难,不能进行复杂的 Java 软件开发,也不利于团体协同开发。

2. NetBeans 与 Sun Java Studio 5

NetBeans 是开放源码的 Java 集成开发环境(IDE),适用于各种客户机和 Web 应用。Sun Java Studio 是 Sun 公司最新发布的商用全功能 Java IDE,支持 Solaris、Linux 和 Windows 平台,适于创建和部署两层 Java Web 应用和 n 层 J2EE 应用的企业开发人员使用。

NetBeans 是业界第一款支持创新型 Java 开发的开放源码 IDE。开发人员可以利用业界强大的开发工具来构建桌面、Web 或移动应用。同时,通过 NetBeans 和开放的 API 的模块化结构,第三方能够非常轻松地扩展或集成 NetBeans 平台。

NetBeans 3.5.1 主要针对一般 Java 软件的开发者,而 Java One Studio 5 主要针对企业做网络服务等应用的开发者。Sun 公司不久还将推出 Project Rave,其目标是帮助企业的开发者进行软件开发。

NetBeans 3.5.1 版本与其他开发工具相比,最大的区别在于不仅能够开发各种台式机上的应用,而且可以用来开发网络服务方面的应用,可以开发基于 J2ME 的移动设备上的应用等。在 NetBeans 3.5.1 基础上,Sun 公司开发出了 Java One Studio 5,为用户提供了一个更加先进的企业编程环境。在新的 Java One Studio 5 中有一个应用框架,开发者可以利用这些模块快速地开发自己在网络服务方面的各种应用程序。

3. Borland 的 JBuilder

打开 JBuilder 即进入了 Java 集成开发环境的"王国",它满足了很多方面的应用,尤其是对于服务器方以及 EJB 开发者来说很方便。下面简单介绍一下 JBuilder 的特点:

(1) JBuilder 支持最新的 Java 技术,包括 Applets、JSP/Servlets、JavaBean 以及 EJB

(Enterprise JavaBeans)的应用。

（2）用户可以自动地生成基于后端数据库表的 EJB Java 类，JBuilder 同时还简化了 EJB 的自动部署功能，此外它还支持 CORBA，相应的向导程序有助于用户全面地管理 IDL（分布应用程序所必需的接口定义语言 Interface Definition Language）和控制远程对象。

（3）JBuilder 支持各种应用服务器。JBuilder 与 Inprise Application Server 紧密集成，同时支持 WebLogic Server，支持 EJB 1.1 和 EJB 2.0，可以快速地开发 J2EE 的电子商务应用。

（4）JBuilder 能用 Servlet 和 JSP 开发和调试动态 Web 应用。

（5）利用 JBuilder 可以创建（没有专有代码和标记）纯 Java2 应用。由于 JBuilder 是用纯 Java 语言编写的，其代码不含任何专属代码和标记，它支持最新的 Java 标准。

（6）JBuilder 拥有专业化的图形调试界面，支持远程调试和多线程调试，调试器支持各种 JDK 版本，包括 J2ME、J2SE、J2EE。

用 JBuilder 环境开发程序比较方便，它是纯 Java 开发环境，适合企业的 J2EE 开发，缺点是往往一开始人们难以把握整个程序各部分之间的关系，对机器的硬件要求较高，比较消耗内存，并且运行的速度显得较慢。

4. Oracle 的 JDeveloper

Oracle 9i JDeveloper（定为 9.0 版，最新为 10g）为构建具有 J2EE 功能、XML 和 Web Services 的复杂的、多层的 Java 应用程序提供了一个完全集成的开发环境。它为运用 Oracle 9i 数据库和应用服务器的开发人员提供了特殊的功能和增强性能，除此以外，它有资格成为用于多种用途 Java 开发的一个强大的工具。

Oracle 9i JDeveloper 的主要特点如下：

（1）具有 UML(Unified Modeling Language，一体化建模语言)建模功能，可以将业务对象及 E-Business 应用模型化。

（2）配备有高速的 Java 调试器(Debuger)、内置的 Profiling 工具、提高代码质量的工具 CodeCoach 等。

（3）支持 SOAP(Simple Object Access Protocol，简单对象访问协议)、UDDI(Universal Description, Discovery and Integration，统一描述、发现和集成协议)、WSDL(Web Services Description Language，Web 服务描述语言)等 Web 服务标准。

JDeveloper 不仅仅是很好的 Java 编程工具，而且是 Oracle Web 服务的延伸，支持 Apache SOAP 以及 9iAS，可扩充的环境和 XML、WSDL 语言紧密相关。Oracle9i JDeveloper 完全利用 Java 编写，能够与以前的 Oracle 服务器软件以及其他支持 J2EE 的应用服务器产品相兼容，而且在设计时着重针对 Oracle 9i，能够无缝化跨平台之间的应用开发，提供了业界第一个完整的、集成了 J2EE 和 XML 的开发环境，允许开发者快速开发可以通过 Web、无线设备及语音界面访问的 Web 服务和交易应用，以往只能通过将传统 Java 编程技巧与最新模块化方式结合到一个单一集成的开发环境中之后才能完成 J2EE 应用开发生命周期管理的事实从根本上得到改变。其缺点就是对于初学者来说比较复杂，也比较难。

5. IBM 的 Visual Age for Java

Visual Age for Java 是一个非常成熟的开发工具，对于 IT 开发者和业余的 Java 编程人员来说都是非常有用的。它提供了对可视化编程的广泛支持，支持利用 CICS 连接遗传大型机应用,支持 EJB 的开发应用,支持与 WebSphere 的集成开发,方便的 Bean 创建和良好的快速应用开发(RAD)支持以及无文件式的文件处理。

IBM 公司为建设 Web 站点所推出的 WebSphere Studio Advanced Edition 及其包含的 Visua Age for Java Professional Edition 软件已全面转向以 Java 为中心,这样,Java 开发人员对 WebSphere 全套工具的感觉或许会好许多。Studio 所提供的工具有 Web 站点管理、快速开发 JDBC 页向导程序、HTML 编辑器和 HTML 语法检查等,它确实是个不错的 HTML 站点页面编辑环境。Studio 和 Visual Age 的集成度很高,菜单中提供了在两种软件包之间快速移动代码的选项,这让使用 Studio 的 Web 页面设计人员和使用 Visual Age 的 Java 程序员可以相互交换文件、协同工作。

Visual Age for Java 支持团队开发,内置的代码库可以自动地根据用户做出的改动修改程序代码,这样可以很方便地将目前代码和早期版本做出比较。与 Visual Age 紧密结合的 WebSphere Studio 本身并不提供源代码和版本管理的支持,它只是包含了一个内置文件锁定系统,当编辑项目的时候可以防止其他人修改这些文件,软件还支持诸如 Microsoft Visual SourceSafe 这样的第三方源代码控制系统。Visual Age for Java 完全面向对象的程序设计思想,使得开发程序非常快速、高效,用户不编写任何代码就可以设计出一个典型的应用程序框架。Visual Age for Java 作为 IBM 电子商务解决方案中的产品之一,可以无缝地与其他 IBM 产品(如 WebSphere、DB2)融合,迅速地完成从设计、开发到部署应用的整个过程。

Visual Age for Java 独特的文件管理方式使其集成外部工具非常困难,用户无法让 Visual Age for Java 与其他工具一起联合开发应用。

6. BEA 的 WebLogic Workshop

BEA WebLogic Workshop 是一个统一、简化、可扩展的开发环境,使所有的开发人员都能在 BEA WebLogic Enterprise Platform 之上构建基于标准的企业级应用,从而提高了开发部门的生产力水平,加快了价值的实现。

WebLogic Workshop 除了提供便捷的 Web 服务之外,还能够用于创建更多种类的应用。作为整个 BEA WebLogic Platform 的开发环境,不管是创建门户应用、编写工作流,还是创建 Web 应用,Workshop 8.1 都可以帮助开发人员更快、更好地完成工作。

7. JCreator

JCreator 是一个 Java 程序开发工具,也是一个 Java 集成开发环境(IDE)。无论用户是开发 Java 应用程序或者创建网页上的 Applet 元件都难不倒它。在功能上,JCreator 与 Sun 公司发布的 JDK 等文字模式开发工具容易,还允许使用者自定义操作窗口界面及无限 Undo/Redo 等功能。

JCreator 为用户提供了相当强大的功能,例如项目管理功能、项目模板功能,并可个性化设置语法高亮属性、行数、类浏览器、标签文档、多功能编译器,以及向导功能和完全可自定义的用户界面。通过 JCreator,用户不需要激活主文档即可直接编译或运行 Java 程序。

JCreator 能自动找到包含主函数的文件或包含 Applet 的 HTML 文件,然后会运行合适的工具。在 JCreator 中,用户可以通过一个批处理同时编译多个项目。JCreator 的设计接近 Windows 界面风格,用户对它的界面比较熟悉。其最大的特点就是与用户机器中所安装的 JDK 完美结合,是其他任何一款 IDE 不能相比的。JCreator 是一种初学者很容易上手的 Java 开发工具,缺点是只能进行简单的程序开发,不能进行企业 J2EE 的开发应用。

8. 微软的 Visual J++

Visual J++ 是微软公司推出的可视化的 Java 语言集成开发环境(IDE),为 Java 编程人员提供了一个新的开发环境,是一种相当出色的开发工具,无论集成性、编译速度、调试功能,还是易学易用性,都体现了微软公司软件的一贯风格。Visual J++ 具有以下特点:

(1) Visual J++ 把 Java 虚拟机(JVM)作为独立的操作系统组件放入 Windows 中,使其从浏览器中独立出来。

(2) 微软公司的应用基本类库(Application Foundation Class Library,AFC)对 Sun 公司的 JDK 做了扩展,使应用基本类库更加适合在 Windows 下使用。

(3) Visual J++ 的调试器支持动态调试,包括单步执行、设置断点、观察变量数值等。

(4) Visual J++ 提供了一些程序向导(Wizards)和生成器(Builders),可以方便地帮助用户快速地生成 Java 程序,帮助用户在自己的工程中创建和修改文件。

(5) Visual J++ 的界面友好,其代码编辑器具有智能感知、联机编译等功能,使程序编写十分方便。在 Visual J++ 中还建立了 Java 的 WFC,这一新的应用程序框架能够直接访问 Windows 应用程序接口(API),使用户能够用 Java 语言编写完全意义上的 Windows 应用程序。

(6) Visual J++ 中表单设计器的快速应用开发特性使用 WFC 创建基于表单的应用程序变得轻松、简单。通过 WFC 可以方便地使用 ActiveX 数据对象(ActiveX Data Objects,ADO)来检索数据和执行简单数据的绑定。通过在表单设计器中使用 ActiveX 数据对象,可以快速地在表单中访问和显示数据。

Visual J++ 能结合微软公司一贯的编程风格,很方便地进行 Java 的应用开发,但它的移植性较差,不是纯 Java 的开发环境。

9. Eclipse

Eclipse 是一种可扩展的开放源代码 IDE。2001 年 11 月,IBM 公司捐出价值 4 000 万美元的源代码组建了 Eclipse 联盟,并由该联盟负责这一工具的后续开发。集成开发环境(IDE)经常将其应用范围限定在"开发、构建和调试"的周期之中。为了帮助集成开发环境(IDE)克服目前的局限性,业界厂商合作创建了 Eclipse 平台。Eclipse 允许在同一 IDE 中集成来自不同供应商的工具,并实现了工具之间的互操作性,从而显著地改变了项目的工作流程,使开发者可以专注于实际的嵌入式目标。

Eclipse 框架的这种灵活性来源于其扩展点。它们是在 XML 中定义的已知接口,并充当插件的耦合点。扩展点的范围包括从用在常规表述过滤器中的简单字符串到一个 Java 类的描述。任何 Eclipse 插件定义的扩展点都能够被其他插件使用,反之,任何 Eclipse 插件也可以遵从其他插件定义的扩展点。除了解由扩展点定义的接口外,插件不知道它们通过扩展点提供的服务将如何被使用。

利用 Eclipse,用户可以将高级设计(也许是采用 UML)与低级开发工具(例如应用调试器等)结合在一起。如果这些互相补充的独立工具采用 Eclipse 扩展点彼此连接,那么当用户用调试器逐一检查应用时,UML 对话框可以突出显示用户正在关注的器件。事实上,由于 Eclipse 并不了解开发语言,所以无论 Java 语言调试器、C/C++调试器还是汇编调试器都是有效的,并可以在相同的框架内同时"瞄准"不同的进程或节点。

　　Eclipse 的最大特点是能接受由 Java 开发者自己编写的开放源代码插件,这类似于微软公司的 Visual Studio 和 Sun 公司的 NetBeans 平台。Eclipse 为工具开发商提供了更好的灵活性,使他们能够更好地把握自己的软件技术。Eclipse 联盟宣布将在 2004 年中期发布其 3.0 版软件。这是一款非常受欢迎的 Java 开发工具,其在国内的用户越来越多,实际上使用它的 Java 开发人员最多。其缺点是较复杂,对于初学者来说,理解起来比较困难。

　　总体来说,现在常用的 Java 项目开发环境有 JBuilder、Visual Age for Java/Forte for Java、Visual Cafe、Eclipse、NetBeans IDE、JCreator＋J2SDK、JDK＋记事本、EditPlus＋J2SDK 等。一般情况下,在开发 J2EE 项目时都需要安装各公司的应用服务器(中间件)和相应的开发工具,因此在使用这些开发工具之前,用户最好能熟知这些软件的优点和缺点,以便根据实际情况选择应用。编程工具只是工具,是为了方便人们工作而开发的,各有特点,因此,选择工具主要依据自己将要从事的领域是什么,而不是盲目地认为哪种工具好,哪种工具不好,希望大家都能找到合适的 Java 开发工具。

1.1.9　MyEclipse 中 Java 程序的开发过程

　　(1) 打开 MyEclipse 10.0 开发工具,新建一个 Java 工程。

　　① 选择 File→New→Java Project 命令,如图 1-11 所示。

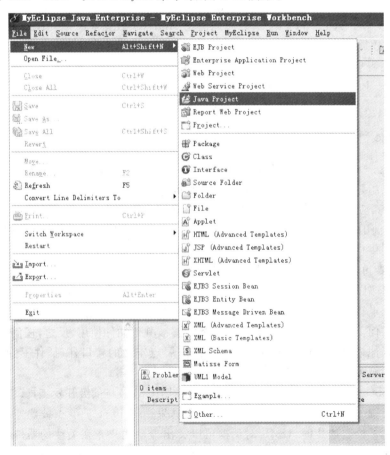

图 1-11　新建 Java 工程

② 此时会弹出 New Java Project 对话框,如图 1-12 所示。其中,Project name 为新建 Java 工程的名称(必填),其他选项默认即可,单击 Finish 按钮完成 Java 工程的创建。

图 1-12　New Java Project 对话框

完成 Java 工程的创建后,效果如图 1-13 所示。

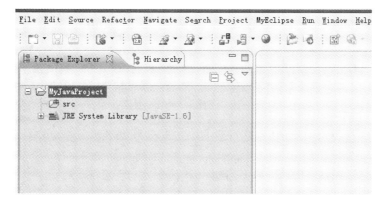

图 1-13　Java 工程创建完毕

（2）在 src 下创建一个包（Package）。

① 右击 src，选择 New→Package 命令，如图 1-14 所示。

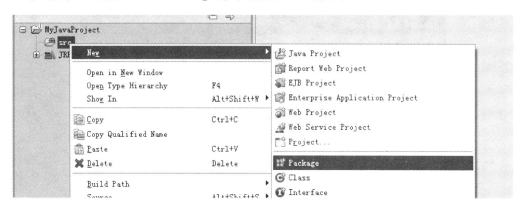

图 1-14　创建 Java 包

② 弹出 New Java Package 对话框，如图 1-15 所示，单击 Finish 按钮完成包的创建。

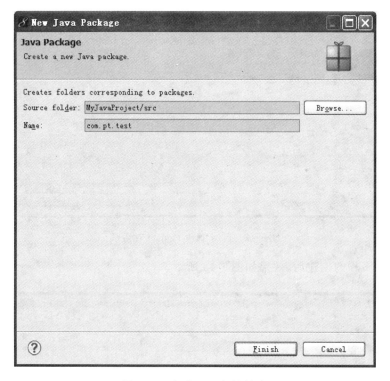

图 1-15　完成 Java 包的创建

注意：Name 即所建的包名（必填），包名的命名规则为组织名.公司名.项目名.模块名（例如 com.pt.test）。

（3）在刚才新建的包（Package）下新建一个 Java 类（即 Class）。

① 右击 com.pt.text，选择 New→Class 命令，如图 1-16 所示。

② 弹出如图 1-17 所示的对话框，单击 Finish 按钮完成 Class（类）的创建。

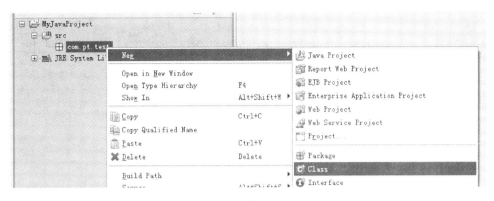

图 1-16　创建 Java 类

图 1-17　New Java Class 对话框

　　注意：Name 即所要创建的类名(必填)。某命名规则为使用驼峰标识(即第一个单词的第一个字母大写,第二个单词的第一个字母大写,以此类推,例如 HelloJava、HelloJavaWorld)。

　　当选择 public static void main(String[] args)复选框时会在创建的类中生成主函数(main),Java 程序的运行都是从主函数开始的。其他选项默认。

　　完成类(Class)创建的页面如图 1-18 所示。

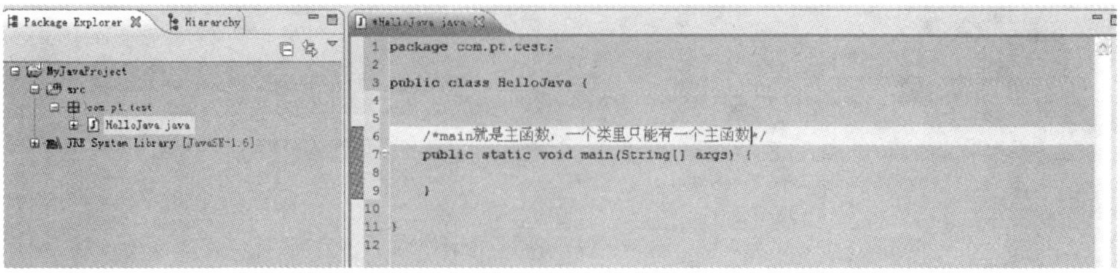

图 1-18　Java 类创建成功

（4）新建一个方法（method），如图 1-19 所示。

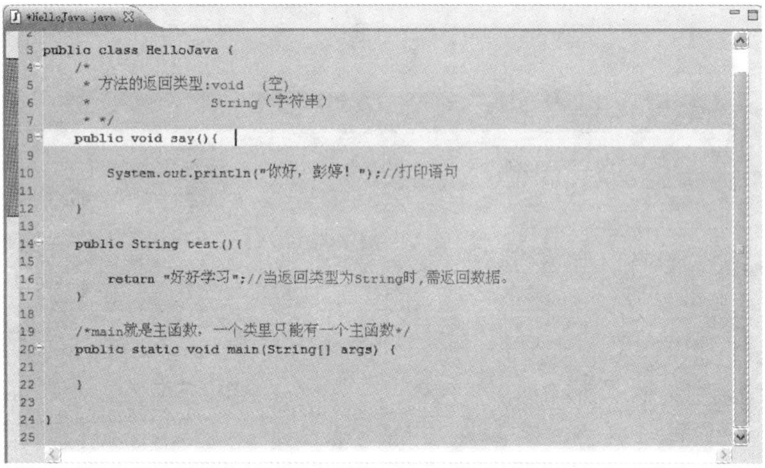

图 1-19　在 Java 类中创建新方法

注意：方法是 Java 工程中功能的体现。

（5）创建一个类对象调用方法，如图 1-20 所示。

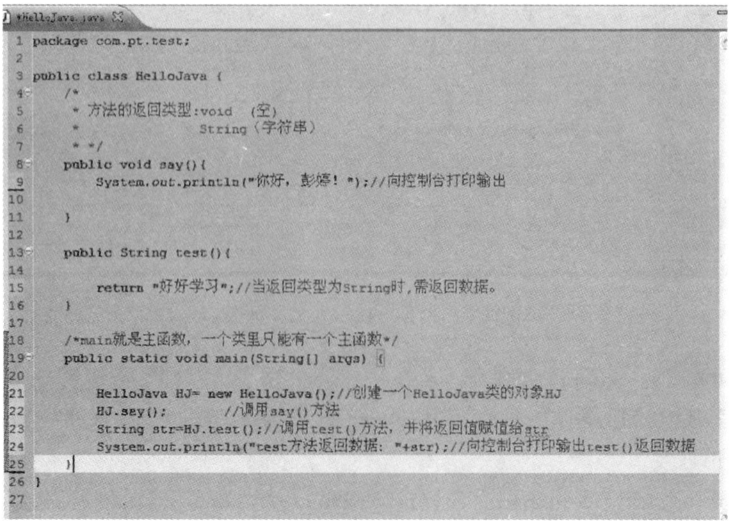

图 1-20　调用方法

（6）保存（按 Ctrl＋S 键）编写的 Java 代码，并运行程序。

右击编写的 Java 类，选择 Run As→Java Application 运行程序，如图 1-21 所示。

图 1-21　运行 Java 工程

注意：有错误或编写的程序代码中无主函数时无法正常运行，要先排错再运行。

运行结果如图 1-22 所示。

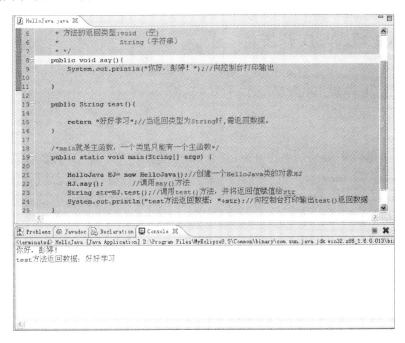

图 1-22　运行结果

注意：有时控制台面板没有显示出来，需要调出，选择菜单栏中的 Window→Show View→Console 命令即可，如图 1-23 所示。

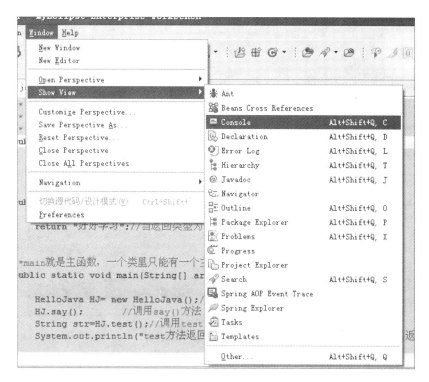

图 1-23   界面显示调整

1.2   Java 与 Web 开发

1.2.1   几种常见的 Web 开发技术

1. ASP

ASP 是 Active Server Page 的缩写,意为"动态服务器页面"。ASP 是微软公司开发的代替 CGI 脚本程序的一种应用,它可以与数据库和其他程序进行交互,是一种简单、方便的编程工具。ASP 的网页文件的格式是.asp,现在常用于各种动态网站中。另外,阿斯匹林、天门冬氨酸、阿里软件销售合作伙伴等的缩写也都为 ASP。

从 1996 年 ASP 诞生到现在已经过去了 15 年,在这短短的 15 年中,ASP 发生了重大的变化,直到现在的 ASP.NET。

ASP 的第一个版本是 0.9 测试版,自从 1996 年 ASP 1.0 诞生以来,它给 Web 开发界带来了福音。早期的 Web 程序开发是十分烦琐的,以至于要制作一个简单的动态页面需要编写大量的 C 代码才能完成,这对普通的程序员来说有点太难了。而 ASP 允许使用 VBScript 这种的简单的脚本语言编写嵌入到 HTML 网页中的代码,在进行程序设计的时候可以使用它内部组件来实现一些高级功能(例如 Cookie)。它的最大贡献在于 ADO (ActiveX Data Object),这个组件使得程序对数据库的操作十分简单,所以进行动态网页设计变成一件比较轻松的事情。因此一夜之间,Web 程序设计不再是想象中的艰巨任务,仿佛很多人都可以一显身手。

到了 1998 年,微软公司发布了 ASP 2.0。它是 Windows NT4 Option Pack 的一部分,作为 IIS 4.0 的外接式附件,它与 ASP 1.0 的主要区别在于它的外部组件是可以初始化的,这样,在 ASP 程序内部的所有组件都有了独立的内存空间,并可以进行事务处理。

到了 2000 年,随着 Windows 2000 的成功发布,这个操作系统的 IIS 5.0 所附带的 ASP 3.0 也开始流行。与 ASP 2.0 相比,ASP 3.0 的优势在于它使用了 COM+,因而其效率会比它前面的版本要好,并且更稳定。

2001 年,ASP. NET 出现了。在刚开始开发的时候,ASP. NET 的名字是 ASP+,为了与微软公司的. NET 计划相匹配,并且表明这个 ASP 版本并不是对 ASP 3.0 的补充,微软公司将其命名为 ASP. NET。ASP. NET 在结构上与前面的版本大大不同,它几乎完全是基于组件和模块化的,Web 应用程序的开发人员使用这个开发环境可以实现更加模块化的、功能更强大的应用程序。

ASP 是一种服务器端脚本编写环境,可以用来创建和运行动态网页或 Web 应用程序。ASP 网页可以包含 HTML 标记、普通文本、脚本命令以及 COM 组件等。利用 ASP 可以向网页中添加交互式内容(例如在线表单),也可以创建使用 HTML 网页作为用户界面的 Web 应用程序。与 HTML 相比,ASP 网页具有以下特点:

(1) 利用 ASP 可以突破静态网页的一些功能限制,实现动态网页技术。

(2) ASP 文件是包含在 HTML 代码所组成的文件中的,易于修改和测试。

(3) 服务器上的 ASP 解释程序会在服务器端执行 ASP 程序,并将结果以 HTML 格式传送到客户端浏览器上,因此使用任何浏览器都可以正常浏览 ASP 所产生的网页。

(4) ASP 提供了一些内置对象,使用这些对象可以使服务器端的脚本功能更强。例如可以从 Web 浏览器中获取用户通过 HTML 表单提交的信息,并在脚本中对这些信息进行处理,然后向 Web 浏览器发送信息。

(5) ASP 可以使用服务器端 ActiveX 组件来执行各种各样的任务,例如存取数据库、发送 E-mail 或访问文件系统等。

(6) 由于服务器是将 ASP 程序执行的结果以 HTML 格式传回客户端浏览器,因此使用者不会看到 ASP 所编写的原始程序代码,可防止 ASP 程序代码被窃取。

(7) 方便连接 Access 与 SQL 数据库。

(8) 开发需要有丰富的经验,否则会留下漏洞,让骇客(Cracker)利用进行注入攻击。

ASP 也不仅仅局限于与 HTML 结合制作 Web 网站,还可以与 XHTML 和 WML 语言结合制作 WAP 手机网站,其原理是一样的。

ASP 的工作原理:当在 Web 站点中融入 ASP 功能后,将会发生以下事情。

(1) 用户向浏览器地址栏中输入网址,默认页面的扩展名是 asp。

(2) 浏览器向服务器发出请求。

(3) 服务器引擎开始运行 ASP 程序。

(4) ASP 文件按照从上到下的顺序开始处理,执行脚本命令,生成 HTML 页面内容。

(5) 页面信息发送到浏览器。

2. ASP.NET

ASP. NET 的前身是 ASP 技术,它是在 IIS 2.0 上首次推出的(Windows NT 3.51),当

时与 ADO 1.0 一起推出,在 IIS 3.0 (Windows NT 4.0)发扬光大,成为服务器端应用程序的热门开发工具。微软公司还特别为它量身打造了 Visual InterDev 开发工具,在 1994 年到 2000 年之间,ASP 技术已经成为微软公司发展 Windows NT 4.0 平台的关键技术之一,数以万计的 ASP 网站也是在这个时候如雨后春笋般的出现在网络上。它的简单以及高度可定制的能力也是它能迅速发展的原因之一,不过 ASP 的缺点也逐渐浮现出来。

意大利面型的程序开发方法让维护的难度提高很多,尤其是大型的 ASP 应用程序。直译式的 VBScript 和 JScript 语言,让功能有些受限。延展性因为其基础架构扩充性不足而受限,虽然有 COM 元件可用,但在开发一些特殊功能(像文件上传)时没有来自内置的支持,需要寻求第三方软件商开发的元件。在 1997 年,微软公司针对 ASP 的缺点(尤其是意大利面型的程序开发方法)准备开始一个新项目的开发,当时 ASP. NET 的主要领导人 Scott Guthrie 刚从杜克大学毕业,他和 IIS 团队的 Mark Anders 经理一起合作两个月,开发出了下一代 ASP 技术的原型,这个原型在 1997 年的圣诞节时被开发出来,并给予一个名称——XSP,这个原型产品使用的是 Java 语言。不过它马上就被纳入当时还在开发中的 CLR 平台,Scott Guthrie 事后也认为将这个技术移植到当时的 CLR 平台确实有很大的风险(huge risk),但当时的 XSP 团队却是以 CLR 开发应用的第一个团队。

为了将 XSP 移植到 CLR 中,XSP 团队将 XSP 的内核程序全部以 C♯ 语言重新编写(在内部的项目代号是"Project Cool",但是当时对公开场合是保密的),并且改名为 ASP+,作为 ASP 技术的后继者,会提供一个简单的移转方法给 ASP 开发人员。ASP+首次的 Beta 版本以及应用在 PDC 2000 中亮相,由 Bill Gates 主讲 Keynote(即关键技术的概览),由富士通公司展示使用 Cobol 语言撰写 ASP+应用程序,并且宣布它可以使用 Visual Basic. NET、C♯、Perl 与 Python 语言(后两者由 ActiveState 公司开发的互通工具支持)来开发。

在 2000 年的第 2 个季度,微软公司正式推动. NET 策略,ASP+也顺理成章改名为 ASP. NET,经过 4 年的开发,第一个版本的 ASP. NET 在 2002 年 1 月 5 日亮相(和. NET Framework 1.0 一起),Scott Guthrie 也成为 ASP. NET 的产品经理(到现在已经开发了数个微软产品,像 ASP. NET AJAX 和 Microsoft Silverlight)。目前,最新版本的 ASP. NET 4.0 以及 . NET Framework 4.0 已经在 VS 2010 平台中应用。

(1) 世界级的工具支持:ASP. NET 构架可以用微软公司最新的产品 Visual Studio. NET 开发环境进行开发,以 WYSIWYG(What You See Is What You Get,所见即为所得)方式编辑,这些仅是 ASP. NET 强大软件支持的一小部分。

(2) 强大性和适应性:因为 ASP. NET 是基于通用语言的编译运行程序,所以它的强大性和适应性几乎使它可以运行在 Web 应用软件开发者的所有平台上(笔者到现在为止只知道它只能用在 Windows 2000/2003 Server/Vista/7 上)。通用语言的基本库、消息机制、数据接口的处理都能无缝地整合到 ASP. NET 的 Web 应用中。ASP. NET 同时也是 language-independent(语言独立化)的,所以,用户可以选择一种最适合自己的语言来编写程序,或者把程序用很多种语言编写,现在已经支持的有 C♯(C++和 Java 的结合体)、VB、Jscript、C++、F++。将来,这样的多种程序语言协同工作的能力保护用户现在的基于 COM+开发的程序能够完整地移植向 ASP. NET。

ASP. NET 一般分为两种开发语言,即 VB. NET 和 C♯,C♯ 相对比较常用,因为是

.NET 独有的语言,VB.NET 则为以前的 VB 程序设计,适合于 VB 程序员,如果用户新接触.NET,没有其他开发语言经验,建议直接学习 C♯。

（3）简单性和易学性：ASP.NET 使运行一些很平常的任务(如表单的提交、客户端的身份验证、分布系统和网站配置)变得非常简单。例如 ASP.NET 页面构架允许用户建立自己的用户界面,使其不同于常见的 VB-Like 界面。

（4）处理架构：ASP.NET 运行的架构分为几个阶,即在 IIS 与 Web 服务器中的消息流动阶段,在 ASP.NET 网页中的消息分配,在 ASP.NET 网页中的消息处理。

3. JSP

JSP(Java Server Pages)是由 Sun 公司倡导、许多公司参与建立的一种动态网页技术标准。JSP 技术有点类似 ASP 技术,它是在传统的网页 HTML 文件(＊.htm、＊.html)中插入 Java 程序段(scriptlet)和 JSP 标记(tag),从而形成 JSP 文件(＊.jsp)。用 JSP 开发的 Web 应用是跨平台的,既能在 Linux 下运行,也能在其他操作系统上运行。

JSP 技术使用 Java 编程语言编写类 XML 的 tags 和 scriptlets 来封装产生动态网页的处理逻辑。网页还能通过 tags 和 scriptlets 访问存在于服务端的资源的应用逻辑。JSP 将网页逻辑与网页设计和显示分离,支持可重用的基于组件的设计,使基于 Web 的应用程序的开发变得迅速和容易。

Web 服务器在遇到访问 JSP 网页的请求时,首先执行其中的程序段,然后将执行结果连同 JSP 文件中的 HTML 代码一起返回给客户。插入的 Java 程序段可以操作数据库、重新定向网页等,以实现建立动态网页所需要的功能。

JSP 和 Java Servlet 一样,是在服务器端执行的,通常返回给客户端的就是一个 HTML 文本,因此客户端只要有浏览器就能浏览。

JSP 的 1.0 规范的最后版本是在 1999 年 9 月推出的,在 12 月又推出了 1.1 规范。目前较新的是 JSP 1.2 规范,JSP 2.0 规范的征求意见稿也已出台。JSP 页面由 HTML 代码和嵌入其中的 Java 代码组成。服务器在页面被客户端请求以后对这些 Java 代码进行处理,然后将生成的 HTML 页面返回给客户端的浏览器。Java Servlet 是 JSP 的技术基础,而且大型的 Web 应用程序的开发需要 Java Servlet 和 JSP 配合才能完成。JSP 具备了 Java 技术的简单易用、完全面向对象、具有平台无关性且安全可靠、主要面向因特网的所有特点。

自 JSP 推出以后,众多大公司都支持 JSP 技术的服务器,例如 IBM、Oracle、Bea 公司等,所以 JSP 迅速成为商业应用的服务器端语言。JSP 可用一个简单易懂的等式表示,即 HTML＋Java＝JSP。

为了把表现层 presentation 从请求处理 request processing 和数据存储 data storage 中分离开来,Sun 公司推荐在 JSP 文件中使用一种"模型-视图-控制器"(即 Model-View-Controller)模式。规范的 Servlet 或者分离的 JSP 文件用于处理请求,当请求处理完后,控制权交给一个只作为创建输出用的 JSP 页,有几种平台都基于服务于网络层的模型-视图-控件器模式(例如 Struts 和 Spring Framework)。

下面介绍 JSP 技术的强势。

（1）一次编写,到处运行：除了系统之外,代码不用做任何更改。

（2）系统的多平台支持：基本上可以在所有平台的任何环境中开发，在任何环境中进行系统部署，在任何环境中扩展，相比之下，ASP. NET 的局限性是显而易见的。

（3）强大的可伸缩性：从只有一个小的 JAR 文件就可以运行 Servlet/JSP，到由多台服务器进行集群和负载均衡，再到多台 Application 进行事务处理、从消息处理，从一台服务器到无数台服务器，Java 显示了巨大的生命力。

（4）多样化和功能强大的开发工具的支持：这一点和 ASP 很像，Java 已经有了非常优秀的开发工具，而且可以免费获得，且已经可以顺利地运行于多种平台。

（5）支持服务器端组件：Web 应用需要强大的服务器端组件支持，开发人员需要利用其他工具设计复杂功能的组件供 Web 页面调用，以增强系统的性能。JSP 可以使用成熟的 Java Beans 组件来实现复杂的商务功能。

下面介绍 JSP 技术的弱势。

（1）和 ASP 一样，Java 的一些优势也是它致命的问题所在。正是由于跨平台的功能，为了获得极大的伸缩能力，所以极大地增加了产品的复杂性。

（2）Java 的运行速度是用 Class 常驻内存来完成的，所以在一些情况下它所使用的内存比起用户数量来说确实是"最低性能价格比"了。另外，它还需要硬盘空间来储存一系列的.java 文件、.class 文件以及对应的版本文件。

4. PHP

PHP 是英文 Hypertext Preprocessor（超文本预处理语言）的缩写。PHP 是一种 HTML 内嵌式的语言，是一种在服务器端执行的嵌入 HTML 文档的脚本语言，该语言的风格类似于 C 语言，被广泛的运用。PHP 的另一个含义是菲律宾比索的标准符号。

PHP 独特的语法混合了 C、Java、Perl 以及 PHP 自创新的语法，可以比 CGI 或者 Perl 更快地执行动态网页。PHP 是将程序嵌入到 HTML 文档中去执行，执行效率比完全生成 HTML 标记的 CGI 要高许多。PHP 还可以执行编译后的代码，编译可以加密和优化代码的运行，使代码运行得更快。PHP 具有非常强大的功能，所有的 CGI 功能 PHP 都能实现，而且支持几乎所有流行的数据库以及操作系统。

下面介绍 PHP 的特性。

（1）开放的源代码：所有的 PHP 源代码事实上都可以得到。

（2）PHP 是免费的：和其他技术相比，PHP 本身免费。

（3）PHP 的快捷性：程序的开发快、运行快，技术本身的学习快。

（4）嵌入 HTML：因为 PHP 可以嵌入 HTML 语言，它相对于其他语言编辑简单、实用性强，更适合初学者。

（5）跨平台性强：由于 PHP 是运行在服务器端的脚本，可以运行在 UNIX、Linux、Windows 下。

（6）效率高：PHP 消耗的系统资源相当少。

（7）图像处理：用 PHP 动态创建图像。

（8）面向对象：在 PHP4、PHP5 中，面向对象方面都有了很大的改进，现在 PHP 完全可以用来开发大型商业程序。

（9）专业专注：PHP 以支持脚本语言为主，同为类 C 语言。

1）PHP3

PHP3 和 Apache 服务器紧密结合，并且不断地更新和加入新的功能，几乎支持所有的主流和非主流数据库，而且能高速地执行，使得 PHP 在 1999 年中的使用站点已经超过了 150 000。另外，它的源代码完全公开，在 Open Source 开发模式盛行的今天，PHP 更是这方面的中流砥柱，不断地有新的函数库加入，不停地更新活力，使得 PHP 无论在 UNIX、Linux 或是 Windows 的平台上都可以有更多的新功能。PHP 提供了丰富的函数，使得在程序设计方面有更好的支持。

2）PHP4

PHP4 整个脚本程序的核心大幅度变动，让程序的执行速度满足更快的要求。其最佳化之后的效率已经比传统 CGI、ASP 等程序有了更好的表现，而且有更强的新功能、更丰富的函数库。无论用户接不接受，PHP 都将在 Web CGI 的领域中掀起颠覆性的革命。对于一位专业的 Web Master 而言，PHP 将是必修课程之一。

PHP4 是更有效的、更可靠的动态 Web 页开发工具，在大多数情况下运行比 PHP3 快，其脚本描述更强大且更复杂，最显著的特征是速率比的增加。PHP4 这些优异的性能是 PHP 脚本引擎重新设计产生的结果，引擎由 Andi Gutmans 和 Zeev Suraski 从底层全面重写。PHP4 脚本引擎（Zend 引擎）使用了一种更有效的编译执行方式，而不是 PHP3 采用的执行方式。

3）PHP5

PHP5 在长时间的开发及多个预发布版本之后，于 2004 年 7 月 13 日发布 PHP5。该版本以 Zend 引擎 II 为引擎，并且加入了新功能，例如 PHP Data Objects（PDO）。PHP5 版本强化了更多的功能，首先完全实现面向对象，提供名为 PHP 兼容模式的功能，其次是 XML 功能，PHP5 版本支持可直观地访问 XML 数据、名为 SimpleXML 的 XML 处理界面，同时还强化了 XML Web 服务支持，标准支持 SOAP 扩展模块。在数据库方面，PHP 新版本提供旨在访问 My SQL 的新界面——MySQL。除之前的界面外，还可以使用面向对象界面和预处理语句（Prepared Statement）等 MySQL 的新功能。另外，PHP5 上捆绑有小容量 RDBMS-SQLite。

1.2.2 JSP 技术

在本节简单介绍 JSP 的运行原理与优点。

在一个 JSP 文件第一次被请求时，JSP 引擎把该 JSP 文件转换成一个 Servlet，而这个引擎本身也是一个 Servlet。JSP 的运行过程如下：

（1）JSP 引擎先把该 JSP 文件转换成一个 Java 源文件（Servlet），在转换时如果发现 JSP 文件有语法错误，转换过程将中断，并向服务器端和客户端输出出错信息。

（2）如果转换成功，JSP 引擎用 javac 把该 Java 源文件编译成相应的 Class 文件。

（3）创建一个该 Servlet（JSP 页面的转换结果）的实例，该 Servlet 的 jspInit()方法被执行，jspInit()方法在 Servlet 的生命周期中只被执行一次。

（4）jspService()方法被调用来处理客户端的请求。对于每一个请求，JSP 引擎会创建一个新的线程来处理该请求。如果有多个客户端同时请求该 JSP 文件，则 JSP 引擎会创建多个线程。每个客户端请求对应一个线程。以多线程方式执行可以大大降低对系统的资源需求,提高系统的并发量及响应时间。不过应该注意多线程的编程限制,由于该 Servlet 始终驻于内存,所以响应非常快。

(5) 如果 .jsp 文件被修改了,服务器将根据设置决定是否对该文件重新编译,如果需要重新编译,则将编译结果取代内存中的 Servlet,并继续上述处理过程。

(6) 虽然 JSP 的效率很高,但在第一次调用时由于需要转换和编译有一些轻微的延迟。此外,在任何时候,由于系统资源不足的原因,JSP 引擎将以某种不确定的方式将 Servlet 从内存中移去。当这种情况发生时,jspDestroy() 方法首先被调用。

(7) 然后 Servlet 实例被标记加入"垃圾收集"处理。用户可在 jspInit() 中进行一些初始化工作,例如建立与数据库的连接,或建立网络连接,从配置文件中获取一些参数等,在 jspDestory() 中释放相应的资源。

基于 Java 语言的 JSP 技术具有很多其他动态网页技术没有的特点,具体表现在以下几个方面。

1. 简便性和有效性

JSP 动态网页的编写与一般静态 HTML 网页的编写是十分相似的,只是在原来的 HTML 网页中加入了一些 JSP 专有的标签,或是一些脚本程序(此项不是必需的)。这样,一个熟悉 HTML 网页编写的设计人员就可以很容易地进行 JSP 网页的开发,而且开发人员完全可以不自己编写脚本程序,只是通过 JSP 独有的标签使用别人已经写好的程序来实现动态网页的编写。这样,一个不熟悉脚本语言的网页开发者完全可以利用 JSP 做出漂亮的动态网页,而这在其他动态网页的开发中是不可能实现的。

2. 程序的独立性

JSP 是 Java API 家族的一部分,它拥有一般 Java 程序的跨平台特性。换句话说,就是拥有程序对平台的独立性,即"Write once,Run anywhere!"。

3. 程序的兼容性

JSP 中的动态内容可以用各种形式显示,所以它可以为各种客户提供服务,即从使用 HTML/DHTML 的浏览器到使用 WML 的各种手提无线设备(例如,移动电话和个人数字设备 PDA),再到使用 XML 的 B2B 应用,都可以使用 JSP 的动态页面。

4. 程序的可重用性

在 JSP 页面中可以不直接将脚本程序嵌入,而只是将动态的交互部分作为一个部件加以引用。这样,一旦这样的一个部件写好,它就可以被多个程序重复引用,实现了程序的可重用性。现在,大量的标准 JavaBeans 程序库就是一个很好的例证。

1.3　JSP 的运行环境

从最开始的 JSWDK 到现在的 Tomcat、WebLogic 等,JSP 的运行环境有了很大的变化,出现了很多优秀的 JSP 容器,例如 Tomcat、WebLogic、IBM WebSphere 等,下面简单介绍几种常用的 JSP 容器。

1.3.1 Tomcat

Tomcat 是 Apache Jakarta 软件组织的一个子项目，它是一个 JSP/Servlet 的容器，是在 Sun 公司的 JSWDK(Java Server Web Development Kit)基础上发展起来的一个 JSP 和 Servlet 规范的标准实现，使用 Tomcat 可以体验 JSP 和 Servlet 的最新规范。经过多年的发展，Tomcat 不仅是 JSP 和 Servlet 规范的标准实现，而且具备了很多商业 Java Servlet 容器的特性，使得它被一些企业用于商业用途。

1.3.2 BEA WebLogic Server

BEA WebLogic Server 是 BEA Web 应用服务器的重要产品，是用于集成、开发、部署和管理大型分布式 Web 应用、网络数据库应用的 Java 应用服务器。它将 Java 的动态功能和 Java Enterprise 标准的高效性和安全性引入大型 Web 应用的集成和开发之中，BEA WebLogic Server 是第一个提供 EJB 组件、Java 消息传递和事件服务、微软 COM 集成以及零管理客户机的 Web 应用服务器，代表了新一代 Web 应用服务器的发展方向。

1.3.3 IBM WebSphere

IBM WebSphere 是一种领先的因特网基础设施软件，适用于跨多种平台创建、运行和集成各种业务的应用。它的优点是能够将烦琐的 IT 流程进行整合，并使其框架清晰、使用简便，能节省很多的人力和时间，从而提高企业办公的效率。

1.4 运行第一个 JSP 应用程序

前面介绍了一些 JSP 的相关知识，使读者对 JSP 有了大致的了解，下面实际开发一个简单的 JSP 应用程序，亲身体会一下 JSP 技术的使用。首先安装 JDK，安装过程参见 1.1.6 节。

1.4.1 安装 Tomcat

只有在 JDK 安装正确的情况下才可以安装 Tomcat。可以从其官方网站免费下载 Tomcat 的安装程序，其下载地址为 http://jakarta.apache.org/tomcat/index.html。

笔者使用的版本是 Tomcat 5.0.28，不同的版本功能基本一致。运行 Tomcat 5.0.28 安装程序，使用默认设置就可以了。

假定安装的主目录是 C:\Tomcat 5.0，把它设定为 TOMCAT_HOME，按照 1.1.6 节中介绍的方法添加一个新的系统变量 TOMCAT_HOME，将其值设置为 C:\Tomcat 5.0 (Tomcat 安装的主目录)，然后单击“确定”按钮，保存所做的更改。

在 Windows 系统中单击“开始”按钮，选择“所有程序”→Apache Tomcat 5.0→Configure Tomcat 命令，在弹出的对话框中单击 Start 按钮，就可以启动 Tomcat。Tomcat 启动完成后，在浏览器地址栏中输入地址 http://localhost:8080/就可以看到如图 1-24 所示的 Tomcat 欢迎页面。

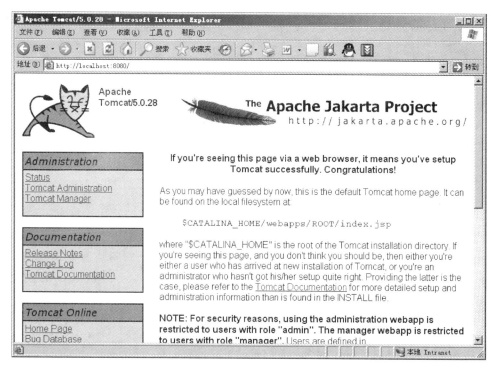

图 1-24　Tomcat 的欢迎页面

单击页面左下角的 Servlet Examples 链接,执行名为 Number Guess 的例子,此时页面显示如图 1-25 所示。

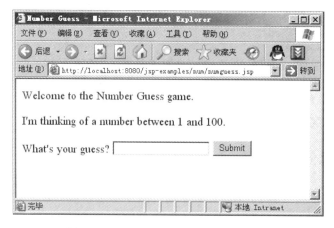

图 1-25　Number Guess 应用的执行效果

如果上面的操作都出现了预期的效果,则表明 Tomcat 安装成功了。

1.4.2　编写并发布运行 JSP 文件

下面编写一个简单的 JSP 程序,它的内容和普通的 HTML 文件是一样的,唯一的区别就是其文件的扩展名是 jsp 而不是 html。这个程序的代码如下：

```
//firstjsp.html
    <html>
    <head>
            <title>Welcome</title>
    </head>
    <body>
            <center>First JSP Test</center>
    </body>
    </html>
```

如果把上述内容保存为 firstjsp. html，则可以双击这个文件打开（默认使用 Internet Explorer 打开），效果如图 1-26 所示。

图 1-26　一个简单的例子

如果把上述内容保存为 firstjsp. jsp，则不可以双击这个文件查看它预期出现的效果，而应该把它发布到 Tomcat 的某个 Web 应用中才可以正确地查看，例如把 firstjsp. jsp 文件复制到<TOMCAT_HOME>\webapps\jsp-examples 目录下，然后在浏览器地址栏中输入地址 http：//localhost：8080/jsp-examples/firstjsp. jsp，可以看到页面显示如图 1-27 所示。

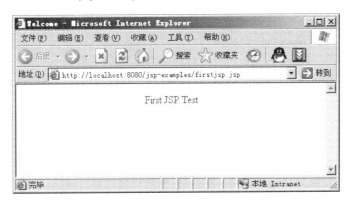

图 1-27　一个简单的 JSP 文件例子

可以看到页面显示的效果和 HTML 文件的效果是一样的。对于编程而言，它只是把文件的扩展名改为. jsp，而这样修改却造成了根本上的区别。在使用. html 为扩展名时，可以双击使用 IE 浏览器打开它，而使用. jsp 为扩展名，必须通过 Tomcat（或者其他 JSP 容器）解析后才可以看到实际想要看到的效果页面。从这个例子可以看出，HTML 语言中的元素完全可以被 JSP 引擎解析。事实上,JSP 只是在原有的 HTML 文件中加入了一些具有 Java 特点的代码,这些代码具有其独有的特点,成为 JSP 的语法元素。这些 JSP 的语法将在后面的章节介绍。

1.5　Struts＋Hibernate＋Spring 开发框架

1.5.1　Struts

Struts 是一个为开发基于模型-视图-控制器(Model-View-Controller,MVC)模式的应用架构的开源框架,是利用 Java Servlet 和 JSP 构建 Web 应用的一项非常有用的技术。由于 Struts 能充分满足应用开发的需求,并且简单易用,因而吸引了众多的开发人员的关注。

事件是指从客户端页面(浏览器)由用户操作触发的事件,Struts 使用 Action 来接受浏览器表单提交的事件,这里使用了 Command 模式,每个继承 Action 的子类都必须实现一个方法——execute。

Struts 重要的表单对象 ActionForm 是一个对象,它代表一种应用,在这个对象中至少包含几个字段,这些字段是 JSP 页面表单中的 input 字段,因为一个表单对应一个事件,所以,当用户需要将事件粒度细化到表单中的这些字段时,也就是说,一个字段对应一个事件时,单纯地使用 Struts 不太可能,当然通过结合 JavaScript 是可以实现的。

Struts 是一个基于 J2EE 平台的 MVC 框架,主要采用 Servlet 和 JSP 技术来实现。Struts 把 Servlet、JSP、自定义标签和信息资源(message resources)整合到一个统一的框架中,开发人员利用其进行开发时不用再自己编写代码实现全套的 MVC 模式,极大地节省了时间,所以说,Struts 是一个非常不错的应用框架。

Struts 框架可以分为以下 4 个部分。

(1) 模型(Model):从本质上来说,在 Struts 中 Model 是一个 Action 类(这个类会在后面详细讨论),开发者通过其实现商业逻辑,同时用户请求通过控制器(Controller)向 Action 的转发过程是基于由 struts-config. xml 文件描述的配置信息的。

(2) 视图(View):View 是由与控制器 Servlet 配合工作的一整套 JSP 定制标签库构成,利用它可以快速地建立应用系统的界面。

(3) 控制器(Controller):其本质上是一个 Servlet,将客户端请求转发到相应的 Action 类。

(4) 一堆用来做 XML 文件解析的工具包:Struts 是用 XML 来描述如何自动产生一些 JavaBean 的属性的;此外,Struts 还利用 XML 来描述国际化应用中的用户的提示信息(这样就实现了应用系统的多语言支持)。

1.5.2　Hibernate

Hibernate 是一个免费的开源 Java 包,它使得用户与关系数据库"打交道"变得十分轻松,就像用户的数据库中包含每天使用的普通 Java 对象一样,并且不必考虑如何把它们从神秘的数据库表中取出(或放回到数据库表中)。Hibernate 解放了用户,使用户可以专注于应用程序的对象和功能,而不必担心如何保存它们或之后如何找到它们。

大多数应用程序都需要处理数据。Java应用程序在运行时往往把数据封装为相互连接的对象网络,但当程序结束时,这些对象就会消失在一团逻辑中,所以需要一些保存它们的方法。有时候,甚至在编写应用程序之前,数据就已经存在了,所以需要有读入它们和将它们表示为对象的方法。手动编写代码来执行这些任务不仅单调乏味、易于出错,而且会占用整个应用程序的很大一部分开发工作量。

优秀的面向对象开发人员厌倦了这种重复性的劳动,他们开始采用通常的"积极"偷懒做法,即创建工具,使整个过程自动化。对于关系数据库来说,这种努力的最大成果就是对象/关系映射(ORM)工具。

这类工具有很多,从昂贵的商业产品到内置于J2EE中的EJB标准。然而,在很多情况下,这些工具具有自身的复杂性,使得开发人员必须学习使用它们的详细规则,并修改组成应用程序的类以满足映射系统的需要。由于这些工具为应付更加严格和复杂的企业需求而不断发展,于是在比较简单和常见的场景中,使用它们所面临的复杂性反而超过了所能获得的好处。这引起了一场革命,促进了轻量级解决方案的出现,Hibernate就是这样的一个例子。

下面介绍Hibernate的工作方式:

Hibernate不会给用户带来不良影响,也不会强迫用户修改对象的行为方式。它们不需要实现任何不可思议的接口以便能够持续存在,唯一需要做的就是创建一份XML"映射文档",告诉Hibernate用户希望能够保存在数据库中的类,以及它们如何关联到该数据库中的表和列,然后就可以要求它以对象的形式获取数据,或者把对象保存为数据。与其他解决方案相比,Hibernate几乎已经很完美了。

运行时,Hibernate读取映射文档,然后动态地构建Java类,以便管理数据库与Java之间的转换。在Hibernate中有一个简单且直观的API,用于对数据库中所表示的对象执行查询。如果要修改这些对象,(一般情况下)只需在程序中与它们进行交互,然后告诉Hibernate保存修改即可。类似地,创建新对象也很简单,只需以常规方式创建它们,然后告诉Hibernate有关它们的信息,这样就能在数据库中保存它们。

Hibernate API学习起来很简单,而且它与程序流的交互相当自然,在适当的位置调用它,就可以达成目的。Hibernate带来了很多自动化和代码节省方面的好处,所以花一点时间学习它是值得的,而且可以获得另外一个好处,即代码不用关心要使用的数据库种类(否则必须知道)。作者就曾有过在开发过程后期被迫更换数据库厂商的经历,这会造成巨大的损失,但是借助于Hibernate,只需要简单地修改Hibernate配置文件即可。

这里的讨论假设用户已经通过创建Hibernate映射文档建立了一个关系数据库,并且拥有要映射的Java类,有一个Hibernate工具集可以在编译时使用,以支持不同的工作流。例如,如果用户已经拥有了Java类和映射文档,Hibernate可以为用户创建(或更新)必需的数据库表。或者,仅仅从映射文档开始,Hibernate也能够生成数据类。或者,它可以反向设计用户的数据库和类,从而拟定映射文档。还有一些用于Eclipse的Alpha插件,它们可以在IDE中提供智能的编辑支持以及对这些工具的图形访问。

如果用户使用的是Hibernate 2环境,这些工具很少提供,但是存在可用的第三方工具。

下面介绍使用 Hibernate 的场合：

既然 Hibernate 看起来如此灵活好用，为什么还要使用其他的工具呢？下面通过一些场景帮助用户做出判断（或许提供一些比较和上下文，可以有助于用户鉴别非常适合用 Hibernate 的场合）。

如果应用对于数据存储的需要十分简单，例如，用户只想管理一组优先选择——用户根本不需要数据库，更不用说一个优秀的对象-关系映射系统了（即使它如 Hibernate 这般容易使用）！从 Java 1.4 开始，有一个标准的 Java Preferences API 可以很好地发挥这个作用。

对于熟悉使用关系数据库和了解如何执行完美的 SQL 查询与企业数据库交互的人员来说，Hibernate 似乎有些碍手碍脚，这就像带有动力和自动排档的快艇车会使注重性能的赛车驾驶员不耐烦一样。如果用户属于这种人，如果用户所在的项目团队拥有一个强大的 DBA，或者有一些存储过程要处理，用户可能想研究一下 iBATIS。Hibernate 的创建者本身就把 iBATIS 当作是另一种有趣的选择。笔者对它很有兴趣，因为我们曾为一个电子商务站点开发一个类似的系统（其功能更为强大），而且从那时到现在，我们已经在其他环境中使用过它，尽管发现 Hibernate 之后，在新项目中我们更喜欢使用 Hibernate。用户可以认为，以 SQL 为中心的解决方案（比如 iBATIS）是"反向的"对象/关系映射工具，而 Hibernate 是一个更为传统的 ORM。

当然，还有其他的外部原因会导致用户采用另外的方法。比如，在一个企业环境中，必须使用成熟的 EJB 架构（或者其他的一些非普通对象映射系统）。此时，可以为提供自己的数据存储工具的平台量身定做代码，例如 Mac OS X's Core Data。有时，使用的可能是像 XML DTD 这样的存储规范，而它根本不涉及关系数据库。

如果用户使用的是富对象模型，而且想灵活、轻松、高效地保存它（无论用户是否正要开始或已经决定使用关系数据库，只要这是一个选择，而且存在可用的、优秀的免费数据库，例如 MySQL，或者可以嵌入 Java 的 HSQLDB，它就应该始终是一个选择），那么 Hibernate 很可能就是用户理想的选择。

1.5.3 Spring

Spring 是一个开源框架，它由 Rod Johnson 创建。Spring 是为了解决企业应用开发的复杂性而创建的，它使用基本的 JavaBean 来完成以前只可能由 EJB 完成的事情。然而，Spring 的用途不仅仅限于服务器端的开发。从简单性、可测试性和松耦合的角度而言，任何 Java 应用都可以从 Spring 中受益。

- 目的：解决企业应用开发的复杂性。
- 功能：使用基本的 JavaBean 代替 EJB，并提供了更多的企业应用功能。
- 范围：任何 Java 应用。
- 简单来说，Spring 是一个轻量级的控制反转（IoC）和面向切面（AOP）的容器框架。

（1）轻量：从大小与开销两个方面而言，Spring 都是轻量的。完整的 Spring 框架可以在一个大小只有 1MB 多的 JAR 文件中发布，并且 Spring 所需的处理开销也是微不足道的。此外，Spring 是非侵入式的，Spring 应用中的对象不依赖于 Spring 的特定类。

（2）控制反转：Spring 通过一种称为控制反转（IoC）的技术促进了松耦合。当应用了 IoC 时，一个对象依赖的其他对象会通过被动的方式传递进来，而不是这个对象自己创建或者查找依赖对象。用户可以认为 IoC 与 JNDI 相反,不是对象从容器中查找依赖,而是容器在对象初始化时不等对象请求就主动将依赖传递给它。

(3)面向切面:Spring 提供了面向切面编程的丰富支持,允许通过分离应用的业务逻辑与系统级服务(例如审计和事务管理)进行内聚性的开发。应用对象只实现它们应该做的,即完成业务逻辑,仅此而已。它们并不负责(甚至是意识)其他的系统级关注点,例如日志或事务支持。

(4)容器:Spring 包含并管理应用对象的配置和生命周期,在这个意义上它是一种容器,用户可以配置自己的每个 Bean 如何被创建——基于一个可配置原型(prototype),用户的 Bean 可以创建一个单独的实例或者在每次需要时都生成一个新的实例,以及它们是如何相互关联的。然而,Spring 不应该被混同于传统的重量级的 EJB 容器,它们经常是庞大和笨重的,难以使用。

(5)框架:Spring 可以将简单的组件配置、组合成复杂的应用。在 Spring 中,应用对象被声明式地组合,典型的是在一个 XML 文件里。Spring 也提供了很多基础功能(事务管理、持久化框架集成等),将应用逻辑的开发留给了用户。

所有 Spring 的这些特征使用户能够编写更干净、更可管理,并且更易于测试的代码,它们也为 Spring 中的各种模块提供了基础支持。

Spring 框架是一个分层架构,由 7 个定义良好的模块组成。Spring 模块构建在核心容器之上,核心容器定义了创建、配置和管理 Bean 的方式,如图 1-28 所示。

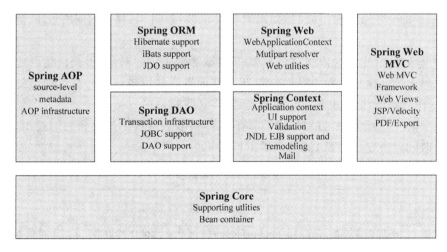

图 1-28 Spring 框架的 7 个模块

组成 Spring 框架的每个模块(或组件)都可以单独存在,或者与其他一个或多个模块联合实现,下面介绍每个模块的功能。

(1)核心容器:核心容器提供了 Spring 框架的基本功能。核心容器的主要组件是 BeanFactory,它是工厂模式的实现。BeanFactory 使用控制反转(IoC)模式将应用程序的配置和依赖性规范与实际的应用程序代码分开。

(2)Spring 上下文:Spring 上下文是一个配置文件,向 Spring 框架提供上下文信息。Spring 上下文包括企业服务,例如 JNDI、EJB、电子邮件、国际化、校验和调度功能。

(3)Spring AOP:通过配置管理特性,Spring AOP 模块直接将面向方面的编程功能集成到 Spring 框架中,所以,用户可以很容易地使 Spring 框架管理的任何对象支持 AOP。Spring AOP 模块为基于 Spring 的应用程序中的对象提供了事务管理服务。通过使用 Spring AOP,用户不用依赖 EJB 组件就可以将声明性事务管理集成到应用程序中。

(4) Spring DAO：JDBC DAO 抽象层提供了有意义的异常层次结构,可以用该结构管理异常处理和不同数据库供应商抛出的错误消息。异常层次结构简化了错误处理,并且极大地降低了需要编写的异常代码数量(例如打开和关闭连接)。Spring DAO 的面向 JDBC 的异常遵从通用的 DAO 异常层次结构。

(5) Spring ORM：Spring 框架插入了若干个 ORM 框架,从而提供了 ORM 的对象关系工具,其中包括 JDO、Hibernate 和 iBatis SQL Map,所有这些都遵从 Spring 的通用事务和 DAO 异常层次结构。

(6) Spring Web 模块：Web 上下文模块建立在应用程序上下文模块之上,为基于 Web 的应用程序提供了上下文,所以,Spring 框架支持与 Jakarta Struts 的集成。Web 模块还简化了处理多部分请求以及将请求参数绑定到域对象的工作。

(7) Spring MVC 框架：MVC 框架是一个全功能的构建 Web 应用程序的 MVC 实现,通过策略接口,MVC 框架变成高度可配置的,MVC 容纳了大量的视图技术,其中包括 JSP、Velocity、Tiles、iText 和 POI。

Spring 框架的功能可以用在任何 J2EE 服务器中,大多数功能也适用于不受管理的环境。Spring 的核心要点是支持不绑定到特定 J2EE 服务的可重用业务和数据访问对象。毫无疑问,这样的对象可以在不同的 J2EE 环境（Web 或 EJB）、独立的应用程序、测试环境之间重用。

控制反转模式(也称为依赖性介入)的基本概念是不创建对象,但是描述创建它们的方式。在代码中不直接与对象和服务连接,但是在配置文件中描述哪一个组件需要哪一项服务,容器（在 Spring 框架中是 IoC 容器）负责将这些联系在一起。

在典型的 IoC 场景中,容器创建了所有对象,并设置必要的属性将它们连接在一起,决定在什么时间调用方法。表 1-1 列出了 IoC 的一个实现模式。

表 1-1　IoC 的实现模式

类　型	方　　　法
类型 1	服务需要实现专门的接口,通过接口,由对象提供这些服务,可以从对象查询依赖性(例如需要的附加服务)
类型 2	通过 JavaBean 的属性(例如 setter 方法)分配依赖性
类型 3	依赖性以构造函数的形式提供,不以 JavaBean 属性的形式公开

Spring 框架的 IoC 容器采用类型 2 和类型 3 实现。

面向方面的编程即 AOP,它是一种编程技术,它允许程序员对横切关注点或横切典型的职责分界线的行为(例如日志和事务管理)进行模块化。AOP 的核心构造是方面,它将那些影响多个类的行为封装到可重用的模块中。

AOP 和 IoC 是补充性的技术,它们都运用模块化方式解决企业应用程序开发中的复杂问题。在典型的面向对象开发方式中,可能要将日志记录语句放在所有方法和 Java 类中才能实现日志功能。在 AOP 方式中,可以反过来将日志服务模块化,并以声明的方式将它们应用到需要日志的组件上。当然,优势就是 Java 类不需要知道日志服务的存在,也不需要考虑相关的代码。所以,用 Spring AOP 编写的应用程序代码是松耦合的。AOP 的功能完全集成到了 Spring 事务管理、日志和其他各种特性的上下文中。

Spring 设计的核心是 org.springframework.beans 包,它的设计目标是与 JavaBean 组件一起使用。这个包通常不是由用户直接使用的,而是由服务器将其作为其他多数功能的底层中介。下一个最高级抽象是 BeanFactory 接口,它是工厂设计模式的实现,允许用户通过名称创建和检索对象,BeanFactory 也可以管理对象之间的关系。

下面介绍 BeanFactory 支持的两个对象模型。

(1) 单态模型:提供了具有特定名称的对象的共享实例,可以在查询时对其进行检索。Singleton 是默认的,也是最常用的对象模型,对于无状态服务对象很理想。

(2) 原型模型:确保每次检索都会创建单独的对象。在每个用户都需要自己的对象时,原型模型最适合。

Bean 工厂的概念是 Spring 作为 IoC 容器的基础。IoC 将处理事情的责任从应用程序代码转移到框架。正如将在下一个示例中演示的那样,Spring 框架使用 JavaBean 属性和配置数据来指出必须设置的依赖关系。

1.5.4 MyEclipse 中 Web 的开发过程

MyEclipse 是一个 EXE 安装文件,有安装向导,直接双击即可安装,选择好 My Eclipse 的安装目录后,这里使用 D:\MyEclipse\eclipse,一直单击 Next 按钮即可。

在程序组中可以找到 MyEclipse,单击后打开,如果没有默认的工作路径,在选择一个工作路径后,用户会看到集成 MyEclipse 后的 Eclipse 的典型界面。

最后需要输入 MyEclipse 的注册码,选择 Window→Preferences 命令,在对话框中选择 MyEclipse 下的 Subscription 项,单击 Enter Subscription 按钮,然后输入注册用户名和密码即可。

由于这里只讲解 MyEclipse 的基本操作和设置,所以就不做很复杂的项目了,用户完全可以触类旁通。

打开 MyEclipse 的开发界面,选择 File→New→Web Projects 命令,弹出 New Web Project 对话框,在 Web Project Details 的 Projects Name 文本中输入 WebTest,并选择 Java EE 6.0 单选按钮,其他采用默认的设置,如图 1-29 所示。

查看新建的工程,可以发现需要的类都已经自动加载了进来,还有一个 J2EE 的类环境变量,如图 1-30 所示,这就是使用 MyEclipse 的方便之处。

选中工程项目 WebTest 下的 src 文件夹(注意是在 Package Explorer 下,如果找不到,用户可以去阅读 Eclipse 的使用指南),然后右击,选择 New→Package 命令,新建一个包 com.inspiresky.bean。接着选中新建的包,然后右击,选择 New→Class 命令,在 Name 文本框中输入 Hello,取消选择 public static void main 复选框,其他采用默认,单击 Finish 按钮完成类的创建。

在 WebTest 工程中选中 WebRoot 文件夹,然后右击,选择 New→JSP 命令,将 File Name 修改为 index.jsp,其他采用默认的设置,单击 Finish 按钮创建。

图 1-29　MyEclipse 创建 Web 工程的对话框　　　　图 1-30　新建的 Web 工程

在 Package Explorer 中右击创建的工程,在弹出的快捷菜单中选择 Run As→Myeclipse Server Application 即可启动该 Web 工程,浏览创建的 JSP 网页。Web 工程在启动之后,用户可以打开浏览器输 URL 地址"http://计算机名:8080/Web 工程名"访问该网页。

习题 1

1. Java 语言有哪些特点?
2. 什么是 Java 虚拟机?
3. 什么是字节码? 采用字节码最大的好处是什么?
4. 什么是 JDK?
5. 如何在命令行状态下编译和运行 Java 程序?
6. Java 应用程序和 Java 小应用程序之间有什么差别?
7. JSP 运行环境应该怎么搭建?
8. 简述几种常见 Web 开发技术的区别和联系。
9. 怎样在 MyEclipse 环境下创建一个 Java Web 工程并运行?

第 2 章

Java语法基础

任何一种程序设计语言的基本元素都包括数据类型、操作符、表达式等,它们是用户必须掌握的语法基础。

2.1 标识符、关键字和数据类型

Java语言的源程序代码由一个或多个编译单元组成,每个编译单元可包含以下3个要素:

(1) 一个包声明(package statement,可选);

(2) 任意数量的引入语句(import statements);

(3) 类的声明(class declarations)。

这3个要素必须以上述顺序出现。也就是说,任何引入语句出现在所有类定义之前,如果使用包声明,则包声明必须出现在类和引入语句之前。每个Java的编译单元可包含多个类,但是每个编译单元最多只能有一个类是公共的。

2.1.1 标识符和关键字

1. 标识符

在Java编程语言中,标识符是赋予变量、类或方法的名称。变量、函数、类和对象的名称都是标识符,程序员需要标识和使用的东西都需要用到标识符。

在Java语言中,标识符的取名规则如下:

- 必须由字母、下划线_或美元符号$开头。
- 由字母、0~9的数字、下划线_或美元符号$组成。
- 不能与关键字名或布尔值(true和false)同名。

取名除了符合上述规则外,还要注意以下几个方面:

- 标识符名字是具有一定实际含义的一串字符,以便增强程序的可读性。
- 尽量少用除英文字母、下划线、美元符以外的字母,以减少输入难度。
- 少用美元符号,以利于链接C代码时的处理。
- 对标识符开头的字母以及标识符中间单词的第一个字母大写,其余的字母小写,最好不要用全部大写的标识符。

例如,下面的字符串都是合法的标识符:

USERNAME、_sys_VAR、$ change、thisOne、a 教授

但下面的标识符是非法的:

3student、% name、- num,!_not、* ptr,@email

2. 关键字

关键字是构成编程语言本身的符号,是一种特殊的标识符,又称保留字。表 2-1 列出了在 Java 编程语言中使用的关键字。

表 2-1　Java 语言中的关键字

关　键　字	关　键　字	关　键　字	关　键　字
abstract	boolean	break	byte
case	catch	char	class
continue	default	do	double
else	extends	false	final
finally	float	for	if
implements	import	instanceof	int
interface	long	native	new
null	package	private	protected
public	return	short	static
super	switch	synchronized	this
throw	throws	transient	true
try	void	volatile	while

对于关键字,值得用户注意的地方如下:
- true、false 和 null 为小写,而不是像在 C++语言中那样为大写。
- 无 sizeof 运算符,因为所有数据类型的长度和表示都是固定的,与平台无关,不是像在 C 语言中那样数据类型的长度根据不同的平台变化,这正是 Java 语言的一大特点。
- goto 不是 Java 编程语言中使用的关键字。

2.1.2　Java 的基本数据类型

Java 编程语言的基本数据类型共有 8 种,分为 4 个类型。

1. 逻辑类 boolean

boolean 数据类型有两种值,即 true 和 false。

在 Java 语言中,boolean 类型只允许使用 boolean 值,在整数类型和 boolean 类型之间无转换计算。

在 C 语言中,允许将数字值转换成逻辑值,这在 Java 语言中是不允许的。

2．字符类 char

使用 char 类型可以表示单个字符，字符是用单引号括起来的一个字符，例如 'a'、'B'等。

Java 中的字符型数据是 16 位无符号型数据，它表示 Unicode 集，而不仅仅是 ASCII 集。

与 C 语言类似，Java 也提供转义字符，以反斜杠(\)开头，将其后的字符转变为另外的含义。

表 2-2 列出了 Java 中的转义字符。

表 2-2　Java 中的转义字符

转 义 字 符	含 义
\ddd	表示 1 到 3 位八进制数据所表示的字符(ddd)
\uxxxx	表示 1 到 4 位十六进制数所表示的字符(xxxx)
\'	表示单引号字符
\\	表示反斜杠字符
\r	表示回车
\n	表示换行
\f	表示走纸换页
\t	表示横向跳格
\b	表示退格

3．整数类 byte、short、int、long

在 Java 编程语言中有 4 种整数类型，每种类型可以使用关键字 byte、short、int 和 long 中的任意一个进行声明。所有 Java 编程语言中的整数类型都是带符号的数字，不存在无符号整数。

整数类型的文字可以使用十进制、八进制和十六进制表示。首位为 0 表示八进制的数值；首位为 0x 表示十六进制的数值，请看下面的例子：

```
5    表示十进制数 5
075  表示八进制数 75
(也就是十进制数 61)
0x9ABC  表示十六进制数 9ABC
(也就是十进制数 39 612)
```

整数类默认为 int 类型，如果在其后有一个字母 L，表示一个 long 值(也可以用小写 l 表示)。由于小写 l 与数字 1 容易混淆，因此建议大家采用大写 L。

上面所说的整数 long 的形式如下：

5L 表示十进制数 5，是一个 long 值

075L 表示八进制数 75，是一个 long 值

0x9ABCL 表示十六进制数 9ABC，是一个 long 值

4 种整数类型的存储空间长度以及能表示的范围是不一样的，如表 2-3 所示。

表 2-3　4 种整数类型的表示范围

数　据　类　型	长度（bit）	最　小　值	最　大　值
byte	8 位	-128	127
short	16 位	-2^{15}	$2^{16}-1$
int	32 位	-2^{31}	$2^{32}-1$
long	64 位	-2^{63}	$2^{64}-1$

4. 浮点类 double、float

在 Java 编程语言中有两种浮点类型，即 float 和 double。如果一个数包括小数点或指数部分，或者在数字后面带有字母 F 或 f(float)、D 或 d(double)，则该数为浮点数。如果不明确指明浮点数的类型，浮点数默认为 double。下面是几个浮点数：

```
3.14159   (double 型浮点数)
2.08   E25 (double 型浮点数)
6.56   f (float 型浮点数)
```

在两种类型的浮点数中，float 为 32 位（单精度），double 为 64 位（双精度）。也就是说，double 类型的浮点数具有更高的精度。

2.1.3　基本数据类型的类包装

包装类（Wrapper）是 Java 语言引入的一种对简单数据类型"封装"的机制，可以理解为 Java 语言通过包装类将简单的数据封装起来，使得数据更加安全，并且提高面向对象的程度。

在 Java 语言中，每一种简单数据类型都有与其对应的包装类存在，这些包装类被打包在 java.lang 包中。在 Java 中已有的包装类有 Integer、Long、Short、Double、Float、Byte、Boolean 和 Character，分别对应简单数据类型 int、long、short、double、float、byte、boolean 和 char。

除了封装简单的数据类型之外，包装类还提供了对"大数"的封装功能。大家知道，Java 中的数据类型是有其特定的表示范围的，而包装类的存在为用户提供了大数计算的方法，比如可以用一个很长的字串"111111…11111"来初始化一个 Integer 类的对象表示一个大整数。

另外，通过包装类可以方便地把数字组成字符串转换成对应的数的形式，例如，通过 Integer.parseInt(String str)方法可以把 str 转换成对应的整数。例如：

```
Int integer = Integer. parseInt("12345");
```

执行的结果是 integer 变量被赋值为 12345。

2.2　运算符、表达式和语句

2.2.1　运算符和表达式

Java 的运算符与 C 基本相同，在 Java 中运算符可以分为以下几种类别。

- 算术运算符：＋、－、＊、/、％、＋＋、－－。
- 关系运算符：＞、＞＝、＜、＜＝、＝＝、!＝。
- 逻辑运算符：&、|、!、^、&&、‖。
- 赋值运算符：＝、＋＝、－＝、＊＝、/＝、％＝、&＝、|＝、^＝、＜＜＝、＞＞＝、＞＞＞＝。

1. 算术运算符和算术表达式

算术运算符用于实现数学运算。Java 定义的算术运算符如表 2-4 所示。

表 2-4　Java 的算术运算符

算术运算符	名　　称	实　　例
＋	加	$a+b$
－	减	$a-b$
＊	乘	$a*b$
/	除	a/b
％	取模运算(给出运算的余数)	$a\%b$
＋＋	递增	$a++$
－－	递减	$b--$

　　算术表达式由操作数和算术运算符组成。在算术表达式中,操作数只能是整型或浮点型。Java 的算术运算符有两种,即二元算术运算符和一元算术运算符。

　　二元算术运算符涉及两个操作数,共有＋、－、＊、/、％5 种。这些算术运算符适用于所有数值型数据类型。

　　整型、浮点型经常进行混合运算,在运算中不同类型的数据先转换为同一类型,然后进行运算。这种转换是按照以下优先关系自动进行的:

```
低 --------------------------->高
byte -> short -> char -> int -> long -> float -> double
```

　　按照这种优先关系,在混合运算中低级数据转换为高级数据时会自动进行类型转换,转换规则如表 2-5 所示。

表 2-5　低级数据向高级数据自动转换的规则

操作数 1 的类型	操作数 2 的类型	转换后的类型
byte 或 short	int	int
byte、short 或 int	long	long
byte、short、int 或 long	float	float
byte、short、int、long 或 float	double	double
char	int	int

注意:

(1) 即使两个操作数全部是 byte 型或 short 型,表达式的结果也是 int 型。

(2) 当/运算和％运算中除数为 0 时会产生异常。

（3）与 C 和 C++ 不同,取模运算符％的操作数可以是浮点数,例如 9.5％3＝0.5。

下面给出一些混合算术运算的例子,参见表 2-6。

表 2-6　混合算术运算示例

操作数 1	操作数 2	算术运算表达式	表达式结果及类型
8	3	8/3	2,int
5	2.0	5/2.0	2.5,double
byte i＝4	byte j＝7	$i * j$	28, int
long r＝40L	int a＝2	r/a	20L,double
floatx＝6.5f	float y＝3.1f	$x + y$	9.6f,float
double b＝2.5	int a＝2	$b\%a$	0.5,double
floatx＝6.5f	int c＝28	$x - c$	−21.5f,float
'a'	60	'a'＋ 60	157,int

一元算术运算符涉及的操作数只有一个,共有＋、－、＋＋、－－4 种。各种一元算术运算符的用法及功能如表 2-7 所示。

表 2-7　Java 中的一元算术运算符

运算符	用　法	功　能　描　述
＋	＋op	如果 op 是 byte、short 或 char 类型,则将 op 类型提升为 int 型
－	－op	取 op 的负值
＋＋	op＋＋	op 加 1：先求 op 的值再把 op 加 1
＋＋	＋＋op	op 加 1：先把 op 加 1 再求 op 的值
－－	op－－	op 减 1：先求 op 的值再把 op 减 1
－－	－－op	op 减 1：先把 op 减 1 再求 op 的值

2. 关系运算符与关系表达式

关系运算符用来比较两个操作数,由两个操作数和关系运算符构成一个关系表达式。关系运算符的操作结果是布尔类型,即如果运算符对应的关系成立,则关系表达式的结果为 true,否则为 false。关系运算符都是二元运算符,共有 6 种,如表 2-8 所示。

表 2-8　Java 中的关系运算符

关系运算符	名　　称	实　　例
＝＝	等于	$a == b$
！＝	不等于	$a! = b$
＞	大于	$a > b$
＜	小于	$a < b$
＞＝	大于等于	$a >= b$
＜＝	小于等于	$a <= b$

例如，

表达式 3 > 5 的值为 false；

表达式 3 <= 5 的值为 true；

表达式 3 == 5 的值为 false；

表达式 3 != 5 的值为 true。

3. 逻辑运算符与逻辑表达式

逻辑运算符用来进行逻辑运算，逻辑表达式由逻辑型操作数和逻辑运算符组成。一个或多个关系表达式可以进行逻辑运算。Java 中的逻辑运算符共有 6 种，即 5 个二元运算符和一个一元运算符。这些运算符及使用方法、功能和含义如表 2-9 所示。

表 2-9 逻辑运算符

运算符	用　　法	返回 true 时的情况
&&	op1&&op2	op1 和 op2 都为 true，并且在 op1 为 true 时才求 op2 的值
‖	op1‖op2	op1 或 op2 为 true，并且在 op1 为 false 时才求 op2 的值
!	!op	op 为 false
&	op1&op2	op1 和 op2 都为 true，并且总是计算 op1 和 op2 的值
		op1|op2	op1 或 op2 为 true，并且总是计算 op1 和 op2 的值
^	op1^op2	op1 和 op2 的值不同，即一个取 true，另一个取 false

&&、‖ 分别称为短路与、短路或运算。之所以用"短路"来修饰"与"和"或"运算，是因为在表达式求值过程中先求出运算符左边表达式的值，对于或运算如果为 true，则整个布尔逻辑表达式的结果为 true，从而不再对运算符右边的表达式进行运算。

&、| 分别称为不短路与、不短路或运算，即不管第一个操作数的值是 true 还是 false，仍然要把第二个操作数的值求出，然后进行逻辑运算求出表达式的值。

例如：

```
int x = 3, y = 5;
boolean b = x > y && x++ == y-- ;
```

在计算 b 的取值时，先计算 && 左边的关系表达式 x>y，其结果为假，根据逻辑与运算的规则，只有表达式两边的值都为真时，最后的结果才为真，所以不论 && 右边表达式的结果如何，整个表达式的值都为假，右边的表达式就不予计算了，最后变量的取值为 $x=3$、$y=5$、$b=$false。

如果把上例中的短路与(&&)换成不短路与(&)，最后变量的取值为 $x=4$、$y=4$、$b=$false。

4. 位运算符与位运算表达式

位运算符是对操作数以二进制比特位为单位进行操作和运算，操作数和结果都是整型数。这意味着可以利用屏蔽和置位技术来设置或获得一个数字中的单个位或几位，或者将一个位模式向右或向左移动。由位运算符和整型操作数组成位运算表达式。位运算符及其运算规则如表 2-10 所示。

表 2-10　位运算符

运 算 符	例 子	运 算 规 则
~	~x	将 x 按比特位取反
>>	x>>a	继承符号的右移,x 各比特右移 a 位
<<	x<<a	x 各比特左移 a 位
>>>	x>>>a	0 填充的右移,x 各比特右移 a 位
&	x&y	按位与
|	x|y	按位或
^	x^y	按位异或

1）按位与运算（&）

参与运算的两个值,如果两个相应位都为 1,则该位的结果为 1,否则为 0。

即：0&0=0,0&1=0,1&0=0,1&1=1

2）按位或运算（|）

参与运算的两个值,如果两个相应位都为 0,则该位的结果为 0,否则为 1。

即：0|0=0,0|1=1,1|0=1,1|1=1

3）按位异或运算（^）

参与运算的两个值,如果两个相应位的某一个是 1,另一个是 0,那么按位异或（^）,该位的结果为 1。也就是说,如果两个相应位相同,输出位为 0,否则为 1。

即：0^0=0,0^1=1,1^0=1,1^1=0

4）按位取反运算（~）

按位取反运算（~）是一元运算符,它只对一个自变量进行操作（其他所有运算符都是二元运算符）。按位取反生成与输入位相反的值,即若输入 0,则输出 1；输入 1,则输出 0。

即：~0=1,~1=0

5）左移位运算符（<<）

运算符<<执行一个左移位。在做左移位运算时,右边的空位补 0。在不产生溢出的情况下,数据左移 1 位相当于乘以 2。例如：

```
int a = 64,b;
b = a << 1;                    //b = 128
```

6）右移位运算符（>>与>>>）

运算符>>执行一个右移位（带符号）,左边按符号位补 0 或 1。例如：

```
int a = 16,b;
b = a >> 2;                    //b = 4
```

运算符>>>同样是执行一个右移位,只是它执行的是不带符号的移位。也就是说,在对以补码表示的二进制数进行操作时,在带符号的右移中,右移后左边留下的空位中填入的是原数的符号位（正数为 0、负数为 1）；在不带符号的右移中,右移后左边留下的空位中填入的一律是 0。

5．其他运算符

1）赋值运算符

赋值表达式由变量、赋值运算符和表达式组成。赋值运算符把一个表达式的值赋给一个变量。赋值运算符分为赋值运算符和扩展赋值运算符两种类型。在赋值运算符两侧的类型不一致的情况下，如果左侧变量类型的级别高，则右侧的数据被转化为与左侧相同的高级数据类型后赋给左侧的变量，否则，需要使用强制类型转换。例如，

```
byte b = 121;
inti = b;                    //自动类型转换
byte c = 13;
byte d = (byte)(b + c);      //强制类型转换
```

在赋值运算符＝前加上其他运算符 operator，即构成扩展赋值运算符 operator＝。其意义为：

<变量> operator ＝ <表达式>

等价于

<变量> ＝ <变量> operator <表达式>

例如：$a+=6$ 等价于 $a=a+6$，$b\%=6$ 等价于 $b=b\%6$。

在基本的赋值运算符基础之上可以组合算术运算符和位运算符，从而组成复合赋值运算符。

表 2-11 列出了 Java 中的复合赋值运算符及举例。复合赋值运算符的特点是可以使程序的表达简洁，还能提高程序的编译速度。

表 2-11　Java 中的复合赋值运算符

运 算 符	举 例	运 算 符	举 例
＋＝	$x+=a$ 等价于 $x=x+a$	|＝	$x\|=a$ 等价于 $x=x\|a$
－＝	$x-=a$ 等价于 $x=x-a$	^＝	$x^{\wedge}=a$ 等价于 $x=x^{\wedge}a$
*＝	$x*=a$ 等价于 $x=x*a$	<<＝	$x<<=a$ 等价于 $x=x<<a$
/＝	$x/=a$ 等价于 $x=x/a$	>>＝	$x>>=a$ 等价于 $x=x>>a$
%＝	$x\%=a$ 等价于 $x=x\%a$	>>>＝	$x>>>=a$ 等价于 $x=x>>>a$
&＝	$x\&=a$ 等价于 $x=x\&a$		

2）三元运算符（?：）

在 Java 语言中，三元运算符（?：）与 C 语言中的使用规则完全一致，其使用形式如下：

```
x ? y: z;
```

上面的三元条件运算的规则是先计算表达式 x 的值，若 x 为真，则整个三元运算的结果是表达式 y 的值；若 x 为假，则整个三元运算的结果是表达式 z 的值。

下面的例子实现了从两个数中找出较大数的功能。

```
int a = 3,b = 4;
```

```
int max = a > b?a:b;
```
max 的值为 4。

三元运算是可以嵌套的,例如下面的语句,则 max 表示的是 a、b、c 3 个数中的最大值,其值为 5。

```
int a = 3,b = 5,c = 4;
int max = (a > b ? a:b)>c ? (a > b?a:b):c;
```

3) 对象运算符(instanceof)

对象运算符 instanceof 用来判断一个对象是否是某一个类或者其子类的实例。如果对象是该类或者其子类的实例,返回 true,否则返回 false。

4)()和[]

括号运算符()的优先级是所有运算符中最高的,所以它可以改变表达式运算的先后顺序。在有些情况下,它可以表示方法或函数的调用。

方括号运算符[]是数组运算符。

5).运算符

.运算符用于访问对象的实例或者类的成员函数。

6)new 运算符

new 运算符用于创建一个新的对象或数组。

6. 运算符的优先级与结合性

优先级决定了同一表达式中多个运算符被执行的先后次序,例如乘、除运算优先于加、减运算,同一级中的运算符具有相同的优先级。运算符的结合性则决定了相同优先级的运算符的执行顺序。

表 2-12 列出了 Java 中运算符的优先级与结合性。

表 2-12　Java 中运算符的优先级与结合性

优先级	运算符	结合性
高 ↓ 低	.、[]、()	从左至右
	++、--、+、-、~、!	从右至左
	*、/、%	从左至右
	+、-	从左至右
	<<、>>、>>>	从左至右
	<、>、<=、>=、instanceof	从左至右
	==、!=	从左至右
	&	从左至右
	|	从左至右
	&&	从左至右
	||	从左至右
	? :	从右至左
	=、* =、/=、%=、+=、-=、<<=、>>=、>>>=、&=、^=、|=	从右至左

因为括号的优先级最高,所以不论任何时候,如无法确定某种计算的执行顺序时,可以使用添加括号的方法来明确地指定运算顺序,这样不容易出错,同时也可以提高程序的可读性。

2.2.2　Java 语句

在 Java 语言中,语句以";"为终结符。一条语句构成了一个执行单元,在 Java 中有三类语句,即表达式语句、声明语句和程序控制语句。

1. 表达式语句

若下列表达式以终结符";"终结,则构成了语句,称为表达式语句。表达式语句还可以细分为以下语句:

- 赋值表达式语句。
- 增量表达式(使用++或−−)语句。
- 方法调用表达式语句。
- 对象创建表达式语句。

表达式语句举例如下:

```
aValue = 8933.234 ;                          //赋值语句
aValue++;                                    //增量语句
System.out.println(aValue);                  //方法调用语句
Integer integerObject = new Integer(4);      //对象创建语句
```

2. 声明语句

声明语句用于声明变量或方法,例如:

```
double aValue = 8933.234;                    //声明语句
```

3. 程序控制语句

程序控制语句用于控制程序中语句的执行顺序。例如,for 循环语句和 if 语句都是程序控制语句,语句块由{}括起来的 0 个或多个语句组成,可以出现在任何单个语句可以出现的位置,例如:

```
if(Character.isUpperCase(aChar)){                    // if 语句块
 System.out.println("The character" + aChar + " is upper ease.");
}
else{                                                // else 语句块
 System.out.println("The character" + aChar + " is lower case.");
}
```

在程序控制语句中,即使只有一条语句也最好使用语句块,这样能够增加程序的可读性,并且以后对代码进行增、删操作时不易产生语法错误,这应该作为编程初学者需要养成的良好的编程习惯。

2.2.3　流程控制与循环语句

流程控制语句是用来控制程序中各语句执行顺序的语句,可以把单个语句组合成能完成一定功能的小逻辑模块。其流程控制方式采用结构化程序设计中规定的3种基本流程结构,即顺序结构、分支结构和循环结构,如图2-1所示。

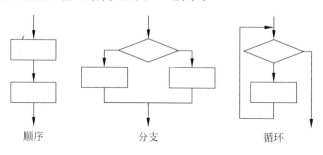

图2-1　3种基本流程结构

1．if 语句

if 语句包括 if-else 语句,用来构成分支结构。if 语句存在3种形式,每种形式都需要使用布尔表达式。在大多数情况下,一个 if 语句往往需要执行多行代码,这就需要用一对花括号将它们括起来,建议只有一个语句时也这样做,因为这会使程序更容易阅读。

形式一:

```
if (条件表达式){
语句 1
}
```

形式二:

```
if (条件表达式){
语句 1
}else {
语句 2
}
```

形式三:

```
if (条件表达式 1){
语句 1
}elseif (条件表达式 2){
语句 2
}else {
语句 3
}
```

第1种形式可以称为 if 语句,if 语句的执行取决于表达式的值。如果表达式的值为 true,则执行这段代码,否则跳过。例如:

```
if (x < 10){
```

```
System.out.println("x 的值小于 10,这段代码被执行");
}
```

第 2 种形式可以称为 if-else 语句,这种形式使用了 else 把程序分成两个不同的方向,如果表达式的值为 true,执行 if 部分的代码,并跳过 else 部分的代码;如果为 false,则跳过 if 部分的代码并执行 else 部分的代码。在此可以把上边的例子改写为:

```
if (x < 10){
System.out.println("x 的值小于 10,if 代码段的语句被执行");
}else{
System.out.println("x 的值大于 10,else 代码段的语句被执行");
}
```

第 3 种形式是上面两种形式的结合,并可以根据需要增加 else if 部分。例如在形式二的例子中,需要对 x 等于 20 的情况做特殊处理,那么可以把程序修改为:

```
if (x < 10){
System.out.println(" x 的值小于 10,if 代码段的语句被执行");
}else if (x == 20){
System.out.println(" x 的值等于 20,else if 代码段的语句被执行");
}else{
System.out.println(" x 的值大于 10,else 代码段的语句被执行");
}
```

无论采用什么形式,在任何时候,if 结构在执行时只能执行某一段代码,而不会同时执行两段,因为布尔表达式的值控制着程序执行流只能走向某一个确定的方向,而不会是两个方向。

另外,Java 与 C 语言不同,在 C 语言中,值 0 可以当作 false 处理,1 可以当作 true 处理,所以条件表达式可以是一个数值。但是在 Java 中,if 结构中的条件表达式必须使用布尔表达式。

用户可以编写一个程序来判断某一年是不是闰年,在下面的例子中分别使用了 3 种 if 形式书写,大家可以体会一下每种形式的特点。

【**例 2.1**】 利用 if 语句,判断某一年是否是闰年。

```
public class LeapYear{
public static void main(String args[]){

//第 1 种形式
int year = 1989;
if ((year % 4 == 0 && year % 100 != 0) || (year % 400 == 0)){
System.out.println(year + "is a leap year.");
}else{
System.out.println(year + "is not a leap year.");
}

//第 2 种形式
year = 2000;
boolean leap;
if (year % 4 != 0){
```

```
leap = false;
}else if(year % 100 != 0){
leap = true;
}else if(year % 400 != 0){
leap = false;
}else{
leap = true;
}
if(leap == true){
System.out.println(year + "is a leap year.");
}else{
System.out.println(year + "is not a leap year.");
}

//第 3 种形式
year = 2050;
if(year % 4 == 0){
if(year % 100 == 0){
if(year % 400 == 0){
leap = true;
}else{
leap = false;
}
}else{
leap = false;
}
}else{
leap = false;
}
if(leap == true){
System.out.println(year + " is a leap year.");
}else{
System.out.println(year + " is not a leap year.");
}
}
}
```

2. switch 语句

switch 语句和 if 语句在本质上相似，但它可以简洁地实现多路选择。switch 语句提供了一种基于一个表达式的值来使程序执行不同部分的简单方法。switch 语句把表达式返回的值与每个 case 子句中的值相比，如果匹配成功，则执行该 case 子句后的语句序列，若 case 分支中包含多个执行语句，可以不用花括号{}括起。switch 语句的基本形式如下：

```
switch(表达式){
case '常量 1 ':
语句块 1;
break;
case'常量 2 ':
语句块 2;
```

```
break;
…
case' 常量 n ' :
语句块 n;
break;
default:
语句块 n + 1;
}
```

switch 语句中的判断表达式必须为 byte、short、int 或者 char 类型。每个 case 后边的值必须是与表达式类型兼容的特定常量,并且同一个 switch 语句中的每个 case 值不能与其他 case 值重复。

default 子句是可选的。当表达式的值与所有 case 子句中的值都不匹配时,程序执行 default 后面的语句。如果表达式的值与任意 case 子句中的值都不匹配且没有 default 子句,则程序不做任何操作,直接跳出 switch 语句。

break 语句用来在执行完一个 case 分支后使程序跳出 switch 语句,即终止 switch 语句的执行。因为 case 子句只是起到一个标号的作用,用来查找匹配的入口并从此处开始执行,对后面的 case 子句不再进行匹配,而是直接执行其后的语句序列,所以应该在每个 case 分支后用 break 来终止后面的 case 分支语句的执行。

在一些特殊情况下,多个不同的 case 值要执行一组相同的操作,这时可以不用 break,例如下列例题。

【例 2.2】　switch 语句示例,注意其中 break 语句的作用。

```java
public class SwitchDemo {
public static void main(String[ ] args) {
for( int i = 0; i < 100; i++) {
char c = (char)(Math. random() * 26 + 'a');
System. out. print(c + ": ");
switch(c) {
case 'a':
case 'e':
case 'i':
case 'o':
case 'u':
System. out. println("vowel");
break;
case 'y':
case 'w':
System. out. println("Sometimes a vowel");
break;
default:
System. out. println("consonant");
}
}
}
}
```

3. for 循环语句

for 循环语句通过控制一系列表达式重复循环体内程序的执行,直到条件不再匹配为止。其语句的基本形式如下:

```
for(表达式 1;表达式 2;表达式 3){
循环体
}
```

第 1 个表达式初始化循环变量,第 2 个表达式定义循环体的终止条件,第 3 个表达式定义循环变量在每次执行循环时如何改变。for 语句在执行时,首先执行初始化操作,然后判断终止条件是否满足,如果满足,则执行循环体中的语句,最后执行表达式 3 改变循环变量。在完成一次循环后,重新判断终止条件。例如:

```
for( int x = 0;x < 10;x++){
System.out.println(" 循环已经执行了" + (x + 1) + "次");
}
```

其中的第 1 个表达式"int x＝0"定义了循环变量 x 并把它初始化为 0,这里 Java 与 C 语言不同,Java 支持在循环语句初始化部分声明变量,并且这个变量的作用域只在循环内部。如果第 2 个表达式"x＜10"的计算结果为 true,执行循环,否则跳出循环。最后一个表达式"x＋＋"在每次执行完循环体后给循环变量加 1。

用户可以使用逗号语句来依次执行多个动作,逗号语句是用逗号分隔的语句序列。例如:

```
for(i = 0,j = 10;i < j;i++,j-- ){
…
}
```

在 for 循环中,可以通过只输入分号来省略相应的部分。也就是说,for 语句基本形式中的表达式 1、表达式 2 和表达式 3 都可以省略,但分号不可以省略。当三者均为空的时候,相当于一个无限循环。例如:

```
for( ; ; ){
…
}
```

4. while 语句和 do-while 语句

while 语句是 Java 中最基本的循环语句,其基本形式如下:

```
while (条件表达式){
循环体
}
```

while 语句中的条件表达式的值决定了循环体内的语句是否被执行。如果条件表达式的值为 true,那么执行循环体内的语句;如果为 false,就会跳过循环体执行循环后面的程序。每执行一次 while 循环体,就重新计算一次条件表达式,直到条件表达式为 false 为止。

例如：

```
int x = 0;
while (x < 10){
System.out.println(" 循环已经执行了" + (x + 1) + "次");
x++;
}
```

用户应该注意的是，while 语句首先要计算条件表达式，当条件满足时，才去执行循环中的语句，这一点与后面要讲的 do-while 语句不同。

【例 2.3】 使用 while 语句完成简单的数据求和。

```
public class WhileDemo{
public static void main(String args[ ]){
int n = 10;
int sum = 0;
while(n > 0){
sum += n;
n-- ;
}
System.out.println("1～10 的数据和为: " + sum);
}
}
```

do-while 语句与 while 语句非常类似，不同的是，do-while 语句首先执行循环体，然后计算终止条件，若结果为 true，则继续执行循环内的语句，直到条件表达式的结果为 false。也就是说，无论条件表达式的值是否为 true，都会先执行一次循环体。其语法结构为：

```
do{
循环体;
}while (条件表达式)
```

我们可以用 do-while 来完成上述的简单数据求和的程序，请注意一下它们的不同之处。

【例 2.4】 使用 do-while 语句，完成简单的数据求和。

```
public class WhileDemo{
public static void main(String args[ ]){
int n = 0;
int sum = 0;
do{
sum += n;
n++;
}while(n <= 10);
System.out.println("1～10 的数据和为: " + sum);
}
}
```

读者可以尝试用 for 循环完成数据求和的程序。

2.2.4　break 语句和 continue 语句

除了 if 语句、switch 语句、for 语句和 while/do-while 语句之外，Java 还支持两种跳转语句，即 break 语句和 continue 语句。之所以称它们为跳转语句，是因为在 Java 中通过这两个语句使程序不按照顺序将执行转移到其他部分。用户还需要注意的是，在 Java 中没有 goto 语句，程序的跳转是通过 break 和 continue 实现的。

1. break 语句

在 switch 语句中，读者已经接触到了 break 语句，就是它使得程序跳出 switch 语句，而不是顺序地执行后面 case 中的程序。

在循环语句中，使用 break 语句直接跳出循环，忽略循环体中的任何其他语句和循环条件的测试。在循环遇到 break 语句时，循环终止，程序从循环后面的语句继续开始执行。

与 C、C++不同的是，在 Java 中没有 goto 语句来实现任意跳转，因为 goto 语句会破坏程序的可读性，而且影响编译的优化，但 Java 可以用 break 语句来实现 goto 语句所特有的一些优点。Java 定义了 break 语句的一种扩展形式来处理这种情况，即带标签的 break 语句。这种形式的 break 语句不仅具有普通 break 语句的跳转功能，而且可以明确地将程序控制转移到标签指定的地方。应该强调的是，尽管这种跳转在有些时候会提高程序的执行效率，但是用户还是应该少用这种形式。带标签的 break 语句的形式如下：

```
break 标签;
请看下面这个例子,仔细体会一下 break 语句的使用:
int x = 0;
enterLoop://标签
while (x < 10){
x++;
System.out.println (" 进入循环,x 的初始值为: " + x);
switch (x){
case 0 :
System.out.println(" 进入 switch 语句,x = " + x);
break;
case 1 :
System.out.println(" 进入 switch 语句,x = " + x);
break;
case 2 :
System.out.println(" 进入 switch 语句,x = " + x);
break;
default:
if(x == 5){
System.out.println(" 跳出 switch 语句和 while 循环,x = " + x);
break enterLoop;
}
break;
}
System.out.println(" 跳出 switch 语句,但还在循环中.x = " + x);
}
```

2. continue 语句

continue 语句只可能出现在循环语句(while、do-while 和 for 循环)的循环体中,作用是跳过当前循环中 continue 语句以后的剩余语句,直接执行下一次循环。和 break 语句一样,continue 语句也可以跳转到一个标签处。请看下面的例子,注意 continue 语句和 break 语句在循环中的区别。

【例 2.5】 break 语句和 continue 语句的使用示例。

```java
public class LabeledWhile {
public static void main(String[] args) {
int i = 0;
outer:
while(true) {
System.out.println ("Outer while loop");
while(true) {
i++;
System.out.println ("i = " + i);
if(i == 1) {
System.out.println ("continue");
continue;
}
if(i == 3) {
System.out.println ("continue outer");
continue outer;
}
if(i == 5) {
System.out.println ("break");
break;
}
if(i == 7) {
System.out.println ("break outer");
break outer;
}
}
}
}
}
```

运行结果:

```
Outer while loop
i = 1
continue
i = 2
i = 3
continue outer
Outer while loop
i = 4
i = 5
```

```
break
Outer while loop
i = 6
i = 7
break outer
```

通过这个例子用户可以清楚地看到,在没有标签时,continue 语句只是跳过了一次循环,而 break 语句跳过了整个循环。当循环中有标签时,带有标签的 continue 会到达标签的位置,并重新进入紧接在那个标签后面的循环;而带标签的 break 会中断当前循环,并移到由那个标签指示的循环的末尾。

2.3   数组与字符串

2.3.1   Java 中的数组

所谓数组就是相同数据类型的元素按照一定的顺序排列的集合,对于数组的结构参见图 2-2。

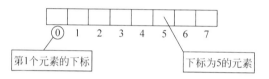

图 2-2   数组结构示意图

在 Java 语言中,数组的下标是从 0 开始的。如果需要在一个结构中存储不同类型的数据,或者需要长度可以动态改变的结构,可以考虑使用向量类型 Vector。

一般来说,数组有以下几个特点。

- 数组是相同数据类型元素的集合。
- 数组中的各元素是有先后顺序的,它们在内存中按照这个先后顺序连续地存放在一起。
- 数组元素用整个数组的名字和它自己在数组中的顺序位置来表示。例如,$a[0]$ 表示名字为 a 的数组中的第一个元素,$a[1]$ 表示数组 a 的第二个元素,以此类推。

2.3.2   数组操作与 Arrays 类

1. 一维数组

使用一维数组,需要经过定义、初始化和应用等过程。

1) 一维数组的定义

使用 Java 的数组,一般需要经过 3 个步骤,即声明数组、分配内存空间、为数组元素赋值。前两个步骤的语法如下:

```
数据类型 数组名[];                            //声明一维数组
数组名 = new 数据类型[个数];                  //给数组分配内存
```

在数组的声明格式中,"数据类型"用于声明数组元素的数据类型。它可以是 Java 中的任意数据类型,包括基本数据类型和复合数据类型。"数组名"用来统一这些相同数据类型的名称,其命名规则和变量的命名规则相同。[]指明该变量是一个数组类型变量,它可以放到数组名的前面,也可以放在数组名的后面。与 C、C++不同的是,Java 在数组的定义中并不为数组元素分配内存,因此在[]中不用给出数组中元素的个数(即数组的长度),但必须为它分配内存空间后才可以使用。

数组在声明之后,需要为其分配所需的内存。这时必须使用运算符 new,其中,"个数"用于告诉编译器所声明的数组中要存放多少个元素。因此,"new"运算符用于通知编译器根据括号里的个数在内存中分配一块空间供该数组使用。利用 new 运算符进行数组元素内存空间分配的方式称为动态内存分配方式。

下面举例说明数组的定义,例如:

```
int x[];                                 //定义一个数组 x
x = new int[10];                         //为数组分配内存
```

在声明数组时,用户也可以将两个语句合并成一句,其格式如下:

```
数据类型 数组名[] = new 数据类型[个数];
```

利用这种格式在声明数组的同时分配一块内存供数组使用。例如上面两个语句可以写成以下一个语句:

```
int x[] = new int[10];
```

用户也可以改变 x 的值,使它指向另外一个数组对象,或者不指向任何数组对象。如果想让 x 不指向任何数组对象,只需要将常量 null 赋给 x 即可,例如"x = null"。

2)一维数组元素的访问

如果要使用数组里中元素,可以使用数组名和下标来实现。数组元素的引用形式如下:

```
数组名[下标]
```

其中,"下标"可以是整型数或表达式,例如 $a[3+i]$(i 为整数)。Java 数组的下标是从 0 开始的,例如:

```
int x [] = new int[10];
```

其中,$x[0]$代表数组中的第 1 个元素,$x[1]$代表第 2 个元素,$x[9]$代表第 10 个元素,也就是最后一个元素。另外,与 C、C++不同的是,Java 对数组元素要进行越界检查以保证安全性,并且,对于每个数组都有一个属性 length 指明它的长度,例如 $x.length$ 指出数组 x 所包含的元素的个数。

【例 2.6】 声明一个一维数组,其长度为 5,利用循环对数组元素进行赋值,然后利用另一个循环逆序输出数组元素的值。

```
public class array1D_1 {
public static void main(String args[]) {
int i;
int a[];                                 //声明一个数组 a
```

```
a = new int[5];                                    //分配内存空间供整型数组 a 使用,其元素个数为 5
for(i = 0;i < 5;i++){                               //对数组元素进行赋值
a[i] = i;
}
for(i = a.length - 1;i > = 0;i -- ){               //逆序输出数组的内容
System.out.print("a[" + i + "] = " + a[i] + ",\t");
}
System.out.println("\n 数组 a 的长度是: " + a.length);    //输出数组的长度
}
}
```

3) 一维数组的初始化

对数组元素赋值,既可以使用单独方式进行(如上例),也可以在定义数组的同时为数组元素分配空间并赋值,这种赋值方法称为对数组的静态内存分配方式,也称为对数组的初始化。其格式如下:

数据类型 数组名[] = {初值 0,初值 1,…,初值 n};

在花括号内的初值会依次赋给数组的第 1、2、…、$n+1$ 个元素。此外,在声明数组的时候,并不需要将数组元素的个数列出,编译器会根据所给的初值个数来决定数组的长度。例如:

int a[] = {1,2,3,4,5};

在上面的语句中,声明了一个整型数组 a,虽然没有特别指明数组的长度,但是由于花括号中的初值有 5 个,编译器会依次指定各元素存放,其中,$a[0]$ 为 1、$a[1]$ 为 2、…、$a[4]$ 为 5。

注意:在 Java 语言中声明数组时,无论用何种方式定义数组都不能指定其长度。例如,以语句"int a[5];"方式定义数组是非法的,该语句在编译时将出现错误。

4) 一维数组的引用

在数组经过初始化以后,就可以通过数组名和下标来引用数组中的每一个元素了。一维数组元素的引用格式如下:

数组名[下标];

其中,数组名是经过声明和初始化的标识符,数组下标是指元素在数组中的位置。数组下标的取值范围是 0 ~ (数组长度-1)。下标值可以是整型常量或整型变量表达式。例如,下面两句引用是合法的:

```
int [ ] A = new int[10];                           //定义数组,分配内存
A[3] = 8;                                          //引用合法
A[4 + 5] = 80; //引用合法
```

但下面的赋值引用是非法的:

A[10] = 9; //引用非法,引用下标越界

因为 Java 要对引用的数组元素进行下标是否越界的检查,在现在定义的数组 A 中并将不存在元素 $A[10]$。下面给出数组引用的一些例子。

【例 2.7】　设数组中有 n 个互不相同的数，不用排序求出其中的最大值和次最大值。

```
public class array1D_2 {
public static void main(String args[]) {
int i,Max,Sec;
int a[] = {8,50,20,7,81,55,76,93};          //声明数组 a,并赋初值
if(a[0]>a[1]) {
Max = a[0];                                 //Max 存放最大值
Sec = a[1];                                 //Sec 存放次最大值
}
else {
Max = a[1];
Sec = a[0];
}
System.out.print("All elements are: " + a[0] + " " + a[1]);
for(i = 2; i < a.length; i++) {
System.out.print(" " + a[i]);               //输出数组 a 中的各元素
if(a[i]> Max) {                             //判断最大值
Sec = Max;                                  //原最大值降为次最大值
Max = a[i];                                 //a[i]为新的最大值
}
else{                          //a[i]不是新的最大值,但 a[i]大于次最大值
if(a[i]> Sec){
 Sec = a[i];                                //a[i]为新的次最大值
}
}
}
System.out.print("\nThe maximum is: " + Max);        //输出最大值
System.out.println("The second maximum is:" + Sec);  //输出次最大值
}
}
```

5）对象数组

当数组元素的类型是某种对象类型时，则构成对象数组。因为数组中的每个元素都是一个对象，故可以使用成员运算符"."访问对象中的成员。在下例中定义了类 Student，并在主类的 main 方法中声明 Student 类的对象数组：

```
Student [ ] e = new Student[5];
```

则使用语句：

```
e[0] = new Student("张三",25);
```

调用构造函数初始化对象元素，通过 e[0].name 的形式可以访问这个对象的 name 成员。

【例 2.8】　使用对象数组示例。

```
class Student                              //定义 Student 类
{
String name;                               //姓名
int age;                                   //年龄
```

```
public Student(String pname, int page)                    //构造函数
{
name = pname;
age = page;
}
}
public class CmdArray                                     //定义主类
{
public static void main(String [] args)
{
Student [] e = new Student[5];                            //声明 Student 对象数组
e[0] = new Student("张三", 25);                           //调用构造函数, 初始化对象元素
e[1] = new Student("李四", 30);
e[2] = new Student("王五", 35);
e[3] = new Student("刘六", 28);
e[4] = new Student("赵七", 32);
System.out.println("平均年龄" + getAverage(e));
getAll(e);
}
static int getAverage(Student [] d)                       //求平均年龄
{
int sum = 0;
for (int i = 0; i < d.length; i++)
sum = sum + d[i].age;
return sum/d.length;
}
static void getAll(Student [] d)                          //输出所有信息
{
for (int i = 0; i < d.length; i++)
System.out.println(d[i].name + d[i].age);
}
}
```

运行结果为:

```
c:\> java CmdArray
平均年龄 30
张三 25
李四 30
王五 35
刘六 28
赵七 32
```

2. 二维数组

二维数组是一个特殊的一维数组, 可以这样理解: 一维数组中的每个元素又是一个一维数组, 则构成二维数组。

1) 二维数组的定义与创建

二维数组的定义格式如下:

```
数据类型数组名[][];
```

```
数据类型[][] 数组名;
例如:
int a[][];
int[][] b;
```

与一维数组一样,这时对数组元素也没有分配内存空间,同样要使用运算符 new 来创建数组对象,分配内存,然后才可以访问每个元素。使用 new 运算符有下面两种方式。

一种方式是用一条语句为整个二维数组分配空间。例如:

```
int a[][] = new int [2][3];
```

另一种方式是首先指定二维数组的行数,然后分别为每一行指定列数。例如:

```
int b[][] = new int [2][];
b[0] = new int[3];
b[1] = new int[3];
```

这种方式可以形成不规则的数组,例如:

```
int b[][] = new int [2][];                      //共两行
b[0] = new int[3];                              //第一行有 3 个 int 元素
b[1] = new int[10];                             //第二行有 10 个 int 元素
```

二维数组也可以不用 new 运算符,而是利用初始化,完成定义数组变量并创建数组对象的任务。例如:

```
int a[][] = {{1,2,3},{4,5,6}};
int b[][] = {{1,2,4,5,6},{6,7,6,9}};
int c[][] = {{1,2},{6,7,6,9}};                  //初始化为不规则的数组
```

2) 二维数组元素的访问

二维数组元素的访问格式如下:

```
数组名[行下标][列下标]
```

其中,行下标和列下标都由 0 开始,最大值为每一维的长度减 1。

二维数组的 length 属性与一维数组不同,在二维数组中,数组名.length 表示数组的行数,数组名[行下标].length 表示该行中元素的个数。

【例 2.9】 编写程序,定义一个不规则的二维数组,输出其行数和每行元素的个数,并求数组中所有元素的和。

```java
public class TwoArray
{
public static void main(String args[])
{
int b[][] = {{11},{21,22},{31,32,33,34}};
int sum = 0;
System.out.println("数组 b 的行数: " + b.length);
for(int I = 0;I < b.length;I++)
{
System.out.println("b[" + I + "]行的数据个数: " + b[I].length);
```

```
for(int j = 0;j < b[I].length;j++)
{
sum = sum + b[I][j];
}
}
System.out.println("数组元素的总和: " + sum);
}
}
```

运行结果为:

```
c:\> java TwoArray
数组 b 的行数: 3
b[0]行的数据个数: 1
b[1]行的数据个数: 2
b[2]行的数据个数: 4
数组元素的总和: 184
```

2.3.3　字符串与 String 类

1. 字符串类 String

字符串即字符的序列,其定义方法为:

```
String s1 = "Hello java!";或 String s2 = new String("Hello java!");
```

一般用"＋"对字符串进行连接和添加。例如:

```
String str = "abc" + "def";
```

字符串的长度是从 0 开始计算的,若一个字符串的字符数为 N,即字符串长度为 N,则该字符串的最后一个字符的位置为 $N-1$。

String 类型不是 Java 提供的基本数据类型,所以不能用逻辑运算符进行运算,但是可以用 Java 提供的 equals 或 compareTo 比较两个字符串。

2. 字符串的内部操作符

每个字符串变量都可以用"."来引用,其语法形式如下:

```
字符串变量名.操作(输入值);
```

String 类的部分操作如表 2-13 所示。

3. StringBuffer

StringBuffer 是一个可变的字符串序列,其长度和组成元素可变,语法形式如下:

```
StringBuffer sb = new StringBuffer("字符串序列");
```

String 类的＋操作符实际上是先转换成 StringBuffer 的 append 和 toString 运算。StringBuffer 类的部分方法如表 2-14 所示。

表 2-13 String 类的部分操作

操　作	含　义
Int length()	返回串长度
Char charAt(int index)	返回指定索引位置上的字符
Boolean equals(String s)	若当前字符串与 s 相同,则返回 true
Boolean equalsIgnoreCase(String s)	同 equals,但忽略字符串的大小写
Int compareTo(String s)	若当前字符串与 s 相同则返回 0,在字典序上小于 s 则返回负数,否则返回大于 0 的数
Boolean startsWith(String prefix)	检查当前字符串是否以 prefix 为前缀
Boolean endsWith(String suffix)	检查当前字符串是否以 suffix 为后缀
Int indexOf(String str)	返回 str 在字符串中首次出现的位置,否则返回 −1
String substring(int begin, int end)	返回从 begin 开始到 end−1 的字符串
String replace(String old, String new)	用新的字符串替换老的字符串,并返回值
String toLowerCase()	将字符串改为小写并作为返回值
String toUpperCase()	将字符串改为大写并作为返回值
String trim()	将字符串首尾的空串去掉并作为返回值

表 2-14 StringBuffer 类的部分方法

操　作	含　义
append(type t)	在原字符串后面追加 t,t 为任何类型
insert(int pos, type t)	在 pos 位置插入 t
delete(int start, int end)	删除从 start 到 end−1 的字符
deleteCharAt(int pos)	删除 pos 处的字符
setCharAt(int pos, char ch)	设置 pos 处的字符为 ch
replace(int start, int end, String str)	用字符串 str 替换从 start 到 end 的字符串
int length()	返回当前存储的字符串个数
String toString()	将 StringBuffer 作为字符串返回

在需要字符串操作时,选择的依据如下:

(1) 若需要对字符串进行添加或删除,选择 StringBuffer 类。

(2) 若需要保证字符串的稳定,选择 String 类。

习题 2

1. 利用 Java 语言完成冒泡法的数字排序过程。

2. 利用 Java 语言完成 $n!$ 的计算。

3. Java 语言和 C++语言的区别有哪些?

4. 设有一条长 3 000m 的绳子,每天剪去一半,问需要几天时间绳子的长短会短于 5m?

5. 计算并输出一个整数的各位数字之和,例如 5 423 的各位数字之和为 $5+4+2+3=14$。

6. 编写一个 Java 应用程序,输出 1～100 所有既可以被 3 整除,又可以被 7 整除的数。

第 **3** 章

Java面向对象机制1

3.1 类与对象

面向对象具有封装、继承、多态 3 个特征,面向对象技术主要围绕类和对象展开。

(1) 类:类是对某一类事物的描述,它是抽象的、概念上的定义。

(2) 对象:对象是实际存在的该类事物的每个个体,因而也称为实例(instance),共性称为类,个性称为对象,必须先有类才有对象。类是对象的模板,对象是类的具体实现。

一般来说,类是由数据成员和函数成员组成的,其中,数据成员表示类的属性,函数成员表示类的行为。由于类是将数据和方法封装在一起的一种数据结构,所以定义类实际上就是定义类的属性与方法。用户定义一个类实际上就是定义一个新的数据类型。在使用类之前必须先定义它,然后才可以利用所定义的类来声明相应的对象,这与声明一个基本数据类型的变量(例如 intx)实际上是一个概念,只是基本数据类型是系统事先定义好的,无须用户定义。

3.1.1 类的定义

类的一般结构:

```
[类修饰符] class 类名
{
    [修饰符] 数据类型 成员变量名称
    …
    [修饰符] 返回值的数据类型 成员方法名称(参数 1,参数 2,…)
    {
        语句序列;
        Return [表达式];
    }
}
```

其中,[]中的修饰符是可选项,一个类可以有多个修饰符,分为公共访问控制符、抽象类说明符、最终类说明符和默认访问控制符 4 种,本章后面会有详细的介绍。下面来看一个类定义的具体实例:

```
//Animal 类的定义
public class Animal//类首字母大写
{
```

```
        //名字、重量…
        Private String name;
        Private int weight;
        //move 方法
public void move()
{
System.out.println("I am Moving…");
}
//给成员变量赋值和获取成员变量值的 Get 和 Set 方法
        public String getName()
        {
            return name;
        }
        public void setName(String name) {
            this.name = name;
        }
        public int getWeight() {
            return weight;
        }
        public void setWeight(int weight) {
            this.weight = weight;
        }
}
```

这样就创建了一个 Animal 类，该类包含两个成员变量 name 和 weight，包含一个成员方法 move，同时定义了给成员变量赋值和取值的 get 和 set 方法。

3.1.2 成员变量与成员方法

一个类的成员变量描述了该类的内部信息，一个成员变量可以是简单的变量，也可以是对象、数组等数据类型。成员变量的格式如下：

[修饰符] 变量类型 变量名[= 初值];

成员方法是用来定义对类的成员变量进行操作的，是实现类的功能的机制，同时也是类与外部交互的重要窗口。成员方法的格式如下：

[修饰符] 返回值的数据类型 成员方法名称(参数 1,参数 2,…)
{
语句序列;
Return [表达式];
}

3.1.3 对象的创建与引用

由于对象是类的实例，所以对象属于某个已知的类，因此要创建属于某类的对象，可以通过以下程序完成：

Animal animal1 = new Animal();

或者

```
Animal animal1;
animal1 = new Animal();
```

由于对象 animal1 是由 Animal 类创建的,animal1 中自然会拥有属性 name 和 weight,以及方法 move,可以通过对象来访问对象的属性与方法。

```
//对象的创建与调用:TestAnimal.java
public class TestAnimal {
    public static void main(String[ ] args) {
        Animal animal1 = new Animal();
        animal1.setName("dog");
        animal1.setWeight(10);
        System.out.println("this is a " + animal1.getName() + ", the weight is " + animal1.getWeight());
        animal1.move();
    }
}
```

运行结果如下:

```
this is a dog,the weight is 10
I am Moving…
```

3.1.4　构造方法

如果一个对象在被创建时就完成了所有的初始化工作,将会很简洁。因此,Java 语言中提供了一种特殊的成员方法——构造方法。

构造方法(Constructor)是一种特殊的方法,用户在使用构造方法的时候要注意以下几点:

(1) 它具有与类名相同的名称。

(2) 它没有返回值。

如上所述,构造方法除了没有返回值,且名称必须与类的名称相同之外,它的调用时机也与一般的方法不同。一般的方法是在需要时才调用,而构造方法则是在创建对象时自动调用,并执行构造方法的内容。因此,构造方法无须在程序中直接调用,而是在对象产生时自动执行。

基于上述构造方法的特性,可以利用它对对象的数据成员做初始化赋值。所谓初始化就是为对象赋初值。

3.2　继承、多态、重写与重载

3.2.1　子类与父类

理解继承是理解面向对象程序设计的关键。在 Java 中,通过关键字 extends 继承一个已有的类,被继承的类称为父类(超类、基类),新的类称为子类(派生类)。在 Java 中,不允许多继承,所有的新建类都继承于 java.lang.Object 类。下面通过一个例子来说明继承。

首先定义父类 Animal：

//创建父类 Animal

```
class Animal
{
    static int weight;
    String color;
    void move()
    {
        System.out.println("animal is moving");
    }
    void eat()
    {
        System.out.println("animal is eating");
    }
}
```

然后定义子类 Bird 继承于 Animal：

//子类 Bird 继承于父类 Animal

```
class Bird extends Animal
{
    int flyheight;
void fly()
    {
        System.out.println("flying");
    }
public static void main(String args[])
 {
    Bird bird1 = new Bird ();
    bird1.weight = 10;
    bird1.color = "black";
    bird1.flyheight = 5000;
    System.out.println("bird1's weight is " + bird1.weight);
    System.out.println("bird1's colour is " + bird1.color);
    System.out.println("bird1's flyheight is " + bird1.flyheight);
    bird1.move();
        bird1.fly();
    bird1.eat();
 }
}
```

3.2.2 多态性

多态具体表现在重写和重载，多态就是类的多种表现方式，例如同名不同参的方法、子类重写父类中的方法等。

方法的重载就是在同一个类中允许同时存在一个以上的同名方法，只要它们的参数个数或类型不同即可。在这种情况下，该方法就称为被重载了，这个过程称为方法的重载。

下面举例说明方法的重载：

```
//创建父类 Animal
class Animal
{
    static int weight;
    String color;
    void move()
    {
        System.out.println("animal is moving");
    }
void move(int i)
    {
        System.out.println("animal is flying");
    }

    void eat()
    {
        System.out.println("animal is eating");
    }
}
```

方法的重写是指子类可以覆盖掉父类中同名同参的方法:

```
//子类 Bird 继承于父类 Animal
class Bird extends Animal
{
    int flyheight;
     void move()                                    //重写父类相同的方法
    {
        System.out.println("flying");
    }
public static void main(String args[])
 {
    Bird bird1 = new Bird ();
    bird1.weight = 10;
    bird1.color = "black";
    bird1.flyheight = 5000;
    System.out.println("bird1's weight is " + bird1.weight);
    System.out.println("bird1's colour is " + bird1.color);
    System.out.println("bird1's flyheight is " + bird1.flyheight);
    bird1.move();                                  //表现为子类的方法的功能
    bird1.eat();
 }
}
```

3.3 包

3.3.1 包的概念

为便于管理大型软件系统中数目众多的类,解决类名冲突的问题,在 Java 中引入了包

（package），包的层次如图 3-1 所示。

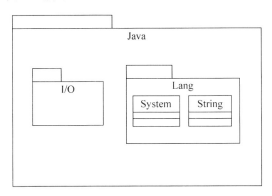

图 3-1　Java 中包的层次

package 语句必须是文件中的第一条语句，也就是说，在 package 语句之前除了空白和注释以外不能有任何语句。如果不加 package 语句，则指定为默认包或无名包。包对应文件系统的目录层次结构。在 package 语句中，用"."来指明包（目录）的层次。

3.3.2　打包实例

```
//类 Test 打入 cn.my 包中
package cn.my;                                    //打包关键字
public class Test
{
public      void defMethod()
    {
        System.out.println("defMethod");
    }

    public static void main(String[] args)
    {
        Test t = new Test();
        System.out.println("test!");
        t.defMethod();
    }
}
```

3.3.3　import 语句

若调用不在同一个包下的类，需要使用 import 关键字导入该类，例如以下程序：

```
//类 TestImport 调用 Test 类
package first;
import cn.my.Test;
class TestImport
{

    public static void main(String[] args)
```

```
        {
        Test t = new Test();
            System.out.println("test!");
            t.defMethod();
        }
    }
```

3.4 访问权限

3.4.1 类的修饰符

类的修饰符用来说明类的特殊性质,类的修饰符共有以下 3 种类型。

(1)访问控制符:public、默认。

① public class puclass:修饰符所定义的类可以被其他所有的类访问。

② class puclass:默认修饰符定义的类只能被同包中的其他类访问。

(2)抽象类说明符:abstract。

abstract 修饰符所定义的类为抽象类,不可以创建对象,只能在被继承以后才能构建对象。

(3)最终类说明符:final。

如果一个类被声明为 final,意味着它不能再派生出新的子类,不能作为父类被继承。被定义成 final 的类,通常是一些有特殊作用的、用来完成标准功能的类,从而保证引用这个类时所实现的功能是准确无误的。

下面分别举例说明各修饰符的特点。

```
//类 Testpublic,用 public 修饰符
package cn.my;
public class Testpublic
{
    public void defMethod()
    {
        System.out.println("defMethod");
    }

}
//类 Testdefault,用默认修饰符
package cn.my;
class Testdefault
{
    public void defMethod()
    {
        System.out.println("defMethod");
    }
}
//类 Testdefault1 与 Testdefault 同包,用来测试是否可以调用 Testdefault.java
package cn.my;
public class Testdefault1
{
```

```java
    public static void main(String[] args)
    {
        Testdefault t = new Testdefault();
        System.out.println("test1!");
        t.defMethod();
    }
}
```

//类 **Testdefault2** 与 **Testdefault** 不同包,用来测试是否可以调用 **Testdefault.java**

```java
package cn.your;
import cn.my.Testdefault;
publicclass Testdefault2
{

    public static void main(String[] args)
    {
        Testdefault t = new Testdefault();
        System.out.println("test2!");
        t.defMethod();
    }
}
```

//类 **Testfinal** 用 **final** 修饰符

```java
public final class Testfinal
{
    public void defMethod()
    {
        System.out.println("defMethod");
    }

}
```

//类 **Testfinal1** 继承于 **Testfinal** 类,用来测试 **Testfinal** 是否可以被继承

```java
class Testfinal1 extends Testfinal
{
    public void defMethod1()
    {
        System.out.println("defMethod1");
    }
    public static void main(String[] args)
    {
        Testfinal1 tf = new Testfinal1();
        tf.defMethod();
        tf.defMethod1();
    }
}
```

//类 **Testabstract** 用 **abstract** 修饰符

```java
public abstract class Testabstract
{
public void defMethod()
    {
```

```
        System.out.println("defMethod1");
    }
}
```

//类 Testabstract1 继承于 Testabstract 类
```
class Testabstract1 extends Testabstract
{
    public void defMethod()
    {
        System.out.println("defMethod1");
    }
    public static void main(String[] args)
    {
        Testabstract1 tf = new Testabstract1();
        tf.defMethod();
    }
}
```

3.4.2　成员方法与成员变量的修饰符

成员方法与成员变量的修饰符有以下四种,各种修饰符的被访问情况如表 3-1 所示。

(1) public：在任何情况下都可以被访问。

(2) private：只能在同类中被访问。

(3) default(不加访问说明符时)：可以在同类或同包中访问。

(4) protected：可以在同类、同包或子类中被访问。

表 3-1　不同修饰符的访问权限

	public	protected	default	private
同类	Y	Y	Y	Y
同包	Y	Y	Y	
子类	Y	Y		
不同包	Y			

下面分别举例说明不同修饰符的访问权限：

//类 Testmethod
```
public class Testmethod
{
    public void defMethod0()
    {
        System.out.println("publicdefMethod");
    }
    private void defMethod1()
    {
        System.out.println("privatedefMethod");
    }
    protected void defMethod2()
    {
        System.out.println("protecteddefMethod");
```

```
    }
    void defMethod3()
    {
        System.out.println("defaultdefMethod");
    }
public static void main(String[] args)
    {
        Testmethod tf = new Testmethod();
        tf.defMethod0();
        tf.defMethod1();
        tf.defMethod2();
        tf.defMethod3();
    }
}
```

上述程序说明同类中 4 种修饰符修饰的方法都可以被访问。

```
//类 Testmethod1
package pk;
public class Testmethod1
{
    public void defMethod0()
    {
        System.out.println("publicdefMethod");
    }
    private void defMethod1()
    {
        System.out.println("privatedefMethod");
    }
    protected void defMethod2()
    {
        System.out.println("protecteddefMethod");
    }
    void defMethod3()
    {
        System.out.println("defaultdefMethod");
    }
}

class Testmethod2
{
    public static void main(String[] args)
    {
        Testmethod1 tf = new Testmethod1();
        tf.defMethod0();
        //tf.defMethod1();
        tf.defMethod2();
        tf.defMethod3();
    }
}
```

上述 Testmethod2. java 程序说明同包中 private 修饰符修饰的方法不可以被访问。

```
//类 Testmethod3
package pk1;
class Testmethod3
{
    public static void main(String[] args)
    {
        Testmethod1 tf = new Testmethod1();
        tf.defMethod0();
        //tf.defMethod1();
        //tf.defMethod2();
        //tf.defMethod3();
    }
}
```

上述 Testmethod3. java 程序说明不同包中只有 public 修饰符修饰的方法可以被访问。

3.5 几个特殊的关键字

3.5.1 static

static 表示"全局"或者"静态"的意思,用来修饰成员变量和成员方法,也可以形成静态 static 代码块,但是在 Java 语言中没有全局变量的概念。

在 Java 中,被 static 修饰的成员变量和成员方法独立于该类的任何对象。也就是说, 它不依赖类特定的实例,被类的所有实例共享。

只要这个类被加载,Java 虚拟机就能根据类名在运行时数据区的方法区内定找到它 们。因此,static 对象可以在它的任何对象创建之前访问,无须引用任何对象。

3.5.2 final

为了确保某个函数的行为在继承过程中保持不变,并且不能被覆盖(overridden),可以 使用 final 方法。并且,只有在确实不希望方法被覆盖时,才将它声明为 final。class 中所有 的 static 方法自然就是 final。

3.5.3 super 和 this

this 变量代表对象本身。

若类中有两个同名变量,一个属于类(类的成员变量),另一个属于某个特定的方法(方 法中的局部变量),使用 this 区分成员变量和局部变量。

```
//类 Animalthis
class Animalthis
{
int weight;
    String colour;
```

```
Animalthis(int weight,String colour)
{
this.weight = weight;
this.colour = colour;
}
public voideat()
{
    System.out.println("Eating");
}
public void move()
{
    System.out.println("Moving");
}
public static void main(String[] args)
{
    Animalthis an = new Animalthis(200,"black");
    System.out.println("the weight of an1 is " + an.weight);
    System.out.println("the color of an1 is " + an.colour);

}
}
```

特殊变量 super 提供了对父类的访问，可以使用 super 访问父类被子类覆盖的方法。

//类 Animalsuper 继承于 Animal 类
```
class Animalsuper extends Animal
{
int flyheight;
    voidmove()                      //覆盖掉父类的 move 方法
    {

        System.out.println("flying");
    }
    void move1()
{
    super.move();                   //通过 super 调用被覆盖掉的父类的 move 方法
}

    public static void main(String[] args)
    {
        Animalsuper an = new Animalsuper();
        an.weight = 1;
        an.colour = "white";
        an.flyheight = 1000;
        System.out.println("the weight of an is " + an.weight);
        System.out.println("the color of an is " + an.colour);
    System.out.println("the color of an is " + an.flyheight);
an.eat();
an.move();                          //调用子类中的 move 方法
an.move1();                         //调用父类中被覆盖的 move 方法
}
}
```

3.5.4　abstract

　　在类中没有方法体的方法就是抽象方法,含有抽象方法的类即为抽象类。如果一个子类没有实现抽象基类中所有的抽象方法,则子类也将成为一个抽象类。用户可以将一个没有任何抽象方法的类声明为 abstract,以避免由这个类产生任何的对象。

　　构造方法、静态方法、私有方法、final 方法不能被声明为抽象的方法。

```
//类 Testabstractmethod,测试 abstract 方法
abstract class Testabstractmethod
//class Testabstractmethod
{
    //abstractTestabstractmethod();
    //abstract static void defmethod();
    //abstract final void defmethod();
    //abstract private void defmethod();
    //上述情形不可以定义抽象方法
    abstract void defMethod();    //不可以定义方法体
/* void defMethod()
    {
        System.out.println("defMethodabstract");
    } */

}
//子类 Testabstractmethod1,继承于 Testabstractmethod 类并实现抽象方法
class Testabstractmethod1 extends Testabstractmethod
{
    public void defMethod()
    {
        System.out.println("defMethodabstract");
    }
    public static void main(String[] args)
    {
        Testabstractmethod1 tf = new Testabstractmethod1();
        tf.defMethod();

    }
}
```

习题 3

1. 怎样定义一个类? 类的结构是怎样的?
2. 什么是多态机制? Java 如何实现多态机制?
3. this 和 super 有什么特殊含义?
4. 类的修饰符有哪些? 各有什么特点?
5. 类的构造方法有哪些形式?
6. 定义 Student 类,包含以下内容。

成员变量：学号、姓名、性别、数学成绩、语文成绩、外语成绩。

成员方法：输入、总分、平均分。

7. 创建一个彩电类(Tele)，其有两个属性，即尺寸(size)和生产商(manu)，两个方法，其中，打开(open)输出一行语句"电视机已经打开"，关闭(close)输出一行语句"电视机已经关闭"。编写一个构造函数(Tele())给该类的属性赋初值，进而练习对象的创建、属性和方法的调用、方法的重载、静态变量和常量的使用、this变量的使用。

8. 设计长方形类，求一个长方形的面积，以面向对象的程序设计方式思考：

(1) 一个长方形可以看成一个长方形对象。

(2) 一个长方形对象有两个状态(长和宽)和一个行为(求面积)。

(3) 将所有长方形的属性和方法封装，设计一个长方形类。

(4) 设计一个main()函数，构造长方形对象，调用其方法就可以求出某个具体的长方形对象的面积。

(5) 设计一个圆类，其继承于长方形类，利用多态性重写圆的面积计算方法。

第4章

Java面向对象机制2

4.1 接口

4.1.1 理解接口

接口的概念其实并不难理解,接口关键字 Interface 在使用时可以只定义函数体而不需要有详细的实现,在类的继承过程中可以实现多个接口而取代了类的多继承。使用接口其实有点像实现虚函数的调用,用继承接口的子类实例化声明的接口就可以经过接口调用子类外部接口定义的函数。

使用这种接口方式编程,如果业务逻辑发生变化需要新增类的多个办法,可以在不改动原来已经写好的代码的基础上新增一个类来实现接口中定义的函数。

接口(interface)是 Java 提供的另一种重要技术,它的结构和抽象类非常相似,也具有数据成员和抽象方法,但它与抽象类有以下两点不同:

(1) 接口中的数据成员必须初始化,且数据成员均为常量。

(2) 接口中的方法必须全部声明为 abstract,也就是说,接口不能像抽象类一样有一般的方法,而必须全部是"抽象方法"。

接口中的所有方法都是 abstract,在接口中声明方法时不能使用 static、final、private、protected 等修饰符。接口中可以有数据成员,这些成员默认都是 public static final。

```
//接口 Math
interface Math
{
    double PI = 3.1415926;
    double radius = 3;
    public void get();
    /*{
        System.out.println("sss");
    }*/
//static protectedprivate void get();

}
//类 Arithmetic1 实现了接口 Math
class Arithmetic1 implements Math
{
double area;
```

```
        public void get()
        {
            area = PI * radius * radius;
        }
}
//类 Arithmetic2 实现了接口 Math
class Arithmetic2 implements Math
{
double length;
        public void get()
        {
            length = PI * radius * 2;
        }
}
//类 Student 分别调用类 Arithmetic1 和类 Arithmetic2
class Student
{
        public static void main(String[] args)
        {
            System.out.println(Arithmetic1.PI);
            Arithmetic1 a1 = new Arithmetic1();
            a1.get();
            System.out.println(a1.area);
        Arithmetic2 a2 = new Arithmetic2();
            a2.get();
        System.out.println(a2.length);
          }
}
```

4.1.2 一个接口的实例

下面通过一个实例来更好地理解接口在面向对象编程中的优势：

```
//接口 Pci 只定义两个未实现的方法 start 和 stop
package cn;
interface Pci
{
        public void start();
        public void stop();
}
//声卡类 Soundcard 实现了接口 Pci,并完成了 start 和 stop 方法
class Soundcard implements Pci
{
public void start()
{
        System.out.println("du … du … ");
        System.out.println("sound card is running");
}
public void stop()
{
System.out.println("sound cardstop");
```

```
    }
    }
//网卡类 Netcard 实现了接口 Pci,并完成了 start 和 stop 方法
class Netcard implements Pci
{
public void start()
{
    System.out.println("send…");
    System.out.println("net card is running");
}
publicvoid stop()
{
System.out.println("net cardstop");
}
}
//主板类 Mainboard 使用接口 Pci
class Mainboard
{
    publicvoid usePci(Pci p)
    {
        p.start();
    }
    public void stopPci(Pci p)
    {
        p.stop();
    }
}
//工人类 Worker 通过主板、声卡、网卡使用计算机
class Worker
{
    public static void main(String[] args)
    {
    Soundcard sc = new Soundcard();
        Netcard nc = new Netcard();
        Mainboard mb = new Mainboard();
        mb.usePci(sc);
     mb.usePci(nc);
        System.out.println("users turn off computer");
        mb.stopPci(sc);
        mb.stopPci(nc);
    }
}
```

4.2 内部类

在一个类中定义另外一个类,这个类就称为内部类或内置类(inner class)。内部类可以
让用户将逻辑上相关的一组类组织起来,并由外部类(outer class)控制内部类的可见性。
当用户建立一个 inner class 时,其对象就拥有了与外部类对象之间的一种关系,使得内部类

对象可以随意地访问外部类中的所有成员。

那么，为什么使用内部类？因为在内部类(inner class)中可以随意地访问外部类的成员，这可以让用户更好地组织管理代码，增强代码的可读性。

```java
//内部类调用实例:Outer.java
class Outer
{
private int index = 100;
    void print()
    {

        Inner i = new Inner();
        i.print();
        //System.out.println(j);          //内部类成员变量对外部类不可见
    }
    class Inner
    {
        int j = 50;

        void print()
        {
            System.out.println(index);
            System.out.println(j);

        }
    }
}
//测试类 Test
class Test{
    public static void main(String[] args)
    {
        Outer o = new Outer();
        o.print();
        //Inner i = new Inner(); //内部类不可以被单独调用
        //o.println(j);
    }
}
```

4.3　异常处理

4.3.1　什么是异常

打开一个不存在的文件、网络连接中断、数组下标越界、正在加载的类文件丢失等都会引发异常。

Java 中的异常类定义了程序中遇到的轻微的错误条件。Java 中的错误类定义了程序中不能恢复的严重错误条件，例如内存溢出、类文件格式错误等，这类错误由 Java 运行系统处理，不需要用户处理。

Java 程序在执行过程中如果出现异常,会自动生成一个异常类对象,该异常对象将被提交给 Java 运行时系统,这个过程称为抛出(throw)异常。

当 Java 运行时系统接收到异常对象时,会寻找能处理这一异常的代码并把当前异常对象交给其处理,这一过程称为捕获(catch)异常。如果 Java 运行时系统找不到可以捕获异常的方法,则运行时系统将终止,相应的 Java 程序也将退出。

4.3.2 try-catch 语句

```
//Java 的异常处理机制,ExceptionDeal.java
public class ExceptionDeal
{
    public static void main(String []args)
    {
        try
        {
            int a[] = {1,2,3,4,5},sum = 0;
            for (int i = 0;i <= 5;i++)
            sum = sum + a[i];
            System.out.println("sum " + sum);
            System.out.println("Successfuly!");
        }
        catch(Exception e)
        {
            System.out.println(e.toString());
        }

        finally
        {
            System.out.println("Program Finished!");
        }
    }
}
```

4.3.3 throw 与 throws 语句

throws 是用来声明一个方法可能抛出的所有异常信息,throw 则是指抛出的一个具体的异常类型。

通常,在一个方法(类)的声明处通过 throws 声明方法(类)可能抛出的异常信息,而在方法(类)内部通过 throw 声明一个具体的异常信息。

throws 通常不用显示的捕获异常,可以由系统自动将所有捕获的异常信息抛给上级方法;throw 则需要用户自己捕获相关的异常,然后对其进行相关包装,最后将包装后的异常信息抛出。

```
//Throws 与 Throw 比较
public Test() throws RepletException
{
try {
```

```
System.out.println("Test this Project!")
}
catch (Exception e) {
throw new Exception(e.toString());
}
}
```

4.4 Collection 接口及实现类

Java 语言的 Collection 接口及实现类是在 java. util 包中定义的,其中定义了多个接口和类,它们统称为 Java 集合框架(Java Collection Framework)。

Java 集合框架由两种类型构成,一种是 Collection,另一种是 Map。Collection 对象用于存放一组对象,Map 对象用于存放一组关键字/值的对象。Collection 和 Map 是最基本的接口,它们又有子接口,这些接口的层次关系如图 4-1 所示。

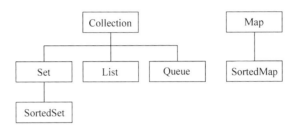

图 4-1 Java 集合框架的接口继承关系

4.4.1 Collection 接口及操作

Collection 接口是所有集合类型的根接口,它有 3 个子接口,即 Set 接口、List 接口和 Queue 接口。

Collection 接口的定义如下:

```
public interface Collection<E> extends Iterable<E> {
//基本操作
int size();
boolean isEmpty();
boolean contains(Object element);
boolean add(E element);
boolean remove(Object element);
Iterator iterator();
//批量操作
boolean containsAll(Collection <?> c);
boolean addAll(Collection <? extends E> c);
boolean removeAll(Collection <?> c);
boolean retainAll(Collection <?> c);
void clear();
//数组操作
Object[] toArray();
```

```
<T> T[] toArray(T[] a);
}
```

说明：从 JDK 1.5 开始，Java 支持泛型（generics）的概念。在 Collection 接口的声明中，＜E＞表示该接口支持泛型，它指的是集合中的对象类型。这样，当用户声明一个 Collection 实例时应该使用这种方式指明包含在集合中的对象类型，以使编译器在编译时检查存入集合的对象类型是否正确，从而减少运行时错误。

在 Collection 接口中定义的方法主要有三类，即基本操作、批量操作和数组操作。

1. 基本操作

实现基本操作的方法有 size()，它返回集合中元素的个数；isEmpty()方法返回集合是否为空；contains()方法返回集合中是否包含指定的对象；add()方法和 remove()方法实现向集合中添加元素和删除元素的功能；iterator()方法用来返回 Iterator 对象。

通过基本操作可以检索集合中的元素，检索集合中的元素有两种方法，即使用增强的 for 循环和使用迭代器。

1）使用增强的 for 循环

使用增强的 for 循环不仅可以遍历数组的每个元素，还可以遍历集合中的每个元素。下面的代码用于打印集合的每个元素：

```
for (Object o : collection)
System.out.println(o);
```

2）使用迭代器

迭代器是一个可以遍历集合中每个元素的对象。通过调用集合对象的 iterator()方法可以得到 Iterator 对象，再调用 Iterator 对象的方法就可以遍历集合中的每个元素。

Iterator 接口的定义如下：

```
public interface Iterator<E> {
boolean hasNext();
E next();
void remove();
}
```

该接口的 hasNext()方法返回迭代器中是否还有对象；next()方法返回迭代器中的下一个对象；remove()方法删除迭代器中的对象，该方法同时从集合中删除对象。

假设 c 是一个 Collection 对象，要访问 c 中的每个元素，可以按下列方法实现：

```
Iterator it = c.iterator();
while (it.hasNext()){
System.out.println(it.next());
}
```

2. 批量操作

实现批量操作的方法有 containsAll()，它返回集合中是否包含指定集合中的所有元素；addAll()方法和 removeAll()方法将指定集合中的元素添加到集合中和从集合中删除指定的集合元素；retainAll()方法删除集合中不属于指定集合中的元素；clear()方法删除集合中的所有元素。

3. 数组操作

toArray()方法可以实现集合与数组的转换，该方法可以将集合元素转换成数组元素。无参数的 toArray()方法将集合转换成 Object 类型的数组，有参数的 toArray()方法将集合转换成指定类型的对象数组。

例如，假设 c 是一个 Collection 对象，下面的代码将 c 中的对象转换成一个新的 Object 数组，数组的长度与集合 c 中元素的个数相同。

```
Object[] a = c.toArray();
```

假设知道 c 中只包含 String 对象，可以使用下面的代码将其转换成 String 数组，它的长度与 c 中元素的个数相同：

```
String[] a = c.toArray(new String[0]);
```

4.4.2 Set 接口及实现类

Set 接口是 Collection 的子接口，Set 接口对象类似于数学上集合的概念，其中不允许有重复的元素。Set 接口没有定义新的方法，只包含从 Collection 接口继承的方法。Set 接口有几个常用的实现类，它们的层次关系如图 4-2 所示。

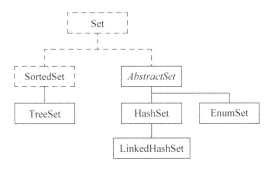

图 4-2　Set 接口及实现类的层次结构

Set 接口常用的实现类有 HashSet 类、TreeSet 类和 LinkedHashSet 类。

1. HashSet 类与 LinkedHashSet 类

HashSet 类是抽象类 AbstractSet 的子类，它实现了 Set 接口。HashSet 使用哈希方法存储元素，具有最好的性能，但元素没有顺序。

下面介绍 HashSet 类的构造方法。

（1）HashSet()：创建一个空的哈希集合，装填因子（load factor）是 0.75。

（2）HashSet(Collection c)：用指定的集合 c 的元素创建一个哈希集合。

（3）HashSet(int initialCapacity)：创建一个哈希集合，并指定集合的初始容量。

（4）HashSet(int initialCapacity，float loadFactor)：创建一个哈希集合，并指定集合的

初始容量和装填因子。

LinkedHashSet 类是 HashSet 类的子类,其实现与 HashSet 类的不同之处是它对所有元素维护一个双向链表,该链表定义了元素的迭代顺序,这个顺序是元素插入集合的顺序。

下面的程序从命令行中输入若干英文单词,输出每个重复的单词、不同单词的个数以及去掉重复单词后的列表。

```java
//FindDups.java
import java.util. * ;
public class FindDups {
public static void main(String args[]) {
Set < String > hs = new HashSet < String >();
for (String a : args)
if (!hs.add(a))
System.out.println("Duplicate: " + a);
System.out.println(hs.size() + " distinct words: " + hs);
}
}
```

如果使用下面的命令运行程序:

```
C:\> java FindDups i came i saw i left
```

会得到下面的结果:

```
Duplicate: i
Duplicate: i
4 distinct words: [i, left, saw, came]
```

上面程序中使用的实现类为 HashSet,它并不保证集合中元素的顺序。

注意:该程序在对集合的声明中使用了泛型的方法,即加上了<String>,如果去掉<String>,则该程序在 JDK 5.0 下也能成功编译,但会显示下面的提示:

```
Note: D:\java\FindDups.java uses unchecked or unsafe operations.
Note: Recompile with - Xlint:unchecked for details.
```

该提示说明程序中使用了未检查的或不安全的操作,如果用户要知道详细细节,可以带-Xlint:unchecked 参数重新编译该程序。

2. 用集合对象实现集合运算

对于 Set 对象的批量操作方法,可以实现标准集合代数运算。假设 s1 和 s2 是 Set 对象,下面的操作可以实现相关的集合运算。

(1) s1.containAll(s2):如果 s2 是 s1 的子集,该方法返回 true。

(2) s1.addAll(s2):实现集合 s1 与 s2 的并运算。

(3) s1.retainAll(s2):实现集合 s1 与 s2 的交运算。

(4) s1.removeAll(s2):实现集合 s1 与 s2 的差运算。

为了计算两个集合的并、交、差运算且不破坏原来的集合,可以通过下面的代码实现:

```
Set < Type > union = new HashSet < Type >(s1);
```

```
union.addAll(s2);
Set<Type> intersection = new HashSet<Type>(s1);
intersection.retainAll(s2);
Set<Type> difference = new HashSet<Type>(s1);
difference.removeAll(s2);
```

下面的程序实现了两个集合的并、交、差运算：

```
//SetDemo.java
import java.util.*;
public class SetDemo {
public static void main(String args[]) {
Set<String> s1 = new HashSet<String>();
Set<String> s2 = new HashSet<String>();
s1.add(new String("one"));
s1.add(new String("two"));
s1.add(new String("three"));

s2.add(new String("two"));
s2.add(new String("three"));
s2.add(new String("four"));

Set<String> union = new HashSet<String>(s1);
union.addAll(s2);
Set<String> intersection = new HashSet<String>(s1);
intersection.retainAll(s2);
Set<String> difference = new HashSet<String>(s1);
difference.removeAll(s2);

System.out.println(union);
System.out.println(intersection);
System.out.println(difference);
}
}
```

程序的输出结果为：

```
[one,two,foue,three]
[two,three]
[one]
```

3. SortedSet 接口与 TreeSet 类

SortedSet 接口对象是有序对象的集合，其中的元素排序规则按照元素的自然顺序排列。为了能够使元素排序，要求插入到 SortedSet 对象中的元素必须是相互可以比较的。关于对象的顺序将在下一节讨论。

SortedSet 接口中定义了下面几个方法。

（1）E first()：返回有序集合中的第一个元素。

（2）E last()：返回有序集合中的最后一个元素。

（3）SortedSet <E> subSet(E fromElement，E toElement)：返回有序集合中的一个

子有序集合,它的元素从 fromElement 开始到 toElement 结束(不包括最后的元素)。

(4) SortedSet ＜ E ＞ headSet(E toElement):返回有序集合中小于指定元素 toElement 的一个子有序集合。

(5) SortedSet ＜E＞ tailSet(E fromElement):返回有序集合中大于等于 fromElement 元素的子有序集合。

(6) Comparator＜? Super E＞ comparator():返回与该有序集合相关的比较器,如果集合使用自然顺序则返回 null。

TreeSet 是 SortedSet 接口的实现类,它使用红黑树为存储元素排序,基于元素的值对元素排序,其操作比 HashSet 慢。

TreeSet 类的构造方法如下。

(1) TreeSet():创建一个空的树集合。

(2) TreeSet(Collection c):用指定集合 c 中的元素创建一个新的树集合,集合中的元素按照元素的自然顺序排序。

(3) TreeSet(Comparator c):创建一个空的树集合,元素按照给定的 c 的规则排序。

(4) TreeSet(SortedSet s):用 SortedSet 对象 s 中的元素创建一个树集合,排序规则与 s 的排序规则相同。

下面的程序创建一个 TreeSet 对象,其中添加了 4 个字符串对象。从输出结果中可以看到,这些字符串是按照字母的顺序排列的。

```java
//TreeSetTest.java
import java.util.*;
public class TreeSetTest{
    public static void main(String args[]){

Set<String> ts = new TreeSet<String>();
String[] s = new String[]{"one","two","three","four"};
for (int i = 0;i<s.length;i++)
ts.add(s[i]);

System.out.println(ts);
}
}
```

程序的输出结果为:

```
[four, one, three, two]
```

4.4.3　对象的顺序

在 4.4.2 节中我们看到,在创建 TreeSet 类对象时如果没有指定比较器(Comparator)对象,集合中的元素是按自然顺序排列的,如果指定了比较器对象,集合中的元素根据比较器的规则排序。

所谓自然顺序(natural ordering)指的是集合中对象的类实现了 Comparable 接口,并实现了其中的 compareTo()方法,对象根据该方法排序。

如果希望集合中的元素能够排序,必须使元素是可比较的,即要求元素所属的类必须实现 Comparable 接口。如果试图对没有实现 Comparable 接口的集合元素排序,将抛出 ClassCastException 运行时异常。

在 Java 平台中有些类实现了 Comparable 接口,例如基本数据类型包装类(Byte、Short、Integer、Long、Float、Double、Character、Boolean),另外 File 类、String 类、Date 类、BigInteger 类、BigDecimal 类等也实现了 Comparable 接口,这些类的对象可直接按自然顺序排序。

另一种排序方法是在创建 TreeSet 对象时指定一个比较器对象,这样集合中的元素将按比较器的规则排序。

下面分别介绍这两种方法:

1. 实现 Comparable 接口

如果用户要对自己定义的类进行排序,应该在定义类的时候实现 java. lang. Comparable 接口,并实现其中的 compareTo()方法,该接口的定义如下:

```
public interface Comparable<T> {
    public int compareTo(T obj);
}
```

该接口中只声明了一个 compareTo()方法,该方法用来调用对象与参数对象比较,返回值是一个整数。当调用对象小于、等于、大于参数对象时,该方法分别返回负整数、0 和正整数。

下面的程序说明了如何通过 Comparable 接口对 Student 类的对象根据学号(id 的值)进行排序。

```
//Student. java
import java.util. * ;
public class Student implements Comparable<Student>{
int id;
String name;
public Student(int id,String name){
this.id = id;
this.name = name;
}
public int compareTo(Student s){
if(this.id < s.id)
return -1;
else if (this.id > s.id)
return 1;
else
return 0;
}
public String toString(){
return "{" + this.id + "," + this.name + "}";
}
public static void main(String args[]){
```

```
Student[ ] stud = new Student[ ]{
 new Student(1002,"Wang"),
 new Student(1003,"Zhang"),
 new Student(1001,"Zhou")};
Set<Student> ts = new TreeSet<Student>();
for(int i = 0; i< stud.length; i ++)
ts.add(stud[i]);

System.out.println(ts);
}
}
```

程序的运行结果为:

[{1001,Zhou}, {1002,Wang},{1003,Zhang}]

Student 类实现了 Comparable 接口的 compareTo()方法,它是根据学号(id 的值)来比较两个 Student 对象的大小。当将 Student 对象存放到 TreeSet 中时就是按照 compareTo()方法对 Student 对象排序的。

2. 比较器 Comparator

如果一个类没有实现 Comparable 接口或实现了 Comparable 接口,用户想改变比较规则,可以定义一个实现 java.util.Comparator 接口的类,然后为集合提供一个新的比较器。Comparator 接口定义了两个方法,它的声明如下:

```
public interface Comparator<T> {
    int compare(T obj1, T obj2);
boolean equals(Object obj);
}
```

compare()方法用来比较它的两个参数。当第一个参数小于、等于、大于第二个参数时,该方法分别返回负整数、0、正整数。equals()方法用来比较两个 Comparator 对象是否相等。

字符串的默认比较规则是按字典顺序比较,如果要按相反的顺序比较,可以通过下面的类实现:

```
//程序 DescSort.java
import java.util. * ;
public class DescSort implements Comparator<String>{
public int compare(String s1, String s2){
if(s1.compareTo(s2)> 0)
return - 1;
else if(s1.compareTo(s2)< 0)
return 1;
else return 0;
}
}
```

下面的程序可以实现字符串的降序排序:

```
//DescSortDemo.java
import java.util.*;
public class DescSortDemo{
public static void main(String args[]){
String[] s = new String []{"China",
 "England","France","America","Russia",};
Set<String> ts = new TreeSet<String>();
for(int i = 0; i< s.length; i ++)
ts.add(s[i]);
System.out.println(ts);
Comparator<String> comp = new DescSort();
ts = new TreeSet<String>(comp);

for(int i = 0; i< s.length; i ++)
ts.add(s[i]);
System.out.println(ts);
}
}
```

输出结果为：

```
[America, China, England, French, Russia]
[Russia, French, England, China, America]
```

第一行是按字符串的自然顺序输出，第二行使用了自定义的比较器，按与自然顺序相反的顺序输出。

4.4.4　List 接口及实现类

List 接口也是 Collection 接口的子接口，它实现了一种顺序表的数据结构，有时也称为序列。存放在 List 中的所有元素都有一个下标（下标从 0 开始），用户可以通过下标访问 List 中的元素。List 中可以包含重复元素，List 接口及其实现类的层次结构如图 4-3 所示。

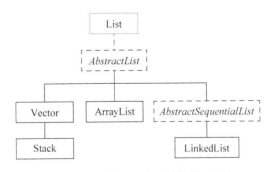

图 4-3　List 接口及实现类的层次结构

Java 平台提供了两个 List 类的通用实现类，即 ArrayList 类和 LinkedList 类。另外，Java 早期版本的 Vector 类和 Stack 类被重新修改以适应新的集合框架。下面首先讨论 List 接口的操作，然后讨论这些实现类。

List 接口除了继承 Collection 的方法以外,还定义了一些自己的方法,使用这些方法可以实现定位访问、查找、链式迭代和范围查看。List 接口的定义如下:

```
public interface List<E> extends Collection<E> {
//定位访问
E get(int index);
E set(int index, E element);
boolean add(E element);
void add(int index, E element);
E remove(int index);
abstract boolean addAll(int index, Collection<? extends E> c);
//查找
int indexOf(Object o);
int lastIndexOf(Object o);
//迭代
ListIterator<E> listIterator();
ListIterator<E> listIterator(int index);
//范围查看
List<E> subList(int from, int to);
}
```

1. 集合操作

List 接口从 Collection 接口继承的操作与 Collection 接口类似,但有的操作有些不同。例如,remove()方法总是从列表中删除指定的首次出现的元素;add()和 addAll()方法总是将元素添加到列表的末尾,因此,下面的代码可以实现两个列表的连接:

```
list1.addAll(list2);
```

如果不想破坏原来的列表,可以按以下代码实现:

```
List<Type> list3 = new ArrayList<Type>(list1);
list3.addAll(list2);
```

对于两个列表对象的比较,如果它们包含相同的元素并且顺序相同,则两个列表相等。

2. 定位访问和查找操作

List 的基本定位访问方法有 get()、set()、add()和 remove()。它们与 Vector 类的长名字的操作(如 elementAt()、setElementAt()、insertElementAt()和 removeElementAt())的功能基本相同,只是 set()和 remove()方法返回被修改和删除的旧值,而 Vector 类的 setElementAt()和 removeElementAt()方法返回 void。

查找方法 indexOf()和 lastIndexOf()与 Vector 类的完全相同。addAll()方法可以将指定的集合插入到列表的指定位置中。

下面的简单方法可以交换列表中两个下标位置的元素:

```
public static <E> void swap(List<E> a, int i, int j) {
E tmp = a.get(i);
a.set(i, a.get(j));
```

```
    a.set(j, tmp);
    }
```

这是一个多态算法，它可以交换任何 List 中的元素而不管其实现类型。下面是另一个使用了上面 swap()方法的多态算法：

```
public static void shuffle(List <?> list, Random rnd) {
for (int i = list.size(); i > 1; i--)
 swap(list, i - 1, rnd.nextInt(i));
}
```

该算法包含在 Java 的 Collections 类中，它使用指定的随机数随机重排列表中的元素。

3. 迭代器

List 接口同样提供了 iterator()方法返回一个 Iterator 对象。另外，List 接口还提供了 listIterator()方法返回 ListIterator 接口对象。该对象允许用户以两个方向遍历列表中的元素，在迭代中修改元素以及获得元素的当前位置。ListIterator 接口的声明如下：

```
public interface ListIterator < E> extends Iterator < E> {
boolean hasNext();
E next();
boolean hasPrevious();
E previous();
int nextIndex();
int previousIndex();
void remove();
void set(E o);
void add(E o);
}
```

该接口是 Iterator 的子接口。hasNext()、next()和 remove()方法是从 Iterator 接口中继承的；hasPrevious()和 previous()方法分别判断前面是否还有元素和返回前面的元素；set()和 add()方法分别修改当前元素和在当前位置插入一个元素。

4. ArrayList 类和 LinkedList 类

ArrayList 和 LinkedList 是 List 接口的两个常用的实现类。

1) ArrayList 类

ArrayList 是最常用的实现类，它是通过数组实现的集合对象。ArrayList 类实际上实现了一个变长的对象数组，其元素可以动态地增加和删除。它的定位访问时间是常量时间。

下面介绍 ArrayList 的构造方法。

（1）ArrayList()：创建一个空的数组列表对象。

（2）ArrayList(Collection c)：用集合 c 中的元素创建一个数组列表对象。

（3）ArrayList(int initialCapacity)：创建一个空的数组列表对象，并指定初始容量。

下面的程序演示了 ArrayList 的使用：

```
//ListDemo.java
import java.util. * ;
public class ListDemo{
public static void main(String args[ ]){
Collection c = new ArrayList();
String weekday[ ] = new String[ ]{
"Sunday","Monday","Tuesday","Wednesday",
"Thursday","Friday","Saturday"};
for( int i = 0 ;i < weekday. length;i++)
c. add(weekday[i]);
System. out. println(c);
String weekend[ ] = new String[ ]{"Saturday","Sunday"};
Collection c1 = new ArrayList();
Collection c2 = new ArrayList();
c1. add(weekend[0]);
c1. add(weekend[1]);
System. out. println(c1);
c. removeAll(c1);
c2 = new ArrayList(c);              //c2 = c;
System. out. println(c);
System. out. println("c.containsAll(c1) = " + c. containsAll(c1));
System. out. println(c2);
c. addAll(c1);
System. out. println(c);
System. out. println("c.containsAll(c1) = " + c. containsAll(c1));
c. retainAll(c2);
System. out. println(c);
}
}
```

程序的输出结果为：

```
[Sunday, Monday, Tuesday, Wednesday, Thursday, Friday, Saturday]
[Saturday, Sunday]
[Monday, Tuesday, Wednesday, Thursday, Friday]
c.containsAll(c1) = false
[Monday, Tuesday, Wednesday, Thursday, Friday]
[Monday, Tuesday, Wednesday, Thursday, Friday, Saturday, Sunday]
c.containsAll(c1) = true
[Monday, Tuesday, Wednesday, Thursday, Friday]
```

2）LinkedList 类

如果需要经常在 List 的头部添加元素，在 List 的内部删除元素，应该考虑使用 LinkedList。这些操作在 LinkedList 中是常量时间，在 ArrayList 中是线性时间，但定位访问时 LinkedList 是线性时间而在 ArrayList 中是常量时间。

LinkedList 的构造方法如下。

（1）LinkedList()：创建一个空的链表。

（2）LinkedList(Collection c)：用集合 c 中的元素创建一个链表。

创建 ArrayList 对象可以指定一个初始容量的参数，它指定在 ArrayList 对象扩充之前存放元素的数量,LinkedList 没有这样的参数。

LinkedList 定义了 7 个可选的操作,一个是 clone( ),另外 6 个分别是 addFirst( )、getFirst( )、removeFirst( )、addLast( )、getLast( )和 removeLast( )。注意,LinkedList 也实现了 Queue 接口。

4.4.5 Queue 接口及实现类

Queue 接口也是 Collection 的子接口,它以 FIFO(先进先出,first-in-first-out)的方式排列其元素,一般称为队列。

Queue 接口有两个实现类,即 LinkedList 和 PriorityQueue,如图 4-4 所示。其中,LinkedList 是 List 接口的实现类,而 PriorityQueue 是优先队列。注意,优先队列中元素的顺序是根据元素的值排列的。不管使用什么顺序,队头总是在调用 remove( ) 或 poll( )方法时被最先删除。

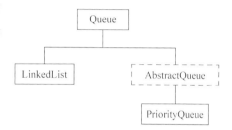

图 4-4 Queue 接口及其实现类

Queue 接口除了提供 Collection 的操作以外,还提供了插入、删除和检查操作。Queue 接口的定义如下:

```
public interface Queue<E> extends Collection<E> {
boolean add(E e)          //将指定的元素 e 插入到队列中
E element();              //返回队列头元素,但不将其删除
E remove();               //返回队列头元素,同时将其删除
boolean offer(E o); //将指定的元素 e 插入到队列中
E peek();                 //返回队列头元素,但不将其删除
E poll();                 //返回队列头元素,同时将其删除
}
```

每个 Queue 的方法都有两种形式,一种是在操作失败时抛出异常,另一种是在操作失败时返回一个特定的值(根据操作的不同,可能返回 null 或 false),这些方法如表 4-1 所示。

表 4-1 Queue 接口的两类不同操作

操　　作	抛　出　异　常	返回特定值
插入操作	add(e)	offer(e)
删除操作	remove()	poll()
检查操作	element()	peek()

一个 Queue 的实现类可能会限制它所存放的元素的数量,这样的 Queue 称为受限(bounded)队列。在 java.util.concurrent 包中有些队列是受限的,而 java.util 包中的队列不受限。

Queue 接口的 add( )方法是从 Collection 接口继承的,它向队列中插入一个元素。如果队列的容量限制遭到破坏,它将抛出 IllegalStateExcepion 异常。offer( )方法与 add( )方法的区别是在插入元素失败时返回 false,一般用在受限队列中。

element()和 peek()方法返回队头元素但不删除,区别是如果队列为空,element()方法会抛出 NoSuchElementException 异常,而 peek()方法返回 false。

remove()和 poll()方法都是删除并返回队头元素。它们的区别是当队列为空时,remove()方法抛出 NoSuchElementException 异常,而 poll()方法返回 null。

队列的实现类一般不允许插入 null 元素,但 LinkedList 类是一个例外。由于历史的原因,它允许 null 元素。

在下面的程序中使用了队列实现一个计时器,事先从命令行指定一个整数,将从指定的数到 0 存放的队列中,然后每隔 1 秒钟输出一个数。

```java
//CountDown. java
import java.util. * ;
public class CountDown {
public static void main(String[ ] args) throws InterruptedException {
int time = Integer.parseInt(args[0]);
Queue < Integer > queue = new LinkedList < Integer >();
for (int i = time; i >= 0; i-- )
queue.add(i);
while(!queue.isEmpty()) {
System.out.println(queue.remove());
Thread.sleep(1000);
}
}
}
```

PriorityQueue 类是 Queue 接口的一个实现类,它实现一种优先级队列。其元素的插入和删除并不遵循 FIFO 原则,而是根据某种优先顺序插入元素和删除元素。这种优先顺序与对象的排序类似,可以通过 Comparable 接口和 Comparator 接口实现。

PriorityQueue 类的常用构造方法如下。

(1) public PriorityQueue():创建一个空的优先队列,使用默认的初始容量,元素的顺序为自然顺序。

(2) public PriorityQueue(int initialCapacity):创建一个指定初始容量的空的优先队列,元素的顺序为自然顺序。

(3) public PriorityQueue(Collection< ? extends E> c):创建一个包含指定集合 c 中的元素的优先队列,元素的顺序与 c 的顺序相同或使用自然顺序。

(4) public PriorityQueue(int initialCapacity,Comparator< ? Super E> comparator):创建一个指定初始容量的空的优先队列,元素的顺序为比较器 comparator 指定的顺序。

下面的程序演示了 PriorityQueue 类的使用:

```java
//PQDemo. java
import java.util. * ;
public class PQDemo {
 static class PQSort implements Comparator < Integer >{
     public int compare(Integer one, Integer two){
         return two - one ;
     }
```

```
        }
    public static void main(String[ ]args){
        int[ ] ia = {1,5,3,7,6,9,8};
        PriorityQueue < Integer > pq1 =
        new PriorityQueue < Integer >();
        for( int x : ia)
            pq1.offer(x);           //将数组 ia 中的元素插入到优先队列中
        for( int x : ia)
            System.out.print(pq1.poll() + "");
        System.out.println();
        PQSort pqs = new PQSort();
        PriorityQueue < Integer > pq2 =
        new PriorityQueue < Integer >(10,pqs);
        for( int x : ia)
        pq2.offer(x);
        System.out.println("size = " + pq2.size());
        System.out.println("peek = " + pq2.peek());
        System.out.println("poll = " + pq2.poll());
        System.out.println("size = " + pq2.size());
    for( int x : ia)
            System.out.print(pq2.poll() + "");
    }
    }
```

程序的运行结果为：

```
1356789
size = 7
peek = 9
poll = 9
size = 6
876531null
```

从输出结果可以看出，对象是按某种优先顺序插入到队列中的。第一次插入使用了对象的自然顺序，第二次插入使用了比较器对象，按与自然顺序相反的顺序插入。

从对 peek()和 poll()方法的调用结果可以看出，它们分别返回和删除了具有最高优先级的元素，最后输出的 null 表示队列已空。

4.5 Map 接口及实现类

Map 是专门用来存储键-值对的对象。在 Map 中存储的关键字和值都必须是对象，并要求关键字是唯一的，而值可以有重复。

Map 接口常用的实现类有 HashMap 类、LinkedHashMap 类、TreeMap 类和 Hashtable 类，前 3 个类的行为和性能与前面讨论的 Set 实现类 HashSet、LinkedHashSet 和 TreeSet 类似。Hashtable 类是 Java 早期版本提供的类，经过修改实现了 Map 接口。Map 接口及实现类的层次关系如图 4-5 所示。

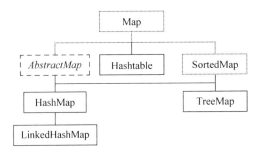

图 4-5　Map 接口及实现类的层次结构

4.5.1　Map 接口

1. Map 接口的定义

Map 接口的定义如下：

```
public interface Map {
//基本操作
V put(K key, V value);
V get(Object key);
V remove(Object key);
boolean containsKey(Object key);
boolean containsValue(Object value);
int size();
boolean isEmpty();
//批量操作
void putAll(Map<? extends K,? extends V> t);
void clear();
//集合查看
public Set<K> keySet();
public Collection<V> values();
public Set<Map.Entry<K,V>> entrySet();
//内部接口的定义
public interface Entry {
K getKey();
V getValue();
V setValue(V value);
}
}
```

2. Map 接口的操作

1）基本操作

Map 接口的 put()方法将一个键-值对存入 Map 对象中；get()方法根据给定的键返回其值；containsKey()方法返回 Map 中是否包含指定的键；containsValue()方法返回 Map 中是否包含指定的值；size()和 isEmpty()方法分别返回 Map 的大小和是否为空。

2）批量操作

Map 接口的批量操作有两个方法，即 clear()和 putAll()。其中，clear()方法是从 Map 对象中清除所有的映射，putAll()方法与 Collection 接口的 addAll()方法类似。

3）集合操作

Map 接口的集合视图操作可以从 3 个方面将 Map 作为 Collection 对待。

（1）public Set<K> keySet()方法：返回包含在 Map 中键的一个 Set 对象。

（2）public Collection<V> values()方法：返回包含在 Map 中值的一个 Collection 对象。该 Collection 对象不是一个 Set，因为在 Map 中可能有多个键映射到一个相同的值上。

（3）public Set<Map. Entry<K,V>> entrySet()方法：返回包含在 Map 中的键-值对的 Set 对象。Map 接口提供了一个名为 Map. Entry 的嵌套接口，它是该 Set 中的元素类型。

集合视图提供了在 Map 上迭代的唯一方法。下面的例子说明了在 Map 的键上迭代的方法，这里使用了 for-each 结构：

```
for (KeyType key : m.keySet())
System.out.println(key);
```

如果使用迭代器，可以通过下面的方式实现：

```
for (Iterator<Type> i = m.keySet().iterator(); i.hasNext(); )
if (i.next().isBogus())
i.remove();
```

4.5.2　Map 接口的实现类

Map 接口的常用实现类有 HashMap、TreeMap 和 Hashtable 类。

1. HashMap 类与 LinkedHashMap 类

HashMap 类的构造方法如下。

（1）HashMap()：创建一个空的映射对象，使用默认的装填因子(0.75)。

（2）HashMap(int initialCapacity)：用指定的初始容量和默认的装填因子(0.75)创建一个映射对象。

（3）HashMap(int initialCapacity, float loadFactor)：用指定的初始容量和指定的装填因子创建一个映射对象。

（4）HashMap(Map t)：用指定的映射对象创建一个新的映射对象。

下面的程序从命令行中输入一组单词，然后产生一个单词频率表，该表中记录每个单词及其出现的次数。

```
//Frequency. java
import java.util. * ;
public class Frequency {
public static void main(String args[]) {
Map<String, Integer> m = new HashMap<String, Integer>();
//由命令行参数初始化单词频率表
```

```
for (String a : args) {
Integer freq = m.get(a);
m.put(a, (freq == null ? 1 : freq + 1));
}
System.out.println(m.size() + " distinct words:");
System.out.println(m);
}
}
```

使用下面的命令运行该程序：

C:\> java Frequency if it is to be it is up to me to delegate

程序的运行结果为：

```
8 distinct words:
{to = 3, delegate = 1, be = 1, it = 2, up = 1, if = 1, me = 1, is = 2}
```

LinkedHashMap 是 HashMap 类的子类，它保持键的顺序与插入的顺序一致。它的构造方法与 HashMap 的构造方法类似。对于程序 Frequency.java，如果用户希望频率表按照单词的输入顺序输出，可以使用 LinkedHashMap 类创建映射对象。

2. TreeMap 类

TreeMap 类实现了 SortedMap 接口，SortedMap 接口能保证各项按关键字升序排序。TreeMap 类的构造方法如下。

（1）TreeMap()：创建根据键的自然顺序排序的空的映射。

（2）TreeMap(Comparator c)：根据给定的比较器创建一个空的映射。

（3）TreeMap(Map m)：用指定的映射创建一个新的映射，根据键的自然顺序排序。

（4）TreeMap(SortedMap m)：在指定的 SortedMap 对象中创建新的 TreeMap 对象。

对于程序 Frequency.java 的例子，假设希望频率表按照字母顺序输出，仅将 HashMap 改为 TreeMap 即可。输出结果为：

```
{be = 1, delegate = 1, if = 1, is = 2, it = 2, me = 1, to = 3, up = 1}
```

注意：这里键的顺序是字母顺序输出的。

3. Hashtable 类

Hashtable 实现了一种哈希表，它是 Java 早期版本提供的一个存放键-值对的实现类，现在也属于集合框架，但是哈希表对象是同步的，即是线程安全的。

任何非 null 对象都可以作为哈希表的关键字和值，但是要求作为关键字的对象必须实现 hashCode()方法和 equals()方法，以使对象的比较成为可能。

一个 Hashtable 实例有两个参数影响它的性能，一个是初始容量（initial capacity），另一个是装填因子（load factor）。

Hashtable 的构造方法如下。

（1）Hashtable()：使用默认的初始容量（11）和默认的装填因子（0.75）创建一个空的哈

希表。

（2）Hashtable(int initialCapacity)：使用指定的初始容量和默认的装填因子(0.75)创建一个空的哈希表。

（3）Hashtable(int initialCapacity，float loadFactor)：使用指定的初始容量和指定的装填因子创建一个空的哈希表。

（4）Hashtable(Map<? extends K，? extends V> t)：使用给定的 Map 对象创建一个哈希表。

Hashtable 类常用的方法如下。

（1）public V put(K key，V value)：在哈希表中建立指定的键和值的映射,键和值都不能为 null。

（2）public V get(Object key)：返回哈希表中指定的键所映射的值。

（3）public V remove(Object key)：从哈希表中删除由键指定的映射值。

（4）public Enumeration<K> keys()：返回键组成的一个 Enumeration(枚举)对象。

（5）public Enumeration<V> elements()：返回值组成的一个 Enumeration(枚举)对象,在返回的对象上使用 Enumeration 接口的方法可以顺序取出对象。

上面两个方法的返回都是 Enumeration 接口类型的对象,在该接口中定义了下面两个方法。

（1）boolean hasMoreElements()：测试枚举对象中是否还含有元素,如果还含有元素,返回 true,否则返回 false。

（2）E nextElement()：如果枚举对象中至少还有一个元素,返回下一个元素。

下面的代码创建了一个包含数字的哈希表对象,使用数字名作为关键字：

```
Hashtable numbers = new Hashtable();
numbers.put("one", new Integer(1));
numbers.put("two", new Integer(2));
numbers.put("three", new Integer(3));
```

如果要检索其中的数字,可以使用下面的代码：

```
Integer n = (Integer)numbers.get("two");
if (n != null) {
 System.out.println("two = " + n);
}
```

Map 对象与 Hashtable 对象的区别如下：

（1）Map 提供了集合查看方法,不直接支持通过枚举对象(Enumeration)的迭代,集合查看大大地增强了接口的表达能力。

（2）Map 允许通过键、值或键-值对迭代,而 Hashtable 不支持第 3 种方法。

（3）Map 提供了安全的方法在迭代中删除元素,而 Hashtable 不支持该功能。

（4）Map 修复了 Hashtable 的一个小缺陷。在 Hashtable 中有一个 contains()方法,当 Hashtable 包含给定的值时,该方法返回 true。该方法可能引起混淆,因此 Map 接口将该方法改为 containsValue(),这与另一个方法 containsKey()实现了一致。

4.6　Arrays 类和 Collections 类

在 java.util 包中提供了 Arrays 类和 Collections 类，这两个类提供了数组和集合对象的算法功能，这两个类提供了若干 static 方法实现有关操作。

4.6.1　Arrays 类

在 Arrays 类中定义了对数组操作的方法，其中，fill()方法用来将一个值填充到数组元素中；sort()方法用来对数组排序；binarySearch()用来在已排序的数组中查找指定元素；equals()方法用来比较两个数组是否相等。上述方法都有多个重载的方法，可用于所有的基本数据类型和 Object 类型。另外，在 Arrays 类中还提供了一个 asList()方法，用来将数组转换为 List 对象。

1. 填充数组元素

调用 Arrays 类的 fill()方法可以将一个值填充到数组的每个元素中，也可以将一个值填充到数组连续的几个元素中，下面是向整型数组和对象数组中填充元素的方法。

（1）public static void fill（int[] a，int val）：用指定的 val 值填充数组中的每个元素。

（2）public static void fill（int[] a，int fromIndex，int toIndex，int val）：用指定的 val 值填充数组中的下标从 fromIndex 开始到 toIndex 为止的每个元素。

（3）public static void fill（Object[] a，Object val）：用指定的 val 值填充对象数组中的每个元素。

（4）public static void fill（Object[] a，int fromIndex，int toIndex，Object val）：用指定的 val 值填充对象数组中的下标从 fromIndex 开始到 toIndex 为止的每个元素。

下面的程序演示了 fill()方法的使用：

```java
//FillTest.java
import java.util. * ;
public class FillTest{
public static void main(String args[]){
int size = 6;
boolean[] a1 = new boolean[size];
byte [] a2 = new byte[size];
float [] a3 = new float[size];
String [] a4 = new String[size];
Arrays.fill (a1,true);
Arrays.fill (a2, (byte)11);
Arrays.fill (a3, (float)3.14);
Arrays.fill (a4, "Hello");
Arrays.fill (a4, 2, 4, "World");
for(int i = 0; i < a3.length; i++)
System.out.print(a4[i] + " ");
}
}
```

该程序的输出结果为：

Hello Hello World World Hello Hello

2. 数组的排序

使用 Arrays 的 sort()方法可以对数组元素进行排序。排序是稳定的(stable)排序,即相等的元素在排序结果中不会重新排列顺序。对于基本数据类型,按数据的升序排序。对于对象数组的排序,要求数组元素的类必须实现 Comparable 接口,若要改变排序顺序,还可以指定一个比较器对象。对象数组的排序方法的格式如下。

(1) public static void sort(Object[] a)：对数组 a 按自然顺序排序。

(2) public static void sort(Object[] a, int fromIndex, int toIndex)：对数组 a 中的元素从开始下标 fromIndex 到终止下标 toIndex 之间的元素排序。

(3) public static void sort(Object[] a, Comparator c)：使用比较器对象 c 对数组 a 排序。

注意：不能对布尔型数组排序。

下面的程序演示了对一个字符串数组的排序：

```
//SortDemo.java
import java.util. * ;
public class SortDemo{
public static void main(String args[]){
String[] s = new String [] {"China", "England",
"France","America","Russia",};
for( int i = 0;i < s.length;i++)
System.out.print(s[i] + " ");
System.out.println();
Arrays.sort(s);                 //对数组 s 排序
for( int i = 0;i < s.length;i++)
System.out.print(s[i] + " ");
System.out.println();
}
}
```

程序的输出结果为：

China England France America Russia
America China England France Russia

3. 数组元素的查找

对于排序后的数组可以使用 binarySearch()方法从中快速地查找指定元素,该方法也有多个重载的方法,下面是对整型数组和对象数组的查找方法：

```
public static int binarySearch (int[] a, int key)
public static int binarySearch (Object[] a, Object key)
```

查找方法根据给定的键和值查找该值在数组中的位置,如果找到指定的值,则返回该值的下标值。如果查找的值不包含在数组中,方法的返回值为-(插入点－1)。插入点为指定的值在数组中应该插入的位置。

例如,下面代码的输出结果为-3:

```
int[] a = new int[]{1,3,5,7};
Arrays.sort(a);
int i = Arrays.binarySearch(a,4);
System.out.println(i);           // 输出 - 3
```

注意:在使用 binarySearch()方法之前,数组必须已经排序。

4. 数组的比较

使用 Arrays 的 equals()方法可以比较两个数组,被比较的两个数组要求数据类型相同且元素个数相等,比较的是对应元素是否相同。对于引用类型的数据,如果两个对象 e1、e2 的值都为 null 或者 e1.equals(e2),则认为 e1 与 e2 相等。

下面是布尔型数组和对象数组 equals()方法的格式。

(1) public static boolean equals(boolean[] a, boolean[] b):比较布尔型数组 a 与 b 是否相等。

(2) public static boolean equals(Object[] a, Object[] b):比较对象数组 a 与 b 是否相等。

下面的程序给出了 equals()方法的示例:

```
//程序 EqualsTest.java
import java.util.*;
public class EqualsTest {
public static void main(String[] args) {
int[] a1 = new int[10];
int[] a2 = new int[10];
Arrays.fill(a1, 47);
Arrays.fill(a2, 47);
System.out.println(Arrays.equals(a1, a2));          //输出 true
System.out.println(a1.equals(a2));                  //输出 false
a2[3] = 11;
System.out.println(Arrays.equals(a1, a2));          //输出 false
String[] s1 = new String[5];
Arrays.fill(s1, "Hi");
String[] s2 = {"Hi", "Hi", "Hi", "Hi", "Hi"};
System.out.println(Arrays.equals(s1, s2));          //输出 true
}
}
```

5. 数组转换为 List 对象

Arrays 类提供了一个 asList()方法,可以实现将数组转换成 List 对象的功能,该方法的定义如下:

```
public static <T> List<T> asList(T… a)
```

该方法提供了一个方便的从多个元素创建 List 对象的途径,例如:

```
//AsListTest.java
```

```
import java.util. * ;
public class AsListTest{
    public static void main(String[]args){
 List list = Arrays.asList(args);
 System.out.println(list);
 //list.add("five");
 System.out.println(list);
    }
}
```

用户也可以将数组元素直接作为 asList()方法的参数写在括号中,例如:

```
List stooges = Arrays.asList("Larry", "Moe", "Curly");
```

在这里还可以使用基本数据类型,如果使用基本数据类型,则在转换成 List 对象元素时进行了自动装箱操作。

注意:Arrays. asList()方法返回的 List 对象是不可变的,如果对该 List 对象进行添加、删除等操作,将抛出 UnsurpportedException 异常。如果要实现对 List 对象的操作,可以将其作为一个参数传递给另一个 List 的构造方法,如下所示。

```
List < String > list = new ArrayList < String > (Arrays.asList(args));
```

它的功能与 Collection 接口的 toArry()相反。

4.6.2　Collections 类

Collections 类也提供了若干静态方法实现多态算法,这些算法大多对 List 操作,主要包括排序、重排、查找、常规操作等方面。

1. 排序

对顺序表排序使用 sort()方法,它有下面两种格式:

```
public static < T > void sort(List < T > list)
public static < T > void sort(List < T > list,Comparator <? super T > c)
```

sort()方法用于实现对 List 元素按升序或指定的比较器顺序排序。该方法使用优化的归并排序算法,因此排序是快速的和稳定的。在排序时如果没有提供 Comparator 对象,则要求 List 中的对象必须实现 Comparable 接口。

下面的例子说明了该方法的使用:

```
//程序 ListSortDemo.java
import java.util. * ;
public class ListSortDemo {
public static void main(String args[]) {
List < String > list = Arrays.asList(args);
Collections.sort(list);
System.out.println(list);
}
}
```

按下面的方法运行程序：

C:\> java ListSortDemo i walk the line

程序的运行结果为：

[i, line, the, walk]

2．重排

用户可以使用 shuffle()方法重排 List 对象中元素的次序，该方法的格式如下。

（1）public static void shuffle(List<?> list)：使用默认的随机数重新排列 List 中的元素。

（2）public static void shuffle(List<?> list，Random rnd)：使用指定的 Random 对象重新排列 List 中的元素。

下面的程序以随机的顺序打印出从命令行输入的字符串：

```java
//程序 ShuffleDemo.java
import java.util.*;
public class ShuffleDemo {
public static void main(String args[]) {
List<String> list = new ArrayList<String>();
for (String a : args)
list.add(a);
Collections.shuffle(list, new Random());
System.out.println(list);
}
}
```

3．查找

使用 binarySearch()方法可以在已排序的 List 中查找指定的元素，该方法的格式如下：

```java
public static<T> int binarySearch(List<T> list, T key)
public static <T> int binarySearch(List<T> list, T key, Comparator c)
```

第 1 个方法指定 List 和要查找的元素，该方法要求 List 已经按元素的自然顺序的升序排序。第 2 个方法除了指定查找的 List 和要查找的元素外，还要指定一个比较器，并且假定 List 已经按该比较器升序排序。注意，在执行查找算法前必须先执行排序算法。

如果 List 中包含要查找的元素，方法返回元素的下标(index)，否则返回值为-(插入点-1)，插入点为该元素应该插入到 List 中的下标位置。

下面的代码可以实现在 List 中查找指定的元素，如果找不到，将该元素插入到适当的位置：

```java
List<Integer> list = Arrays.asList(5,3,1,7);
Collections.sort(list);
int key = 4;
int pos = Collections.binarySearch(list, key);
if(pos < 0){
```

```
        List<Integer> nlist = new ArrayList<Integer>(list);
        nlist.add(-pos-1, key);
        System.out.println(nlist);
    }
```

注意：不能在原来的 List 上执行插入操作，否则会引发 OperationNotSupported Eception 异常。

4. 常规操作

Collections 类提供了下面 5 种对 List 数据的常规操作方法。

（1）public static void reverse(List<?> list)：该方法用来调换 List 中元素的顺序。

（2）public static void fill(List<? super T> list，T obj)：该方法用指定的值覆盖 List 中原来的每个值，该方法主要用于对 List 进行重新初始化。

（3）public static void copy(List<? super T> dest，List<? extends T> src)：该方法带有两个参数，即目标 List 和源 List。该方法用于将源 List 中的元素复制到目标 List 中并覆盖其中的元素。使用该方法要求目标 List 的元素个数不少于源 List，如果目标 List 的元素个数多于源 List，其余元素不受影响。

（4）public static void swap(List<?> list，int i，int j)：该方法用于交换 List 中指定位置的两个元素。

（5）public static<T> boolean addAll(Collection<? super T> c，T…elements)：该方法用于将指定的元素添加到集合 c 中，可以指定单个元素或数组。

5. 组合操作

使用 frequency()方法可以返回指定元素在集合中出现的次数，该方法的声明格式如下：

```
public static int frequency(Collection<?> c, Object o)
```

使用 disjoint()方法可以判断两个集合是否不相交，该方法的格式如下：

```
public static boolean disjoint(Collection<?> c1, Collection<?> c2)
```

如果两个集合不包含相同的元素，该方法返回 true。

6. 查找极值

Collections 类提供了 max()和 min()方法用来在集合中查找最大值和最小值，它们的声明格式如下：

```
public static <T> T max(Collection<? extends T> coll)
public static <T> T max(Collection<? extends T> coll, Comparator<? super T> comp)
public static <T> T min(Collection<? extends T> coll)
public static <T> T min(Collection<? extends T> coll, Comparator<? super T> comp)
```

这里每个方法都有两种形式。简单的形式只带一个 Collection 参数，它根据元素的自然顺序返回集合中的最大值、最小值。带比较器的方法根据比较器返回集合中的最大值、最小值。

4.7 泛型

泛型是 J2SE 5.0 引进的一种对类型系统的增强功能,它为类集框架提供了编译时的类型安全机制,并且消除了造型的麻烦。

4.7.1 泛型简介

泛型允许对类型抽象,最常见的例子就是容器类型。首先看下面没有使用泛型的例子。

```
List myIntList = new LinkedList();                    // 1
myIntList.add(new Integer(0));                        // 2
Integer x = (Integer) myIntList.iterator().next();    // 3
```

第 3 行的造型是令人讨厌的。通常,程序员知道存放在特定列表中的数据类型,然而造型仍然是必须的,因为编译器只能保证迭代器返回 Object 类型。为了保证对 Integer 类型的变量的赋值是安全的,需要造型。造型不仅会使代码混乱,还可能由于程序员的错误导致运行时错误。

如果程序员能够标识集合中应该存放的数据类型,就没有必要造型了,这就是泛型的核心。下面的代码使用了泛型:

```
List < Integer > myIntList = new LinkedList < Integer >();//1'
myIntList.add(new Integer(0));                        //2'
Integer x = myIntList.iterator().next();              //3'
```

注意:这里的变量 myIntList 的类型声明,在 List 的后面加上了<Integer>,表示该 List 对象的元素必须是 Integer 类型,所以 List 是带有一个类型参数的泛型接口(generic interface)。在创建 List 对象时也需要指定类型参数,例如:

```
new LinkedList < Integer >()
```

像上面这样声明和创建 List 对象后,当从 List 返回对象时就不再需要造型了,例如上面的第 3'行代码所示。

现在编译器就可以在编译时检查程序的类型的正确性了。因为编译器保证 myIntList 中存放的是 Integer 类型的数据,那么从 myIntList 中检索出的数据也就没有必要造型了。

4.7.2 定义简单的泛型

下面的代码是 List 接口定义的一部分:

```
public interface List < E >{
void add(E x);
Iterator < E > iterator();
}
```

上面代码中的<E>表示 List 接口声明中的形式类型参数,这种类型称为参数化类型(parameterized type)。在声明中,所有形式类型参数(这里是 E)都要由实际类型参数(例如

Integer)替换。

用户可能认为 List<Integer>表示的是 List 的一个由 Integer 替换的版本,例如:

```
public interface IntegerList {
void add(Integer x);
Iterator<Integer> iterator();
}
```

这种直观上的理解既有助于理解泛型又容易产生误解,有帮助是因为参数化类型 List<Integer>确实以这种方式扩展;容易产生误解是因为泛型的声明从来不是以这种方式扩展的,而不论在源文件中,不论是二进制形式还是在磁盘上或内存中都没有多个副本。如果用户了解 C++,可能知道这与 C++的模板是完全不同的。与一般的类和接口的声明类似,泛型的声明只被编译一次并产生一个类文件。

类型参数与方法和构造方法中的参数类似。当方法被调用时,实际参数将替换方法的形式参数;当泛型声明被调用时,实际类型参数将替换形式类型参数。

4.7.3　泛型与子类型

请看下面的两行代码是否合法:

```
List<String> ls = new ArrayList<String>();        //1
List<Object> lo = ls;                             //2
```

第 1 行显然是合法的,但第 2 行是不合法的。因为 String 类型的 List 不是 Object 的 List,上述第 2 行会产生编译错误。

一般来讲,如果 Foo 是 Bar 的一个子类型(子类或子接口),G 是某个泛型类型声明,那么 G<Foo>并不是 G<Bar>的子类型。

4.7.4　通配类型

假设要编写一段打印出集合中所有元素的代码,使用 J2SE 5.0 之前的版本,用户可以这样编写:

```
void printCollection(Collection c) {
Iterator i = c.iterator();
for (k = 0; k < c.size(); k++) {
System.out.println(i.next());
}
}
```

如果使用泛型,可以将这段代码改为:

```
void printCollection(Collection<Object> c) {
for (Object e : c) {
System.out.println(e);
}
}
```

现在的问题是,新的版本不比旧的版本更有用。这是因为在新版本的 printCollection()方法中参数只能接受 Collection<Object>类型的对象,而在旧版本的 printCollection()方法中参数可以接受任何 Collection 类型的对象,因为 Collection<Object>类型并不是所有 Collection 类型的超类型。

那么如何表示各种 Collection 类型的超类型呢?用户可以这样编写:

```
Collection<?>
```

它读作"未知的集合",即元素类型可以是任何类型的集合,因此将其称为通配类型(wildcard type)。使用通配类型可以将上面的代码改写为:

```
void printCollection(Collection<?> c) {
for (Object e : c) {
System.out.println(e);
}
}
```

现在,用户就可以使用任何集合类型调用该方法了。注意,在 printCollection()方法内,用户仍然可以从 c 中读取每个元素并将其用 Object 类型表示。这总是安全的,因为不论什么类型的集合,它的元素总是对象。然而,向集合中添加任意元素却不是安全的,例如:

```
Collection<?> c = new ArrayList<String>();
c.add(new Object());                        //产生编译错误
```

由于用户不知道 c 的元素类型,所以不能向其中添加对象。当实际的类型参数是? 时,它代表某个未知类型。任何传递给 add()方法的参数的类型必须是未知类型的子类型。但用户不知道其是什么类型,因此也不能向其传递参数。唯一的例外是 null 值,因为它是任何类型的成员。

另一方面,给定 List<?>,用户可以调用 get()方法并使用其结果。尽管结果类型是未知的,但用户知道它是一个对象,因此将其结果赋给 Object 类型或作为需要 Object 类型的参数总是安全的。

4.7.5 限定通配类型

在此考虑一个能够绘制矩形或圆的应用程序,为了在程序中表示形状,用户可以定义下面的类层次:

```
public abstract class Shape {
public abstract void draw(Canvas c);
}
public class Circle extends Shape {
private int x, y, radius;
public void draw(Canvas c) {
...
}
}
public class Rectangle extends Shape {
private int x, y, width, height;
public void draw(Canvas c) {
```

```
...
  }
}
```

这些图形可以画在画布上,画布类的定义如下:

```
public class Canvas {
public void draw(Shape s) {
s.draw(this);
  }
}
```

通常需要绘制多个形状。假设它们用一个 List 表示,在 Canvas 类中定义一个 drawAll()方法会很方便,例如:

```
public void drawAll(List < Shape > shapes) {
for (Shape s: shapes) {
s.draw(this);
  }
}
```

现在,按照类型规则传递给 drawAll()方法的只能是类型为 Shape 的 List,而不能传递类型是 Circle 的 List。由于用户希望该方法能够接受的类型是任何 Shape 的 List,可以重新定义上面的方法实现这一点,例如:

```
public void drawAll(List <? extends Shape > shapes) {
...
  }
```

这里,仅把 List<Shape>替换成 List<? extends Shape>。现在,drawAll()方法就可以接受元素类型是 Shape 子类型的任何 List 了,即用户可以将 List<Circle>类型的对象传递给该方法。

List<? extends Shape>就是一个限定通配类型(bounded wildcard)的例子。这里的?仍然表示未知的类型,但这种类型必须是 Shape 类型或 Shape 类型的子类型。我们说,Shape 是通配类型的上限。

4.7.6 泛型方法

假设编写一个带有对象数组和一个集合参数的方法,实现将数组中的对象复制到集合对象中的功能,可以按下面编写该方法:

```
static void fromArrayToCollection(Object[] a, Collection<?> c) {
for (Object o : a) {
c.add(o);                                        //产生编译错误
  }
}
```

这里,尽管使用了 Collection<? >,该方法也不能正常工作。在"c.add(o);"语句中会产生编译错误,因为不能将对象放入未知类型的集合中。

解决该问题的办法是使用泛型方法。和类型声明一样,方法也可以声明为泛型的,即对一个或多个类型参数参数化。下面是正确的方法声明:

```
static <T> void fromArrayToCollection(T[] a, Collection<T> c) {
for (T o : a) {
c.add(o);                                        //正确
}
}
```

现在就可以用该方法了,只要数组元素的类型是集合元素的子类型即可,例如:

```
Object[] oa = new Object[100];
Collection<Object> co = new ArrayList<Object>();
fromArrayToCollection(oa, co);                   //T 被看作 Object 类型
String[] sa = new String[100];
Collection<String> cs = new ArrayList<String>();
fromArrayToCollection(sa, cs);                   //T 被看作 String 类型
fromArrayToCollection(sa, co);                   //T 被看作 Object 类型
Integer[] ia = new Integer[100];
Float[] fa = new Float[100];
Number[] na = new Number[100];
Collection<Number> cn = new ArrayList<Number>();
fromArrayToCollection(ia, cn);                   //T 被看作 Number 类型
fromArrayToCollection(fa, cn);                   //T 被看作 Number 类型
fromArrayToCollection(na, cn);                   //T 被看作 Number 类型
fromArrayToCollection(na, co);                   //T 被看作 Object 类型
fromArrayToCollection(na, cs);                   //产生编译错误
```

最后一行的调用会产生编译错误,因为 na 的元素类型不是 cs 元素类型的子类型。注意,用户不必向泛型方法传递实际类型参数,编译器会根据实际参数的类型推断类型参数。

这样会产生一个问题,即何时使用泛型方法,何时使用通配类型? 如果要回答这个问题,首先要看几个 Collection 库中的方法。

```
interface Collection<E> {
public boolean containsAll(Collection<?> c);
public boolean addAll(Collection<? extends E> c);
}
```

用户可以使用泛型方法来定义,例如:

```
interface Collection<E> {
public <T> boolean containsAll(Collection<T> c);
public <T extends E> boolean addAll(Collection<T> c);
//Hey, type variables can have bounds too!
}
```

泛型方法和通配类型还可以同时使用,例如 Cpllections 类的 copy()方法的定义如下:

```
class Collections {
public static <T> void copy(List<T> dest, List<? extends T> src) {
...
}
```

注意：两个参数之间的类型依赖关系。从源表 src 中复制的任何对象必须可以赋值给目标表 dest 的类型 T 的元素，因此，src 的元素类型可以是 T 的任何子类型。

用户可以重写该方法而不使用通配类型，例如：

```
class Collections {
public static <T, S extends T> void copy(List<T> dest, List<S> src) {
…
}
```

习题 4

1. 什么是接口？为什么要定义接口？
2. 内部类的使用和外部类有何不同？
3. 异常是什么？简述 Java 的异常处理机制。
4. throw 和 throws 语句有什么不同？
5. 简述 Java 的集合框架。
6. 创建 Student 类，定义若干个 Student 类型的对象，利用 List 对象进行增、删、改、查操作。

第5章

输入与输出流

5.1 Java 的输入与输出流类库

大多数的应用程序都需要与外部设备进行数据交换,最常见的外部设备包含磁盘和网络。I/O 就是指应用程序对这些设备的数据输入与输出,在程序中,键盘被用作文件输入,显示器被用作文件输出。Java 语言定义了许多类专门负责各种方式的输入与输出,这些类都被放在 java.io 包中。

5.1.1 什么是 Java 流

流(Stream)是字节的源或目的,例如自来水公司的管道。流是指计算机各部件之间的数据流动,按照数据的传输方向,流可以分为输入流和输出流。

两种基本的流是输入流(Input Stream)和输出流(Output Stream)。用户可以从中读出一系列字节的对象称为输入流,能向其中写入一系列字节的对象称为输出流,如图 5-1 所示。

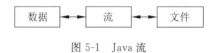

图 5-1　Java 流

(1) 节点流:从特定的地方读/写的流类,例如磁盘或一块内存区域。

(2) 过滤流:使用节点流作为输入或输出。过滤流是使用一个已经存在的输入流或输出流连接创建的。过滤流是在节点流的基础上提供更丰富的方法完成对数据处理的进一步增强,如图 5-2 所示。

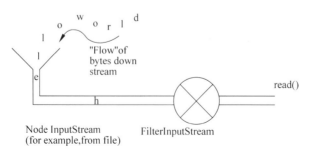

图 5-2　节点流与过滤流

5.1.2　输入与输出流类库

为了方便流的处理,Java 语言的流类都封装在 java.io 包中,所以要使用这些流类必须导入 java.io 包,在该包中每一个类代表一种特定的输入与输出流。这些流来完成各种不同的功能,用户通过输入与输出流类可以将各种格式的数据均作为流来处理,使得 Java 程序对数据的读/写更为一致。根据输入与输出数据类型的不同,输入与输出流分为两种,即字节流(byte stream)和字符流(character stream),它们处理信息的单位分别是字节和字符。前者一次处理 8 个字节,后者一次处理 16 个字节。

在 java.io 包中有 4 个基本类,即 InputStream、OutputStream、Reader、Writer 类,它们分别处理字节流和字符流。

定义在 java.io 包中的输入与输出字节流类的层次结构如图 5-3 和图 5-4 所示。

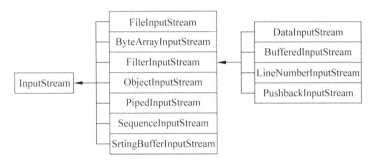

图 5-3　字节输入流的层次结构

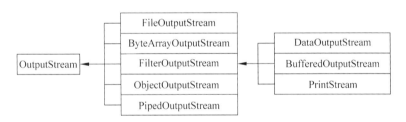

图 5-4　字节输出流的层次结构

5.1.3　文件与文件夹的管理

File 类是 I/O 包中唯一代表磁盘文件本身的对象,File 类定义了一些与平台无关的方法来操纵文件,通过调用 File 类提供的各种方法能够完成创建、删除、重命名文件,判断文件的读/写权限及是否存在,设置和查询文件的最近修改时间等操作。

Java 能正确地处理 UNIX 和 Windows/DOS 约定的路径分隔符。如果在 Windows 版本的 Java 下用斜线(/),路径处理依然正确。记住,如果使用 Windows/DOS 的反斜线(\)的约定,需要在字符串内使用它的转义序列(\\)。Java 约定是用 UNIX 和 URL 风格的斜线来作为路径分隔符。

下面的构造方法可以用来生成 File 对象:

File(String directoryPath)

这里,directoryPath 是文件的路径名。

File 定义了很多获取 File 对象标准属性的方法。例如,getName()用于返回文件名,getParent()返回父目录名,exists()方法在文件存在的情况下返回 true,否则返回 false。然而 File 类是不对称的,意思是虽然存在可以验证一个简单文件对象属性的很多方法,但是没有相应的方法来改变这些属性。下面的例子说明了 File 的几个方法:

```java
//FileDemo.java
import java.io. * ;
 public class FileDemo
{
public static void main(String[] args)
{
File f = new File("c:\\1.txt");
if(f.exists())
f.delete();
else
try
{
f.createNewFile();
}
catch(Exception e)
{
System.out.println(e.getMessage());
}
//getName()方法,取得文件名
System.out.println("文件名: " + f.getName());
//getPath()方法,取得文件路径
System.out.println("文件路径: " + f.getPath());
//getAbsolutePath()方法,得到绝对路径名
System.out.println("绝对路径: " + f.getAbsolutePath());
//getParent()方法,得到父文件夹名
System.out.println("父文件夹名称: " + f.getParent());
//exists(),判断文件是否存在
System.out.println(f.exists()?"文件存在":"文件不存在");
//canWrite(),判断文件是否可写
System.out.println(f.canWrite()?"文件可写":"文件不可写");
//canRead(),判断文件是否可读
System.out.println(f.canRead()?"文件可读":"文件不可读");
//isDirectory(),判断是否是目录
System.out.println(f.isDirectory()?"是":"不是" + "目录");
//isFile(),判断是否是文件
System.out.println(f.isFile()?"是文件":"不是文件");
//isAbsolute(),判断是否是绝对路径名
System.out.println(f.isAbsolute()?"是绝对路径":"不是绝对路径");
//lastModified(),得到文件最后的修改时间
System.out.println("文件最后修改时间: " + f.lastModified());
//length(),得到文件的长度
}
```

```
System.out.println("文件大小: " + f.length() + " Bytes");
}
```

输出结果:

```
文件名: 1.txt
文件路径: c:\1.txt
绝对路径: c:\1.txt
父文件夹名称: c:\
文件存在
文件可写
文件可读
不是目录
是文件
是绝对路径
```

5.2　基本 InputStream 和 OutputStream 流类

5.2.1　基本输入与输出流

下面介绍几种基本的输入与输出流。

（1）FileInputStream 和 FileOutputStream: 节点流, 用于从文件中读取或向文件中写入字节流。如果在构造 FileOutputStream 时文件已经存在, 则覆盖这个文件。

（2）BufferedInputStream 和 BufferedOutputStream: 过滤流, 需要使用已经存在的节点流来构造, 提供带缓冲的读/写, 提高了读/写的效率。

（3）DataInputStream 和 DataOutputStream: 过滤流, 需要使用已经存在的节点流来构造, 提供了读/写 Java 中的基本数据类型的功能。

5.2.2　基本输入与输出流的应用举例

```
//FileInputStream 和 FileOutputStream 应用实例:Fileinout.java
import java.io. * ;
class Fileinout
{
    public static void main(String[ ] args) throws Exception
    {
        File f = new File("1.txt");
        FileOutputStream fos = new FileOutputStream(f);
        fos.write("你们好!ddddddd".getBytes());
        fos.close();
        FileInputStream fis = new FileInputStream("1.txt");
        byte[ ] buf = new byte[100];
        int len = fis.read(buf);
        //int lenn = len - 10;
        System.out.println(new String(buf,0,len));
        fis.close();

    }
```

```
    }
//BufferedInputStream 和 BufferedOutputStream 应用实例：FileBufferinout.java
import java.io.*;
class FileBufferinout
{
    public static void main(String[] args) throws Exception
    {

        FileOutputStream fos = new FileOutputStream("1.txt");
        BufferedOutputStream bos = new BufferedOutputStream(fos);
        bos.write("http://www.sohu.com".getBytes());
        bos.flush();
        bos.close();
        FileInputStream fis = new FileInputStream("1.txt");
        BufferedInputStream bis = new BufferedInputStream(fis);
        byte[] buf = new byte[100];
        int len = bis.read(buf);
        System.out.println(new String(buf,0,len));
        bis.close();

    }
}
//DataInputStream 和 DataOutputStream 应用实例：FileDatainout.java
import java.io.*;
class FileDatainout
{
    public static void main(String[] args) throws Exception
    {
        File f1 = new File("1.txt");
        FileOutputStream fos = new FileOutputStream(f1);
        BufferedOutputStream bos = new BufferedOutputStream(fos);
        //DataOutputStream dos = new DataOutputStream(fos);
        DataOutputStream dos = new DataOutputStream(bos);
        byte b = 3;
        int i = 78;
        char ch = 'a';
        float f = 4.5f;
        dos.writeByte(b);
        dos.writeInt(i);
        dos.writeChar(ch);
        dos.writeFloat(f);
        dos.write("http://www.mybole.com.cn".getBytes());
        dos.flush();
        dos.close();

        FileInputStream fis = new FileInputStream(f1);
        BufferedInputStream bis = new BufferedInputStream(fis);
        DataInputStream dis = new DataInputStream(bis);
        System.out.println(dis.readByte());
        System.out.println(dis.readInt());
        System.out.println(dis.readChar());
        System.out.println(dis.readFloat());
        byte[] buf = new byte[100];
        int len = bis.read(buf);
```

```
        System.out.println(new String(buf,0,len));
        bis.close();

    }
}
```

5.3　Reader 和 Writer 流类

    Java 的 I/O 库提供了一个称为链接的机制,可以将一个流和另一个流首尾相接,形成一个流管道的链接。通过流的链接,可以动态地增加流的功能,而这种功能的增加是通过组合一些流的基本功能动态获取的。如果要获取并操作一个 I/O 对象,往往需要产生多个 I/O 对象,这也是 Java I/O 库不太容易掌握的原因,但它给用户提供了实现上的灵活性,如图 5-5 所示。

Input Stream Chain

Output Stream Chain

图 5-5　流的链接机制

5.3.1　使用 Reader 和 Writer 读取文件

    Java 语言使用 Unicode 来表示字符串和字符。Reader 和 Writer 这两个抽象类主要用来读/写字符流。定义在 java.io 包中的输入与输出字符流类的层次结构如图 5-6 和图 5-7 所示。

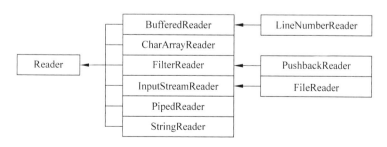

图 5-6　字符输入流的层次结构

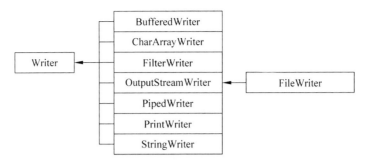

图 5-7　字符输出流的层次结构

5.3.2　使用 BufferedReader 和 BufferedWriter 写文件

//BufferedReader 和 BufferedWriter 应用实例：StreamTest.java

```
import java.io. * ;
class StreamTest
{
    public static void main(String[ ] args) throws Exception
    {
        FileOutputStream fos = new FileOutputStream("1.txt");
        OutputStreamWriter osw = new OutputStreamWriter(fos);
        BufferedWriter bw = new BufferedWriter(osw);
        bw.write("你们好!dddddd");
        bw.close();
        / * FileOutputStream fos = new FileOutputStream("1.txt");
        BufferedOutputStream bos = new BufferedOutputStream(fos);
        bos.write("http://www.sohu.com".getBytes());
        bos.flush();
        bos.close(); * /
        FileInputStream fis = new FileInputStream("1.txt");
        InputStreamReader isr = new InputStreamReader(fis);
        BufferedReader br = new BufferedReader(isr);
        String strLine;
        strLine = br.readLine();
        System.out.println(strLine);
        br.close();
        / * FileInputStream fis = new FileInputStream("1.txt");
        BufferedInputStream bis = new BufferedInputStream(fis);
        byte[ ] buf = new byte[100];
        int len = bis.read(buf);
        System.out.println(new String(buf,0,len));
        bis.close(); * /
    }
}
```

上述例子中各个流的链接关系如图 5-8 所示。

Input Stream Chain

Output Stream Chain

图 5-8 各个流的链接关系

习题 5

1. 什么是文件的输入与输出？

2. 什么是流？Java 中分为哪两种流？这两种流有什么差异？

3. InputStream、OutputStream、Reader 和 Writer 类在功能上有什么不同？

4. 利用基本输入与输出流实现从键盘上读入一个字符，然后显示在屏幕上。

5. 顺序输入与输出流和管道输入与输出流有什么区别。

6. 利用文件输出流创建一个文件 file.txt，读出其内容并显示在屏幕上。

7. 利用文件输入与输出流打开上一题创建的 file.txt，然后在文件的末尾加上一句话。

第6章

多线程机制与网络编程

6.1 多线程机制

Java 是少数几种支持"多线程"的语言之一，大多数程序语言只能运行单独一个程序块，无法同时运行不同的多个程序块。Java 的"多线程"恰好可弥补这个缺憾，它可以让不同的程序块一起运行，如此一来可以让程序运行得更为顺畅，同时也可以达到多任务处理的目的。

6.1.1 什么是线程

进程是程序的一次动态执行过程，它经历了从代码加载、执行到执行完毕的一个完整过程，这个过程也是进程本身从产生、发展到最终消亡的过程。多进程操作系统能同时运行多个进程（程序），由于 CPU 具有分时机制，所以每个进程都能循环获得自己的 CPU 时间片。由于 CPU 的执行速度非常快，使得所有程序好像是在"同时"运行一样。

线程是比进程更小的执行单位，线程是进程内部单一的一个顺序控制流。所谓多线程是指一个进程在执行过程中可以产生多个线程，这些线程可以同时存在、同时运行，形成多条执行线索。一个进程可能包含了多个同时执行的线程。在传统的程序语言中，运行的顺序总是顺着程序的流程来走，遇到 if-else 语句就加以判断，遇到 for、while 等循环就会多绕几个圈，最后程序还是按照一定的流程走，且一次只能运行一个程序块。Java 的"多线程"打破了这种传统的束缚。所谓的线程（Thread）是指程序的运行流程，"多线程"的机制则是指可以同时运行多个程序块，使程序运行的效率变得更高，也可克服传统程序语言无法解决的问题。例如，有些包含循环的线程可能要使用比较长的一段时间来运算，此时便可让另一个线程来做其他的处理。

本节将用一个简单的程序说明单一线程与多线程的不同。ThreadDemo9_1.java 是单一线程的范例，其程序代码的编写方法与前几节的程序代码并没有什么不同。

```
//应用实例：ThreadDemo9_1.java
public class ThreadDemo9_1
{
public static void main(String args[])
{
new TestThread().run();
//循环输出
```

```
for(int i = 0;i < 10;i++)
{
System.out.println("main 线程在运行");
}
}
}
class TestThread
{
public void run()
{
for(int i = 0;i < 10;i++)
{
System.out.println("TestThread 在运行");
}
}
}
```

输出结果：

```
TestThread 在运行
TestThread 在运行
TestThread 在运行
TestThread 在运行
TestThread 在运行
TestThread 在运行
TestThread 在运行
TestThread 在运行
TestThread 在运行
TestThread 在运行
main 线程在运行
main 线程在运行
main 线程在运行
main 线程在运行
main 线程在运行
main 线程在运行
main 线程在运行
main 线程在运行
main 线程在运行
main 线程在运行
```

程序说明：

（1）在 TestThread 中定义了 run()方法，用循环输出 10 个连续的字符串。

（2）ThreadDemo9_1 中创建 TestThread 对象之后调用 run()方法，输出"TestThread 在运行"，最后执行 main 方法中的循环，输出"main 线程在运行"。

从本例可以看出，要想运行 main 方法中的循环，必须要等 TestThread 类中的 run()方法执行完之后才可以运行，这便是单一线程的缺陷。在 Java 中，是否可以同时运行两个 for 循环，使得"main 线程在运行"和"TestThread 在运行"交错输出呢？答案是肯定的，其方法是在 Java 中激活多个线程。

那么，应该如何激活线程呢？

如果在类中要激活线程,必须先做好下面两个准备:

(1) 线程必须扩展自 Thread 类,使自己成为它的子类。

(2) 线程的处理必须编写在 run()方法内。

6.1.2　Thread 类

Thread 存放在 java. lang 类库中,但并不需要加载 java. lang 类库,因为它会自动加载。此外,run()方法是定义在 Thread 类中的一个方法,因此把线程的程序代码编写在 run()方法内,事实上所做的就是覆盖的操作。因此要使一个类可激活线程,必须按照下面的语法来编写:

```
class 类名称 extends Thread                               //从 Thread 类扩展出子类
{
属性
方法 …
修饰符 run()
    {
    //复写 Thread 类中的 run()方法
    以线程处理的程序;
    }
}
```

接下来按照上述语法重新编写 ThreadDemo9_1,使它可以同时激活多个线程:

```
//应用实例: 修改后的 ThreadDemo9_1.java
public class ThreadDemo9_1
{
public static void main(String args[ ])
{
new TestThread().start();          //调用 Thread 类中的 start()方法,实际上是调用 run()方法
//循环输出
for(int i = 0;i < 10;i++)
{
System.out.println("main 线程在运行");
}
}
}

class TestThread extends Thread
{
    public void run()
    {
        for(int i = 0;i < 10;i++)
        {
        System.out.println("TestThread 在运行");
        }
    }
}
```

输出结果:

```
main 线程在运行
TestThread 在运行
main 线程在运行
TestThread 在运行
main 线程在运行
TestThread 在运行
main 线程在运行
TestThread 在运行
main 线程在运行
…
```

从运行结果可以发现,两行输出是交替进行的,也就是说,程序是采用多线程机制运行的。与之前的程序相比,修改后的程序的 TestThread 类继承了 Thread 类,调用的不再是 run()方法,而是 start()方法。所以,要启动线程必须调用 Thread 类中的 start()方法,而调用了 start()方法,也就是调用了 run()方法。

6.1.3　Runnable 接口

从前面的章节中读者应该已经了解到 Java 程序只允许单一继承,即一个子类只能有一个父类,所以在 Java 中如果一个类继承了某一个类,同时又想采用多线程技术,不能用 Thread 类产生线程,因为 Java 不允许多继承,这时就要用 Runnable 接口来创建线程了。其语法结构如下:

```
class 类名称 implements Runnable//实现 Runnable 接口
{
    属性
    方法 …
    修饰符 run()
    {
        //复写 Thread 类中的 run()方法
        以线程处理的程序;
    }
}
//应用实例: ThreadDemo9_2.java
public class ThreadDemo9_2
{
public static void main(String args[])
{
TestThread t = new TestThread() ;
new Thread(t).start();
//循环输出
for(int i = 0;i < 10;i++)
{
System.out.println("main 线程在运行");
}
}
}
class TestThread implements Runnable
{
```

```
public void run()
{
for(int i = 0;i < 10;i++)
{
System.out.println("TestThread 在运行");
}
}
}
```

输出结果：

```
main 线程在运行
TestThread 在运行
main 线程在运行
TestThread 在运行
main 线程在运行
TestThread 在运行
main 线程在运行
TestThread 在运行
main 线程在运行
TestThread 在运行
main 线程在运行
TestThread 在运行
main 线程在运行
TestThread 在运行
main 线程在运行
TestThread 在运行
main 线程在运行
TestThread 在运行
main 线程在运行
TestThread 在运行
```

程序说明：

（1）程序 TestThread 类实现了 Runnable 接口,同时复写了 Runnable 接口之中的 run()方法,也就是说此类为一个多线程实现类。

（2）程序实例化一个 TestThread 类的对象。

（3）程序通过 TestThread 类（Runnable 接口的子类）实例化一个 Thread 类的对象,之后调用 start()方法启动多线程。

6.1.4　线程的同步

下面来看一个启用多线程卖票程序的实例：

```
//卖票应用实例：Testthread.java
class Testthread implements Runnable
{
    int tickets = 20;
    public void run()
    {
     while(true)
```

```
            { if(tickets > 0)
            {
                System.out.println("run:" + Thread.currentThread().getName() + "
sales ticket" + tickets -- );
}
            }
    }
}
//Threadticket.java: 测试卖票
class Threadticket
{
    public static void main(String[] args)
    {
    Testthread th = new Testthread();
        Thread tt = new Thread(th);
     Thread tt1 = new Thread(th);
     Thread tt2 = new Thread(th);
     Thread tt3 = new Thread(th);
     tt.start();
     tt1.start();
        tt2.start();
        tt3.start();
    }
}
```

上述程序的运行结果如下：

```
run:Thread - 0 sales ticket 20
run:Thread - 0 sales ticket 19
run:Thread - 0 sales ticket 18
run:Thread - 0 sales ticket 17
run:Thread - 0 sales ticket 16
run:Thread - 1 sales ticket 15
run:Thread - 1 sales ticket 14
run:Thread - 1 sales ticket 13
run:Thread - 3 sales ticket 12
run:Thread - 3 sales ticket 11
run:Thread - 3 sales ticket 10
run:Thread - 3 sales ticket 9
run:Thread - 3 sales ticket 8
run:Thread - 2 sales ticket 7
run:Thread - 2 sales ticket 6
run:Thread - 2 sales ticket 5
run:Thread - 2 sales ticket 4
run:Thread - 2 sales ticket 3
run:Thread - 2 sales ticket 2
run:Thread - 2 sales ticket 1
```

在上述卖票程序中启动了 4 个线程共卖票 20 张，输出结果为 4 个线程交替卖票，并且每次运行的输出结果不同。在上述卖票程序中，极有可能碰到一种意外，就是同一个票号被打印两次或多次，也可能出现打印出的票号为 0 或者是负数的情况，这个意外出现的原因出现在下面这部分代码中：

```
if(tickets > 0)
System.out.println("run:" + Thread.currentThread().getName() + "sales ticket" + tickets --);
```

假设 tickets 的值为 1 的时候，线程 1 刚执行完 if(tickets>0)这行代码，正准备执行下面的代码，就在这时，操作系统将 CPU 切换到了线程 2 上执行，此时 tickets 的值仍为 1，线程 2 执行完上面两行代码，tickets 的值变为 0 后，CPU 又切回到了线程 1 上执行，线程 1 不会再执行 if(tickets>0)这行代码，因为之前已经比较过了，并且比较的结果为真，线程 1 将直接往下执行这行代码：

```
System.out.println("run:" + Thread.currentThread().getName() + "sales ticket" + tickets --);
```

但此时 tickets 的值已变为 0，屏幕上打印出的将是 0。如果想立即看到这种意外，可以用在程序中调用 Thread.sleep()静态方法来刻意造成线程间的这种切换，Thread.sleep()方法会迫使线程执行到该处后暂停执行，让出 CPU 给其他线程，在指定的时间（这里是毫秒）后，CPU 回到刚才暂停的线程上执行。修改完的 TestThread 代码如下：

```java
//修改后的卖票应用实例：Testthread.java
class Testthread implements Runnable
{
    int tickets = 20;
    public void run()
    {
     while(true)
        { if(tickets > 0)
        {
            try{
            Thread.sleep(100);
            }
            catch(Exception e){}
            System.out.println("run:" + Thread.currentThread().getName() + "
sales ticket" + tickets --);
}
        }
    }
}
//Threadticket.java: 修改后测试卖票
class Threadticket
{
    public static void main(String[] args)
    {
    Testthread th = new Testthread();
        Thread tt = new Thread(th);
     Thread tt1 = new Thread(th);
     Thread tt2 = new Thread(th);
     Thread tt3 = new Thread(th);
    tt.start();
    tt1.start();
        tt2.start();
```

```
        tt3.start();
    }
}
```

从运行结果可以发现,票号被打印出了负数,这就说明有同一张票被卖了 4 次的意外发生。这种意外问题的解决就是本节要讲解的"线程安全"问题。造成这种意外的根本原因是因为资源数据访问不同步。那么应该如何去解决这个问题呢? 解决这个问题的关键是下面要引入"同步"的概念。如何避免上面这种意外出现呢? 如何保证开发出的程序是线程安全的呢? 这就是下面要为读者讲解的如何实现线程间的同步问题。要解决上面的问题,必须保证下面这段代码的原子性:

```
if(tickets > 0)
System.out.println("run:" + Thread.currentThread().getName() + "sales ticket" + tickets -- );
```

即当一个线程运行到 if(tickets>0)后,CPU 不去执行其他线程中的、可能影响当前线程中的下一句代码的执行结果的代码块,必须等到下一句执行完后才去执行其他线程中的有关代码块。这段代码就好比一座独木桥,在任何时刻,都只能有一个人在桥上行走,在程序中不能有多个线程同时在这两句代码之间执行,这就是线程同步。在 Java 中有两种保证同步的方法,分别是使用同步代码块和同步方法,下面分别举例说明。

同步代码块定义语法:

```
    …
    synchronized(对象)
    {
    需要同步的代码 ;
    }
```

//同步代码块卖票应用实例: Testthread. java
```
class Testthread implements Runnable
{
    int tickets = 20;
    public void run()
    {
     while(true)
        {
        synchronized(this)
        {
        if(tickets > 0)
        {
            try{
            Thread.sleep(100);
            }
            catch(Exception e){}
            System.out.println("run:" + Thread.currentThread().getName() +
                                        "sales ticket" + tickets -- );
        }
        }
        }
    }
}
```

```
//Threadticket.java: 加入同步代码块后测试卖票
class Threadticket
{
    public static void main(String[ ] args)
    {
    Testthread th = new Testthread();
        Thread tt = new Thread(th);
     Thread tt1 = new Thread(th);
     Thread tt2 = new Thread(th);
     Thread tt3 = new Thread(th);
     tt.start();
     tt1.start();
        tt2.start();
        tt3.start();
    }
}
```

在上面的代码中,程序将需要具有原子性的代码放入 synchronized 语句内,形成了同步代码块。在同一时刻只能有一个线程可以进入同步代码块内运行,只有当该线程离开同步代码块后,其他线程才能进入同步代码块内运行。

除了可以对代码块进行同步外,还可以对函数实现同步,只要在需要同步的函数定义前加上 synchronized 关键字即可。

同步方法定义语法:

```
访问控制符 synchronized 返回值类型 方法名称(参数)
{
…;
}
```

```
//加入同步方法卖票应用实例: Testthread.java
class Testthread implements Runnable
{
    int tickets = 20;
    public void run()
    {
     while(true)
        {
        sale();
        }
    }
    public synchronized void sale()
    {
        if(tickets > 0)
        {
            Try
            {
            Thread.sleep(100);
            }
            catch(Exception e){}
            System.out.println("run:" + Thread.currentThread().getName() +
                                            "sales ticket" + tickets -- );
```

```
      }
    }
}
//Threadticket.java: 用同步方法测试卖票
class Threadticket
{
    public static void main(String[] args)
    {
    Testthread th = new Testthread();
        Thread tt = new Thread(th);
     Thread tt1 = new Thread(th);
     Thread tt2 = new Thread(th);
     Thread tt3 = new Thread(th);
     tt.start();
     tt1.start();
        tt2.start();
        tt3.start();
    }
}
```

可见,编译运行后的结果和上面同步代码块方式的运行结果完全一样,也就是说,在方法定义前使用 synchronized 关键字也能够很好地实现线程间的同步。在同一个类中,使用 synchronized 关键字定义的若干方法,可以在多个线程之间同步,当有一个线程进入了由 synchronized 修饰的方法时,其他线程就不能进入同一个对象使用 synchronized 来修饰的所有方法,直到第一个线程执行完它所进入的 synchronized 修饰的方法为止。

6.2 网络编程

6.2.1 网络的基本概念

在 IP 网络中,每台主机都必须有一个唯一的 IP 地址,IP 地址是一个逻辑地址,因特网上的 IP 地址具有全球唯一性,通常用 32 位,4 个字节来表示,常用点分十进制的格式表示,例如:192.168.0.16,如图 6-1 所示。

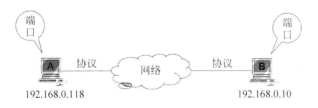

图 6-1　网络概念图

端口是一种抽象的软件结构。应用程序通过系统调用与某端口建立连接(binding)后,传给该端口的数据都被相应的进程接收,相应进程数据都通过该端口输出。端口用一个整数型标识符来表示,即端口号。端口号相互独立,端口通常称为协议端口(protocol port),简称端口。

端口使用一个 16 位的数字来表示,它的范围是 $0 \sim 65\,535$,1024 以下的端口号留给预定义的服务。例如,http 使用 80 端口。

6.2.2 Socket

Socket 是网络上运行的两个程序间双向通信的一端,它既可以接受请求,也可以发送请求,利用它可以比较方便地编写网络上数据的传递。在 Java 中有专门的 Socket 类来处理用户的请求和响应,利用 Socket 类的方法,就可以实现两台计算机之间的通信。本节介绍在 Java 中如何利用 Socket 进行网络编程。

在 Java 中,Socket 可以理解为客户端或者服务器端的一个特殊对象,这个对象有两个关键的方法,一个是 getInputStream()方法,另一个是 getOutputStream()方法。getInputStream()方法可以得到一个输入流,客户端的 Socket 对象上的 getInputStream()方法得到的输入流其实就是从服务器端发回的数据流。getOutputStream()方法得到一个输出流,客户端 Socket 对象上的 getOutputStream()方法返回的输出流就是将要发送到服务器端的数据流(其实是一个缓冲区,暂时存储将要发送过去的数据)。

Sockets 有两种主要的操作方式,即面向连接的和无连接的。面向连接的 Sockets 操作就像一部电话,必须建立一个连接和一人呼叫。所有的事情在到达时的顺序都与它们出发时的顺序一样,无连接的 Sockets 操作就像是一个邮件投递,没有什么保证,多个邮件在到达时的顺序可能与出发时的顺序不一样。

到底用哪种模式是由应用程序的需要决定的。如果可靠性更重要,用面向连接的操作会好一些。比如文件服务器需要数据的正确性和有序性,如果一些数据丢失了,系统的有效性将会失去。又如一些服务器间歇性地发送一些数据块,如果数据丢了,服务器并不想再重新发送一次,因为当数据到达的时候,它可能已经过时了。确保数据的有序性和正确性需要消耗额外的操作的内存,额外的费用将会降低系统的回应速度。

无连接的操作使用数据报协议。一个数据报是一个独立的单元,它包含了所有这次投递的信息。用户可以把它想象成一个信封,它有目的地址和要发送的内容。这个模式下的 Socket 不需要连接一个目的地 Socket,它只是简单地投出数据报。无连接的操作是快速的和高效的,但是数据安全性不佳。

面向连接的操作使用 TCP 协议。一个在这个模式下的 Socket 必须在发送数据之前与目的地的 Socket 取得连接。一旦连接建立了,Sockets 就可以使用一个流接口(打开-读/写-关闭),所有发送的信息都会在另一端以同样的顺序被接收。面向连接的操作比无连接的操作效率更低,但是数据的安全性较高。图 6-2 反映了服务器端和客户端 Socket 的连接过程。

服务器程序的编写:

(1) 调用 ServerSocket(int port)创建一个服务器端套接字,并绑定到指定端口上。

(2) 调用 accept()监听连接请求,如果客户端请求连接,则接受连接,返回通信套接字。

(3) 调用 Socket 类的 getOutputStream()和 getInputStream 获取输出流和输入流,开始网络数据的发送和接收。

(4) 关闭通信套接字。

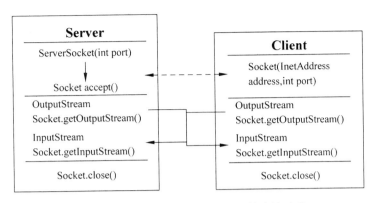

图 6-2　服务器端和客户端 Socket 的连接过程

客户端程序的编写：

（1）调用 Socket()创建一个流套接字，并连接到服务器端。

（2）调用 Socket 类的 getOutputStream()和 getInputStream 获取输出流和输入流，开始网络数据的发送和接收。

（3）关闭通信套接字。

6.2.3　URL 编程

//Lesson91.java: 服务器端 Socket
```java
import java.net. * ;
import java.io. * ;
public class Lesson91
{
public static void main(String[ ] args)
{
server( );
}
public static void server( )
{
try {
ServerSocket ss = new ServerSocket(6000);
Socket s = ss.accept();
String str;
int len = 0;
byte[ ] buf = new byte[100];
BufferedReader br = new BufferedReader(new InputStreamReader(System.in));
OutputStream os = s.getOutputStream();
InputStream is = s.getInputStream();
while(len!= 1)
{
 str = br.readLine();
 os.write(str.getBytes());
len = is.read(buf);
System.out.println(new String(buf,0,len));
}
```

```
os.close();
is.close();
br.close();
ss.close();
s.close();


}
catch (Exception e)
{


}
}
}

//Lesson92.java: 客户端 Socket
import java.net.*;
import java.io.*;
public class Lesson92
{
public static void main(String[] args)
{
 client();
}
 public static void client()
{
try {
Socket s = new Socket(InetAddress.getByName("127.0.0.1"),6000);
BufferedReader br = new BufferedReader(new InputStreamReader(System.in));
OutputStream os = s.getOutputStream();
InputStream is = s.getInputStream();
String str;
int len = 0;
byte[] buf = new byte[100];
while(len!= 1)
{
len = is.read(buf);
System.out.println(new String(buf,0,len));
str = br.readLine();
os.write(str.getBytes());
}
os.close();
is.close();
s.close();
br.close();
}
catch (Exception e)
{


}
}
}
```

习题 6

1. 简述线程的基本概念,并说明程序、进程、线程之间的关系。
2. Java 程序实现多线程有哪些方法?
3. 在什么情况下必须以类实现 Runnable 接口?
4. 什么是线程的同步? 在程序中为什么要实现线程同步? 是如何实现同步的?
5. 什么是 Socket? 它与 TCP/IP 协议有什么关系?
6. 什么是端口号? 服务器端和客户端如何使用端口号?
7. 什么是套接字? 其作用是什么?
8. 编写程序实现两人网上聊天过程。

第7章

操作数据库

7.1 JDBC 简介

DBC(DataBase Connectivity)是 Java 中的数据库连接技术,它由一些 Java 语言编写的类组成,简单来说,JDBC 是访问数据库的一种接口标准。

Java 可以通过 JDBC 访问关系型数据库,Java 程序通过 JDBC 驱动程序执行查询、提取数据等操作,而这些具体的操作必须由 SQL 命令完成。

7.2 JDBC 操作

如果想与数据库建立一个连接,必须做以下两个工作:

(1) 加载驱动程序。

(2) 建立连接。

利用 JDBC 桥访问关系型数据库需要用到 Java. lang. Class 类,调用其 forName( )装载驱动程序,并在数据库及相应的驱动程序之间建立连接。其使用格式如下:

```
Class.forName("公司名.数据库类型.驱动程序名");
```

加载驱动程序:Class. forName("sun. jdbc. odbc. JdbcOdbcDriver");

java. sql. DriverManager 类用于创建连接(驱动程序管理器)。

利用 Connection 类对象创建连接对象:

Connectioncon= DriverManager. getConnection ("jdbc: odbc: driver = { Microsoft Access Driver (* . mdb)};DBQ=物理路径");

Statement 类用于将 SQL 语句发送到数据库,处理数据库中的查询。

创建 Statement 类对象的语句如下:

```
Statement sqlStmt = con.createStatement();
```

应用 Statement 类对象执行 SQL 语句,产生或更新记录集有下面两种方法:

```
executeQuery(sqlString)          //产生一个结果集,例如 SELECT 语句
executeUpdate(sqlString)         //执行 INSERT、UPDATE、DELETE 修改表中的数据
sqlStmt.executeQuery(sqlString)
```

ResultSet 类用于装载数据查询的结果,其方法如下。

- next()：移到下一行。
- previous()：移到前一行。
- afterlast()：移到最后一条记录之后。
- getXXX：获取当前行的某一列的值，XXX 为该字段的类型。
- close()：关闭与数据库的连接，并释放占用的 JDBC 资源。

JSP 与 Access 数据库的连接实例代码如下：

```
Class.forName("sun.jdbc.odbc.JdbcOdbcDriver");
Connection con = DriverManager.getConnection("jdbc:odbc:driver = {Microsoft Access Driver
(*.mdb)};DBQ = d:\\student.mdb");
Statement statementname = con.createStatement();
ResultSet rs = statementname.executeQuery(String_SQL);
```

7.2.1 添加数据

```
//Sqladd.java: 向 Access 数据库添加记录
import java.sql.*;
class Sqladd
{
    public static void main(String[] args)

    {
        try
        {
            String str = "jdbc:odbc:driver = {Microsoft Access Driver
(*.mdb)};DBQ = {Microsoft Access Driver (*.mdb)};DBQ = D:\\student.mdb";
            Class.forName("sun.jdbc.odbc.JdbcOdbcDriver");        //加载驱动程序
            Connection con = DriverManager.getConnection(str);    //建立连接
            Statement statementname = con.createStatement();      //创建 Statement 对象
            ResultSet rs = null;                                  //创建 Resultset 对象
            byte[] number = new byte[10];
            byte[] name = new byte[10];
            byte[] sex = new byte[10];
            byte[] clas = new byte[10];
            byte[] ch = new byte[10];
            byte[] m = new byte[10];
            byte[] p = new byte[10];
            byte[] h = new byte[10];
            int len1,len2,len3,len4,len5,len6,len7,len8;
            System.out.println("输入学号:");
            len1 = System.in.read(number) - 2;
            System.out.println("输入姓名:");
            len2 = System.in.read(name) - 2;
            System.out.println("输入性别:");
            len3 = System.in.read(sex) - 2;
            System.out.println("输入班级:");
            len4 = System.in.read(clas) - 2;
            System.out.println("输入语文成绩:");
            len5 = System.in.read(ch) - 2;
```

```
            System.out.println("输入数学成绩:");
            len6 = System.in.read(m) - 2;
            System.out.println("输入物理成绩:");
            len7 = System.in.read(p) - 2;
            System.out.println("输入化学成绩:");
            len8 = System.in.read(h) - 2;
       String condition = "
INSERT INTO student(sno,name,sex,class,chinese,maths,physics,chemistry)
VALUES('" + new String(number,0,len1) + "','" + new String(name,0,len2) + "','"
+ new String(sex,0,len3) + "','" + new String(clas,0,len4) + "','"
+ new String(ch,0,len5) + "','" + new String(m,0,len6) + "','" + new String(p,0,len7)
+ "','" + new String(h,0,len8) + "')";
statementname.executeUpdate(condition);                        //执行添加操作
rs = statementname.executeQuery("select * from student");
            System.out.println("数据库中的记录为: ");
while(rs.next())
                {
                        System.out.print(rs.getString("sno") + " ");
                        System.out.print(rs.getString("name") + " ");
                        System.out.print(rs.getString("sex") + " ");
                    System.out.print(rs.getString("class") + " ");
                        System.out.print(rs.getString("chinese") + " ");
                        System.out.print(rs.getString("maths") + " ");
                        System.out.print(rs.getString("physics") + " ");
                        System.out.print(rs.getString("chemistry") + " ");
                        System.out.println(" ");
                }
                    rs.close();
                    statementname.close();
                    con.close();
        }
        catch(Exception e)
        {
         System.out.println("请输入正确的 SQL 语句!!");
        }
    }
}
```

7.2.2 删除数据

```
//Sqldelete.java: 对 Access 数据库删除记录
import java.io.*;
import java.sql.*;
class Sqldelete
{
    public static void main(String[] args)

    {
        try
         {
```

```
            String str = "jdbc:odbc:student";
            Class.forName("sun.jdbc.odbc.JdbcOdbcDriver");    //加载驱动程序
            Connection con = DriverManager.getConnection(str); //建立连接
            Statement statementname = con.createStatement();   //创建 Statement 对象
            ResultSet rs = null;                               //创建 Resultset 对象
            System.out.println("输入学号:");
            BufferedReader stdin =
                new BufferedReader(new InputStreamReader(System.in));
                String str1;
                str1 = stdin.readLine();
    String condition = "delete from student where sno = " + "'" + str1 + "'";
    System.out.println(condition);
    statementname.executeUpdate(condition);                   //执行删除操作
rs = statementname.executeQuery("select * from student");
            System.out.println("数据库中的记录为: ");
while(rs.next())
                    {
                            System.out.print(rs.getString("sno") + " ");
                            System.out.print(rs.getString("name") + " ");
                            System.out.print(rs.getString("sex") + " ");
            System.out.print(rs.getString("class") + " ");
                            System.out.print(rs.getString("chinese") + " ");
                            System.out.print(rs.getString("maths") + " ");
                            System.out.print(rs.getString("physics") + " ");
                            System.out.print(rs.getString("chemistry") + " ");
                            System.out.println(" ");
                    }
                    rs.close();
                    statementname.close();
                    con.close();
}
        catch(Exception e)
        {
         System.out.println("请输入正确的 SQL 语句!!");
        }
    }
}
```

7.2.3 修改数据

```
//Sqlupdate.java: 对 Access 数据库修改记录
import java.sql.*;
class Sqlupdate
{
    public static void main(String[] args)
    {
        try
        {
            String str = "jdbc:odbc:driver = {Microsoft Access Driver (*.mdb)};DBQ = driver =
{Microsoft Access Driver (*.mdb)}; DBQ = {Microsoft Access Driver (*.mdb)}; DBQ = D:\\
```

```
student.mdb";
                Class.forName("sun.jdbc.odbc.JdbcOdbcDriver");      //加载驱动程序
                Connection con = DriverManager.getConnection(str);  //建立连接
                Statement statementname = con.createStatement();    //创建 Statement 对象
                ResultSet rs = null;                                //创建 Resultset 对象
                byte[] number = new byte[10];
                byte[] index = new byte[10];
                byte[] value = new byte[10];
                int len1,len2,len3;
                System.out.println("输入要修改的学生学号：");
                len1 = System.in.read(number) - 2;
                System.out.println("输入要修改的学生字段名：");
                len2 = System.in.read(index) - 2;
                System.out.println("输入要修改的学生字段值：");
                len3 = System.in.read(value) - 2;
    String condition =
    "update student set " + new String(index,0,len2) + " = '" + new String(value,0,len3) + "' where
sno = " + "'" + new String(number,0,len1) + "'";
    System.out.println(condition);
    statementname.executeUpdate(condition);                     //执行删除操作
rs = statementname.executeQuery("select * from student");
                System.out.println("数据库中的记录为：");
while(rs.next())
                    {
                            System.out.print(rs.getString("sno") + " ");
                            System.out.print(rs.getString("name") + " ");
                            System.out.print(rs.getString("sex") + " ");
                    System.out.print(rs.getString("class") + " ");
                            System.out.print(rs.getString("chinese") + " ");
                            System.out.print(rs.getString("maths") + " ");
                            System.out.print(rs.getString("physics") + " ");
                            System.out.print(rs.getString("chemistry") + " ");
                            System.out.println(" ");
                        }
                    rs.close();
                    statementname.close();
                    con.close();
    }
        catch(Exception e)
        {
         System.out.println("请输入正确的 SQL 语句!!");
        }
    }
}
```

7.2.4　查询数据

```
//Sqlsel.java: 对 Access 数据库查询记录
import java.sql.*;
class Sqlsel
```

```
{
    public static void main(String[] args)

    {
        try
        {
            //String str = "jdbc:odbc:student";
            String str = "jdbc:odbc:driver = {Microsoft Access Driver ( * .mdb)};DBQ = d:\\
web.mdb";
            Class.forName("sun.jdbc.odbc.JdbcOdbcDriver");              //加载驱动程序
            Connection con = DriverManager.getConnection(str);          //建立连接
            Statement statementname = con.createStatement();           //创建 Statement 对象
            ResultSet rs = null;                                       //创建 Resultset 对象
            rs = statementname.executeQuery("select * from news");     //发送 SQL 语句
            System.out.println("数据库中的记录为: ");
            String s;
            while(rs.next())
            {
                s = rs.getString("bigClassName");
                    if(s.equals("新闻快报"))
                    System.out.println(rs.getString("newsTitle") + " ");
            }
            rs.close();
            statementname.close();
            con.close();
        }
        catch(Exception e)
        {
        System.out.println(e.toString());
        }
    }
}
```

7.3 连接池

　　数据库连接是一种关键的、有限的、昂贵的资源,这一点在多用户的网页应用程序中体现得尤为突出。对数据库连接的管理能显著地影响整个应用程序的伸缩性和健壮性,影响程序的性能指标。数据库连接池正是针对这个问题提出的。数据库连接池负责分配、管理和释放数据库连接,它允许应用程序重复使用一个现有的数据库连接,而不是重新建立一个,通过释放空闲时间超过最大空闲时间的数据库连接来避免由于没有释放数据库连接而引起的数据库连接遗漏,这项技术能明显地提高对数据库操作的性能。

　　数据库连接池在初始化时将创建一定数量的数据库连接放到连接池中,这些数据库连接的数量是由最小数据库连接数来设定的。无论这些数据库连接是否被使用,连接池都将一直保证至少拥有这么多的连接数量。连接池的最大数据库连接数量限定了这个连接池能占有的最大连接数,当应用程序向连接池请求的连接数超过最大连接数时,这些请求将被加入到等待队列中。数据库连接池的最小连接数和最大连接数的设置要考虑下列几个因素。

（1）最小连接数：最小连接数是连接池一直保持的数据库连接，所以如果应用程序对数据库连接的使用量不大，将会有大量的数据库连接资源被浪费。

（2）最大连接数：最大连接数是连接池能申请的最大连接数，如果数据库连接请求超过此数，后面的数据库连接请求将被加入到等待队列中，这会影响之后的数据库操作。

（3）最小连接数与最大连接数相差太大：此时最先的连接请求将会获利，之后超过最小连接数的连接请求等价于建立一个新的数据库连接。不过，这些大于最小连接数的数据库连接在使用完后不会马上被释放，它将被放到连接池中等待重复使用或是空闲超时后被释放。

连接池的基本思想是在系统初始化的时候将数据库连接作为对象存储在内存中，当用户需要访问数据库时，并非建立一个新的连接，而是从连接池中取出一个已建立的空闲连接对象。使用完毕后，用户也并非将连接关闭，而是将连接放回连接池中，供下一个请求访问使用。连接的建立、断开都由连接池自身来管理。同时，用户还可以通过设置连接池的参数来控制连接池中的初始连接数、连接的上/下限数以及每个连接的最大使用次数、最大空闲时间等，也可以通过其自身的管理机制来监视数据库连接的数量、使用情况等。

在 Java 中，开源的数据库连接池有以下几种。

（1）C3P0：C3P0 是一个开放源代码的 JDBC 连接池，它在 lib 目录中与 Hibernate[1]一起发布，包括实现 JDBC3 和 JDBC2 扩展规范说明的 Connection 和 Statement 池的 Data-Sources 对象。

（2）Proxool：Proxool 是一个 Java SQL Driver 驱动程序，提供了对用户选择的其他类型的驱动程序的连接池封装，可以非常简单地移植到现存的代码中，并且完全可配置、快速、成熟、健壮。用户可以透明地为自己现存的 JDBC 驱动程序增加连接池功能。

（3）Jakarta DBCP：Jakarta DBCP 是一个依赖 Jakartacommons-pool 对象池机制的数据库连接池，Jakarta DBCP 可以直接在应用程序中使用。

（4）DDConnectionBroker：DDConnectionBroker 是一个简单的、轻量级的数据库连接池。

（5）DBPool：DBPool 是一个高效的易配置的数据库连接池。它除了支持连接池应有的功能之外，还包括了一个对象池使用户能够开发满足自己需求的数据库连接池。

下面是使用 Hibernate 和 C3P0 配置连接数据库的一个实例：

```
< session - factory >
        < property name = "hibernate. query. factory_class">
        org. hibernate. hql. classic. ClassicQueryTranslatorFactory
        </property>
        < property name = "connection. useUnicode"> true </property>
        < property name = "connection. characterEncoding"> GBK </property>
        < property name = "connection. username"> root </property>
        < property name = "connection. url">
            jdbc:mysql://localhost:3306/hospital?autoReconnect = true
        </property>
        < property name = "dialect">
            org. hibernate. dialect. MySQLDialect
        </property>
        < property name = "myeclipse. connection. profile">
```

```
            com.mysql.jdbc.Driver
        </property>
        < property name = "hbm2ddl.auto"> update </property>
        < property name = "connection.password"></property>
        < property name = "connection.driver_class">
            com.mysql.jdbc.Driver
        </property>
        < property name = "hibernate.show_sql"> false </property><!-- 配置显示 SQL 语句 -->
        <!-- C3P0 配置 -->
        < property name = "hibernate.connection.provider_class">
            org.hibernate.connection.C3P0ConnectionProvider
        </property>
        < property name = "hibernate.C3P0.max_size"> 50 </property>
        < property name = "hibernate.C3P0.min_size"> 2 </property>
        < property name = "hibernate.C3P0.timeout"> 5000 </property>
        < property name = "hibernate.C3P0.max_statements"> 100 </property>
        < property name = "hibernate.C3P0.idle_test_period"> 3000 </property>
        < property name = "hibernate.C3P0.acquire_increment"> 2 </property>
        < property name = "hibernate.C3P0.maxIdleTime"> 1800 </property>
        < property name = "hibernate.C3P0.validate"> true </property>
        <!-- C3P0 配置 -->
</session-factory>
```

习题 7

1. Java 连接数据库的方法有哪些? 它们有什么特点?

2. 什么是连接池技术? 它有什么优点?

3. 设计一个表 student (studentid, studentname, studentpassword, email), 尝试用 Access、SQL Server、MySQL 数据库创建,并用 Java 语言对其进行增、删、改、查操作。

第二部分 Java 与 Web 开发

第 8 章

Web开发的相关技术

本章将引导读者了解 Internet 与 WWW 的发展历程,熟悉 Web 的基本概念、相关技术。互联网的快速发展给人们的工作、学习和生活带来了重大的影响。人们利用互联网的主要方式是通过浏览器访问网站,以便处理数据、获取信息。互联网涉及的技术是多方面的,包括网络技术、数据库技术、面向对象技术、图形图像处理技术、多媒体技术、网络和信息安全技术、互联网技术、Web 开发技术等,其中,Web 开发技术是互联网应用中最为关键的技术之一。

Web 的前身是 1980 年 Tim Berners-Lee 负责的 Enquire(Enquire Within Upon Everything 的简称)项目。1990 年 11 月,第一个 Web 服务器 nxoc01. cern. ch 开始运行,Tim Berners-Lee 在自己编写的图形化 Web 浏览器"World Wide Web"上看到了最早的 Web 页面。目前,与 Web 相关的各种技术标准都由著名的 W3C 组织(World Wide Web Consortium)管理和维护。

8.1 HTML

8.1.1 HTML 概述

Web 服务器又称 WWW 服务器、网站服务器、站点服务器,为用户在 Internet 上搜索和浏览信息提供服务。通常,我们将只充当 Web 服务器的计算机称为 Web 服务器。Web 在提供信息服务之前,所有的信息都必须以文件的方式存放在 Web 服务器用来提供服务的某个文件夹下,其中包含了由超文本标记语言 HTML(Hyper Text Markup Language)组成的文本文件,又称网页文件,或称 Web 页面文件(Web Page)。

当用户通过浏览器在地址栏中输入访问网站的网址时,实际上就是向某个 Web 服务器发出调用某个页面的请求。Web 服务器收到页面的调用请求调出该网页进行相关处理后,传回给访问者所使用的浏览器显示。

Web 信息资源放在 Web 服务器之后,如果要通过浏览器访问某一个网站,用户必须首先在浏览器的地址栏中输入相应的网址,这个地址就是统一资源定位符 URL(Uniform Resource Locators),俗称为网址。URL 字串分成 3 个部分,即协议名称、主机名和文件名(包含路径)。协议名称通常为 http、ftp、file 等。

HTML(HyperText Mark-up Language)即超文本标记语言或超文本标识语言,它是构成网页文档的最基本语言。HTML 文本是由 HTML 命令组成的描述性文本,是解释执行的语言。HTML 标记可以标记文字、图形、动画、声音、表格、链接等。HTML 是互联网的通用语言,其页面具有跨平台的特性,无论用户使用什么类型的计算机或浏览器都可以进行访问。常见的主流浏览器有 Internet Explorer(IE)、Firefox、Opera、Chrome 和 Safari 等,国内的浏览器主要有傲游、搜狗浏览器、QQ 浏览器、360 安全浏览器、百度浏览器、猎豹浏览器等。

下面介绍 HTML 的版本历史。

(1) 超文本置标语言(第一版):在 1993 年 6 月由互联网工程工作小组 (IETF)草案发布(并非标准)。

(2) HTML 2.0:1995 年 11 月作为 RFC 1866 发布,在 2000 年 6 月发布 RFC 2854 之后被宣布过时。

(3) HTML 3.2:1996 年 1 月 14 日 W3C 推荐的标准。

(4) HTML 4.0:1997 年 12 月 18 日 W3C 推荐的标准。

(5) HTML 4.01(微小改进):1999 年 12 月 24 日 W3C 推荐的标准。

(6) ISO/IEC 15445:2000(ISO HTML):2000 年 5 月 15 日发布,基于严格的 HTML 4.01 语法,是国际标准化组织和国际电工委员会的标准。

(7) XHTML 1.0:发布于 2000 年 1 月 26 日,是 W3C 推荐的标准,后来经过修订于 2002 年 8 月 1 日重新发布。

(8) XHTML 1.1:于 2001 年 5 月 31 日发布。

HTML 标准自 1999 年 12 月发布 HTML 4.01 后,后继的 HTML 5 和其他标准被束之高阁,为了推动 Web 标准化运动的发展,一些公司联合起来,成立了一个叫做 Web Hypertext Application Technology Working Group (Web 超文本应用技术工作组,WHATWG) 的组织。WHATWG 致力于 Web 表单和应用程序,而 W3C(World Wide Web Consortium,万维网联盟) 专注于 XHTML 2.0。在 2006 年,双方决定进行合作,来创建一个新版本的 HTML。

HTML 5 草案的前身名为 Web Applications 1.0,于 2004 年被 WHATWG 提出,于 2007 年被 W3C 接纳。HTML 5 的第一份正式草案于 2008 年 1 月 22 日公布。HTML 5 仍处于完善之中,2012 年 12 月 17 日,万维网联盟(W3C)正式宣布凝结了大量网络工作者心血的 HTML 5 规范已经正式定稿。根据 W3C 的发言稿称:"HTML 5 是开放的 Web 网络平台的奠基石。"W3C 在 12 月 21 日之前完成了 HTML 5 规范,按计划将于 2014 年发布 HTML 5 正式标准。然而,大部分浏览器尚不完全支持 HTML 5。本章介绍的是 HTML 4.01。

HTML 文档本身属于文本文件,因此很多文档编辑器都能编写 HTML 源文件,HTML 源文件的扩展名是.htm、.html。常见的文本编辑软件(如 Windows 自带的记事本或写字板)都可以编写 HTML 源文件,微软公司的 Office Word 以及 WPS 也能编写。另外,还有专业的所见即所得软件,使用最多的是 Dreamweaver。

8.1.2　HTML 编码简介

在 HTML 文档中使用各种标记表示各种元素。HTML 标记由一个左尖括号(<)、一

个标记名和一个右尖括号（＞）组成。标记通常成对出现（例如＜H1＞和＜/H1＞），以指出标记作用的范围。结束标记和起始标记相似，只是括号中的标记名以斜杠（/）开头。HTML标记将在下文中列出。

有些元素可能含有属性 attribute，它是包含在起始标记中的附加信息说明。属性总是以名称-值对的形式出现，例如 name＝"value"。属性总是在 HTML 元素的开始标签中规定，不同属性名称-值对之间必须有空格间隔。例如，通过在图像文件中标记＜img＞的属性 src 可以指明一幅图像的地址。

例如＜img src＝"images/baidu. gif" width＝"174" height＝"59" /＞，＜img＞表明在页面中嵌入一张图片，其属性 src 定义了图片为当前目录的子目录 images 下的图片文件 baidu. gif，图片在页面中显示的宽度是属性 width 的值 174px（像素），高度是属性 height 的值 59px（像素）。

虽然大部分标记是成对出现的，但也有一些是单独存在的。这些单独存在的标记称为空标记（Empty Tags），其与法为＜x＞。同样，空标记也可以附加一些属性（Attribute），用来完成某些特殊效果或功能。例如＜hr＞、＜br＞等。W3C 定义的新标准（XHTML 1.0/HTML 4.0）建议空标记应以/结尾，即＜X/＞，如果附加属性则为＜x Attribute ＝"v1"，Attribute 2＝"v2"，…/＞。目前使用的浏览器对于空标记后面是否要加/并没有严格的要求，即在空标记最后加/和不加/不影响其功能。

注意：HTML 不区分大小写，即＜title＞等价于＜TITLE＞或＜TiTlE＞。并非所有的 World Wide Web 浏览器都支持所有的 HTML 标记，如果一个浏览器不支持某个标记，它通常只是忽略之。

HTML 的结构包括头部（Head）、主体（Body）两大部分，其中，头部描述浏览器所需的信息，主体包含所要说明的具体内容。例如：

```
< html >
< head >
< TITLE >一个简单的 HTML 例子</TITLE >
</head >
< body >
< H1 > HTML 容易学习</H1 >
< P>这是第一段</P>
< P>这是第一段</P>
</body >
</html >
```

将这个文件保存为"mypage. html"（注意保存的文件夹位置，例如 D:\web），浏览的方式如下：

（1）启动 IE 浏览器，在浏览器的"文件"菜单中选择"打开"命令，这时会弹出一个对话框，单击"浏览"按钮选择文件，找到刚才创建的文件"mypage. html"，然后打开，在对话框中会有一行地址，例如"D:\web\mypage. html"，单击"确定"按钮，浏览器就会显示这个页面。

（2）直接在浏览器的地址栏中输入 D:\web\mypage. html，然后按回车键浏览。

（3）直接双击文件 mypage. html，用操作系统默认的浏览器浏览。

在 HTML 文件中，用户可以写代码注释，解释说明自己的代码，这样有助于他人更好地理解代码。注释可以写在<!－－和－－>之间(例如<!－－ This is a comment －－>)。浏览器是忽略注释的,HTML 的注释不会在浏览器浏览时显示。

接下来介绍常用的 HTML 标记。

1. 文件结构标记(Document Structure Tags)

此类标记用来标识文件的结构,主要如下。

(1) <html>…</html>:标识 HTML 文件的起始和终止。

(2) <head>…</head>:标识出文件的头部区。此标记可能嵌套<title>标记,表示文档的标题,还可能嵌套< meta http-equiv＝"Content-Type" content＝"text/html;charset＝utf-8"/>,用于定义文档的一些属性,嵌套< style type＝"text/css">. sty01{color:♯66F;}</style>,用于定义 CSS(Cascading Style Sheet 层叠样式表单)等。

(3) <body>…</body>:标识出文件的主体区,此区域内的内容是最终显示在浏览器的编码内容。在<body>的属性中,background 属性用于规定文档的背景图像;bgcolor属性规定文档的背景颜色;alink 属性规定文档中活动链接(active link)的颜色;link 属性规定文档中未访问链接的默认颜色;vlink 属性规定文档中已被访问链接的颜色;text 属性规定 HTML 文档中文本的颜色。

2. 字符格式标记(Character Formatting Tags)

字符格式标记用来改变 HTML 文件中文字的外观,主要如下。

(1) …:粗体字。

(2) <i>…</i>:斜体字。

(3) <font>…</font>:改变字体设置。color 属性定义字的颜色,颜色值可以是预定义的颜色名称,也可以是 rgb 代码的文本颜色(比如 "rgb(255,0,0)"),规定颜色值为十六进制值的文本颜色(比如 "♯ff0000");face 属性指定 font 元素中文本的字体,如需规定若干字体的优先表,请使用逗号将字体名称分开(比如 <font face＝"宋体,楷体,sans-serif" />);size 属性指定文本的大小。

(4) <center>…</center>:对其所包括的文本进行水平居中。

(5) <big>…</big>:加大字号。

(6) <small>…</small>:缩小字号。

3. 区段格式标记(Block Formatting Tags)

此类标记的用途是将 HTML 文件中的某个区段文字以特定格式显示,增加文件的可看度,主要如下。

(1) <title>…</title>:文件题目,嵌套使用在头部标记<head>…</head>中。

(2) <hi>…</hi>:i＝1,2,…,6,网页标题样式,数字越大字号越小。

(3) <hr>:用于产生水平线,它是典型的空标记,最好写成闭合标记形式<hr/>。其属性 noshade 用于指定 hr 元素的颜色呈现为纯色,没有阴影效果;size 指定线条粗细;width 指定线条的水平长度;Align 属性指定水平对齐方式,值包括 center、left、right。

(4)
:强迫文字立刻换行,它是空标记,最好写成闭合标记形式
。

（5）<p>…</p>：定义段落,p元素会自动在其前、后创建一些空白。

（6）<pre>…</pre>：格式化文本,即以 HTML 源代码中文字布局的原始格式显示。

（7）<blockquote>…</blockquote>：区段引用标记。<blockquote>和</blockquote>之间的所有文本都会从常规文本中分离出来,经常会在左、右两边进行缩进(增加外边距)。

4．链接标记（Anchor Tag）

超级链接可以说是 HTML 的灵魂,HTML 通过链接标记整合分散的图片、文字、视频、音频、动画等信息。此类标记的主要用途为标识超文本文件链接(Hypertext Link),标记<a>…</a>用于建立超级链接。

URL 地址有相对地址和绝对地址之分。在用浏览器浏览页面内容时,手工输入的 URL 地址只能为绝对地址,相对地址用于网页文档内部的链接地址。假定 Web 服务器的主目录为 d:\jfhb,存在文件 index.htm,其下有一个子目录 web,存在文件 a.htm,则/web/a.htm 表示相对 URL 地址,等同于 http://219.153.14.22/web/a.htm；a.htm 文档中若存在../index.htm,则表示链接上一级目录下的文件 index.htm,也是 URL 相对地址。

5．列表标记（List Tags）

此类标记用于制作列表,主要如下。

（1）<ul>…</ul>：无编号列表。

（2）<ol>…</ol>：有编号列表。

（3）<li>…</li>：列表项目,嵌套在<ul>…</ul>和<ol>…</ol>标记中定义每一个具体的列表项目的信息。

<ul>、<ol>和<li>有一个共同的属性 type,用来定义列表项目前导符号的样式。<ul>的属性 type 的值可以为 disc、square、circle,<ol>的属性 type 的值可以为 A、a、I、i、1。

下面是一些不常用的标记。

（1）<dl>…</dl>：定义式列表。

（2）<dd>…</dd>：定义项目。

（3）<dt>…</dt>：定义项目。

（4）<dir>…</dir>：目录式列表。

（5）<menu>…</menu>：菜单式列表。

6．表格标记（Table Tags）

此类标记用于制作表格,主要如下。

（1）<table>…</table>：定义表格区段。

（2）<caption>…</caption>：定义表格标题。

（3）<th>…</th>：定义表头。

（4）<tr>…</tr>：定义表格列。

（5）＜td＞…＜/td＞：表格单元格。

7. 表单标记（Form Tags）

此类标记用来制作交互式表单，主要如下。

（1）＜Form＞…＜/form＞：表明表单区段的开始与结束。

（2）＜input＞：产生单行文本框、单选按钮、复选框等。具体产生哪一种表单元素，由 type 的属性决定。

其中：

```
< input type = "text" />  文本框
< input type = "password" />  密码框
< input type = "submit" />  提交按钮
< input type = "reset" />  重置按钮
< input type = "radio" />  单选框
< input type = "checkbox" />  复选框
< input type = "button" />  普通按钮
< input type = "file" />  文件选择控件
< input type = "hidden" />  隐藏框
< input type = "image" />  图片按钮
< textarea >...</textarea >: 多行文本框
```

8. 多媒体标记（Multimedia Tag）

此类标记用来显示图像数据，主要如下。

（1）＜img＞：嵌入图像。

（2）＜embed＞：嵌入多媒体对象。

（3）＜bgsound＞：嵌入背景音乐。

（4）＜object＞：嵌入对象，例如图像、音频、视频、Java Applets、ActiveX、PDF 以及 Flash 等。

8.2 DIV＋CSS

8.2.1 什么是 DIV＋CSS

DIV＋CSS 是一种网页布局方法，这种网页布局方法有别于传统的 HTML 网页设计语言中的表格（Table）定位方式，通过 CSS 样式文件可以将网页的页面内容与表现相分离。CSS（Cascading Style Sheets）层叠样式表用于定义 HTML 元素的显示形式，它是 W3C 推出的格式化网页内容的标准技术。

DIV＋CSS 是网站标准（或称"Web 标准"）中的常用术语之一，通常为了说明与 HTML 网页设计语言中的表格（Table）定位方式的区别。CSS 是英语 Cascading Style Sheets（层叠样式表单）的缩写，它的 div 元素是 HTML（超文本语言）中的一个元素，是标签用来为 HTML 文档内大块（block-level）的内容提供结构和背景的元素。div 的起始标签和结束标签之间的所有内容都是用来构成这个块的，其中所包含元素的特性由 div 标签的属性控制，或者是通过使用样式表格式化这个块进行控制。

随着 Web 2.0 标准化设计理念的普及,国内很多大型门户网站已经纷纷采用 DIV＋CSS 制作方法,从实际应用情况来看,此种方法好于表格制作页面的方法。

如今大部分网站仍然采用表格嵌套内容的方式来制作网站,虽然此方法对于用户来说比较熟悉、比较上手,但是它却阻碍了一种更好的、更有亲和力的、更灵活的,而且功能更强大的网站设计方法——DIV＋CSS。CSS 网页布局的意义体现在以下方面。

(1) 使页面载入速度更快:由于将大部分页面代码写在了 CSS 当中,使得页面的体积容量变得更小。相对于表格嵌套方式,DIV＋CSS 将页面独立成更多的区域,在打开页面的时候逐层加载,而不像表格嵌套那样将整个页面圈在一个大表格里,使得加载速度很慢。

(2) 保持视觉的一致性:以往表格嵌套的制作方法会使页面与页面或者区域与区域之间的显示效果有偏差,而使用 DIV＋CSS 的制作方法将所有页面,或所有区域统一用 CSS 文件控制,这就避免了不同区域或不同页面体现出的效果偏差。

(3) 修改设计时更有效率:由于使用了 DIV＋CSS 制作方法,使内容和结构分离,在修改页面的时候更加容易控制。根据区域内容标记,到 CSS 中找到相应的 id 进行修改,也不会破坏页面其他部分的布局样式,在团队开发中更容易分工合作并减少相互关联性。

DIV＋CSS 的使用要比表格定位复杂得多,尤其是浏览器兼容器问题,会使开发难度大大增加。尽管 DIV＋CSS 具有一定的优势,但现阶段 DIV＋CSS 网站建设存在的问题也比较明显,主要表现在以下方面。

(1) 对于 CSS 的高度依赖使得网页设计变得比较复杂:相对于 HTML 4.0 中的表格布局(Table),CSS＋DIV 尽管不是高不可及,但至少要比表格定位复杂得多。

(2) CSS 文件异常将影响整个网站的正常浏览:如果 CSS 文件调用出现异常,那么整个网站界面将可能变得杂乱不堪。

(3) 对于 CSS 网站设计的浏览器兼容性问题比较突出:虽然 DIV＋CSS 解决了大部分浏览器兼容问题,但是也有部分浏览器使用时出现异常,由于 CSS 中含有丰富的样式,使得页面更加灵活。但是,在跨浏览器开发的时候,在兼容性方面需要格外注意。当然,这些应该是浏览器的问题,但从目前来看,DIV＋CSS 还没有实现所有浏览器的统一兼容。尤其是 CSS 3.0 新标准,兼容性问题更大,用户应尽量使用兼容性强的部分。

8.2.2 DIV＋CSS 基础

＜div＞(division)是一个 HTML 标记,它是一个区块容器标记,即＜div＞与＜/div＞之间相当于一个容器,可以容纳各种 HTML 元素。用户可以把＜div＞与＜/div＞之间的内容视为独立的对象,只要对＜div＞进行控制,其中的各标记元素都会因此而改变。＜div＞是一个块级(block-level)元素,它包围的元素会自动换行。

CSS 是 Cascading Style Sheets(层叠样式表单)的缩写,它是用来表现 HTML 或 XML 等文件样式的一项技术。作为一项 W3C 推荐,CSS1 发布于 1996 年 12 月 17 日,CSS2 发布于 1999 年 1 月 11 日。CSS2 添加了对媒介(打印机和听觉设备)和可下载字体的支持。CSS 目前最新的版本是 CSS3。

CSS 是能够真正做到网页表现与内容分离的一种样式设计语言。相对于传统 HTML 的表现而言,CSS 能够对网页中对象的位置排版进行像素级的精确控制,支持几乎所有的字体、字号样式,拥有对网页对象和模型样式编辑的能力,并能够进行初步交互设计,是目前基于文本展示最优秀的表现设计语言。

用户可以通过以下 3 种方法之一在站点网页上使用样式表:一是外部样式,即将网页链接到外部样式表;二是内页样式,即在网页中通过专用标记嵌入样式表;三是行内样式,即在各个网页元素中直接应用内嵌样式。

按照 CSS 的定义,所有页面中的元素都可以看成一个盒子,占据一定的页面空间。用户可以通过调节盒子的边框和距离等参数来调节盒子的位置。

一个盒子模型由 content(内容)、border(边框)、padding(内边距)、margin(外边距)4 个部分组成。盒子模型中最重要的部分是内容,它是必需的,其他几项都是可选的。例如图 8-1,盒子模型由内至外的顺序如下。

(1) content:内容,可以是文字、图片等。

(2) padding:内边距,也有人称之为空白、内补丁等。

(3) border:边框,border 的属性主要有 3 个,即 color、width、style。

(4) margin:外边距,也可称为边界。

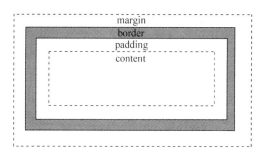

图 8-1　盒子模型

padding 设置的是内容和边框之间的距离,就像一个缓冲带;border 设置内容的边框线的粗细和样式等;margin 设置的是一块内容和另一块内容之间的距离。在使用 CSS 定义盒子模型时,用户只是设置了内容(content)区块的高度和宽度。

float 定位是 CSS 排版中非常重要的手段,它的值可以设置为 left、right 或默认值 none。当设置了元素向左或向右浮动时,元素会向其父元素的左侧或右侧靠紧。当需要同时清除两端的 float 影响时,可以通过设置“clear:both;”来实现。

position 属性是 CSS 排版中非常重要的概念,它共有 4 个值,分别为 static、absolute、relative 和 fixed。其中,static 为默认值,表示没有任何移动效果。

首先分析 absolute 绝对定位,它表示绝对位置,配合 top、right、bottom 和 left 这 4 个属性值使用。这 4 个属性只有当 position 属性设置为 absolute 或 relative 时才生效。当子块的 position 属性设置为 absolute 时,子块已经不再从属于父块,而是按照设定的距离绝对定位。当一个父块中包含两个子块时,如果将子块 1 的 position 属性设置为 absolute,此时子块 1 已经不再属于父块,而子块 2 成为父块中的第 1 个子块,移动到了父块的最上方。

当子块的 position 设置为 relative 时,子块是相对于它在父块中的原来位置进行定位的,同样配合 top、right、bottom 和 left 这 4 个属性值使用。

当 position 设置为 fixed 时,在本质上与 absolute 一样,只不过块不随浏览器的滚动条向上或向下移动。

z-index 表示空间位置,该属性用于调整定位时重叠块的上下位置。z-index 属性的值为整数,可以是正数也可以是负数,z-index 值大的块位于值小的块上方,默认值是 0。

8.2.3 DIV+CSS 典型布局

一般来说,典型的页面包括顶部部分(其中又包括 logo、menu 和一幅 banner 图片)、内容部分(又可分为侧边栏、主体内容)、底部部分(包括一些版权信息),如图 8-2 所示。

用户可以将它们依次命名为 header、container、sidebar、content、footer,其中,content 和 sidebar 包含在容器 container 中。层的嵌套关系 DIV 结构设计为:

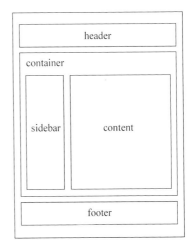

```
| body {}              /* 这是一个 HTML 元素 */
└ # bodycontainer {}   /* 页面层容器 */
    ├ # header {}       /* 页面头部 */
    ├ # container {}    /* 页面主体 */
    |  ├ # sidebar {}   /* 侧边栏 */
    |  └ # content {}   /* 主体内容 */
    └ # footer {}       /* 页面底部 */
```

图 8-2 典型界面模型图

页面编码参考如下:

```
//index.html: 界面实例代码
<!DOCTYPE html PUBLIC " - //W3C//DTD XHTML 1. 0 Transitional//EN" "http://www.w3.org/TR/
xhtml1/DTD/xhtml1 - transitional.dtd">
< html xmlns = "http://www.w3.org/1999/xhtml">
< head >
< meta http - equiv = "Content - Type" content = "text/html; charset = utf - 8" />
< title >无标题文档</title>
< style type = "text/css" >
# bodycontainer { width:900px; margin:0 auto;}
# header { height:70px; background: # CCFFCC; margin - bottom:2px;}
# container { margin - bottom:2px; width:900px; height:500px;}
# sidebar { float:left; width:225px; height:500px; background: # FFFF99;}
# content { float:right; width:673px; height:500px; background: # FFCC99;}
# footer { height:70px; background: # CC00CC;}
</style >
</head >
< body >
< div id = "bodycontainer">
< div id = "header">此处显示 id "header" 的内容</div >
< div id = "container">
< div id = "sidebar">此处显示 id "sidebar" 的内容</div >
< div id = "content">此处显示 id "content" 的内容</div >
</div >
```

```
< div id = "footer">此处显示 id "footer" 的内容</div>
</div>
</body>
</html>
```

宽度固定且居中的版式是网络中最常见的排版方式之一,这里介绍两种实现方法。

方法一:将整个页面内容用一个大的<div>包裹起来,id 为 container,对它设置固定宽度且居中,并且让 container 中的内容左对齐。在设置了 container 的宽度以后,它就自动左对齐了。方法一实现居中的关键在于 ♯ container 属性中的"margin:0auto;",它使得该块与页面的上、下边界距离为 0,左、右则自动调整。

方法二:换一种角度进行思考,♯ container 采用 relative 的定位方法,用 left 属性将其左边框移动到页面的 50% 处,并且用"margin-left:-350px"将整个块往回拉 350px,同样设置宽度为 700px,这样再次实现了固定宽度居中对齐的排版样式。

图 8-3 所示为左-中-右版式布局。

图 8-3　左-中-右版式布局

实现的编码如下:

//index.html:左-中-右版式布局实例代码
```
<!DOCTYPE html PUBLIC " - //W3C//DTD XHTML 1.0 Transitional//EN"
"http://www.w3.org/TR/xhtml1/DTD/xhtml1 - transitional.dtd">
< html xmlns = "http://www.w3.org/1999/xhtml">
< head >
< meta http - equiv = "Content - Type" content = "text/html; charset = utf - 8" />
< title >无标题文档</title>
< style type = "text/css">
♯ bodycontainer { width:900px; margin:0 auto;}
♯ left { float:left; width:225px; height:500px; background: ♯ FFFF99;}
♯ middle {float:left; width:450px; height:500px; background: ♯ FFCC99;}
♯ right {float:right;width:225px;height:500px; background - color: ♯ 0CF; }
</style >
</head >
< body >
< div id = "bodycontainer">
< div id = "left">此处显示 id "sidebar" 的内容</div >
< div id = "middle">此处显示 id "content" 的内容</div >
< div id = "right">此处显示 id "footer" 的内容</div >
</div >
</body >
</html>
```

8.3　脚本语言

8.3.1　脚本语言概述

脚本语言又被称为扩建的语言，或者动态语言，它是一种编程语言，用来控制软件应用程序。脚本通常以文本（例如 ASCII）保存，只在被调用时进行解释或编译。常见的脚本语言有 JavaScript、VBScript、Perl、PHP、Python、Ruby、Lua。一个脚本通常是解释运行而非编译。脚本语言通常有简单、易学、易用的特点，目的是希望程序员能够快速地完成程序的编写工作。脚本语言一般都有相应的脚本引擎来解释执行，它们一般需要解释器才能运行。

脚本语言是一种解释性的语言，它不像 C、C++ 等可以编译成二进制代码，以可执行文件的形式存在，脚本语言不需要编译，可以直接使用，即由解释器负责解释。脚本语言一般都是以文本形式存在的，类似于一种命令。

脚本语言（Script Languages，Scripting Programming Languages，Scripting Languages）是为了缩短传统的编写-编译-链接-运行（edit-compile-link-run）过程而创建的计算机编程语言，其命名起源于脚本"screenplay"，每次运行都会使对话框逐字重复。在许多方面，高级编程语言和脚本语言互相交叉，两者之间没有明确的界限。一个脚本可以使本来要用键盘进行的相互式操作自动化。一个 Shell 脚本主要由原本需要在命令行中输入的命令组成，或在一个文本编辑器中，用户可以使用脚本把一些常用的操作组合成一组序列。

脚本语言的优点如下。

（1）快速开发：脚本语言极大地简化了"开发、部署、测试和调试"的周期过程。

（2）容易部署：大多数脚本语言都能够随时部署，而不需要耗时的编译/打包过程。

（3）动态代码：脚本语言的代码能够被实时生成和执行，这是一项高级特性，在某些应用程序中（例如 JavaScript 中的动态类型）很有用。

在网页制作领域中最著名的脚本语言是 JavaScript。JavaScript 是一种由 Netscape 的 LiveScript 发展而来的原型化继承的面向对象的动态类型的区分大小写的客户端脚本语言，主要目的是为了解决服务器端语言（例如 Perl）遗留的速度问题，为客户提供更流畅的浏览效果。当时服务器端需要对数据进行验证，由于网络速度相当缓慢，只有 28.8kbps，验证步骤浪费的时间太多。于是 Netscape 的浏览器 Navigator 加入了 JavaScript，提供了客户端数据验证的基本功能。

JavaScript 是一种基于对象和事件驱动并具有相对安全性的客户端脚本语言，同时也是一种广泛用于客户端 Web 开发的脚本语言，常用来给 HTML 网页添加动态功能，比如响应用户的各种操作。它最初是由网景公司（Netscape）设计的是一种动态、弱类型、基于原型的语言，内置支持类。JavaScript 是 Sun 公司的注册商标。Ecma 国际以 JavaScript 为基础制定了 ECMAScript 标准。JavaScript 也可以用于其他场合，例如服务器端编程。

Netscape 公司在最初将其脚本语言命名为 LiveScript。在 Netscape 与 Sun 合作之后将其改名为 JavaScript。JavaScript 最初是受 Java 的启发开始设计的，目的之一就是"看上去像 Java"，因此语法上有类似之处，一些名称和命名规范也来自 Java。

因为拒绝与微软公司合作，微软公司推出了 JScript 来迎战 JavaScript 的脚本语言。同时，为了用纯微软的技术与 JavaScript 抗衡，微软公司还为 1996 年的 IE 3.0 设计了另一种脚本语言——VBScript 语言。VBScript 是 Visual Basic Script 的简称，即 Visual Basic 脚本语言，有时也被缩写为 VBS。一方面，VBScript 由微软公司开发，只能在 Internet Explorer 上使用，由于不能跨平台使用，被跨平台的 JavaScript 取代；另一方面，VBScript 是 ASP 动态网页默认的编程语言，配合 ASP 内建对象和 ADO 对象，用户很快就能掌握访问数据库的 ASP 动态网页开发技术。随着 ASP. NET 平台的推出，ASP. NET 改由高级语言 C♯、VB. NET 等编写，VBScript 完成了其历史使命，退出了历史舞台。

为了互用性，Ecma 国际（前身为欧洲计算机制造商协会）创建了 ECMA-262 标准（ECMAScript），现在两者都属于 ECMAScript 的实现。尽管 JavaScript 是作为给非程序人员的脚本语言，而不是作为给程序人员的编程语言来推广和宣传，但是 JavaScript 具有非常多的特性。

JavaScript 语言的编码是嵌入到 HTML 文件中的，下面是一个实现 JavaScript 的简单例子：

```
[html]
< html >
< body >
< script type = "text/javascript">
document. write("这就是 JavaScript.");
</script >
</body >
</html >
```

将 JavaScript 代码嵌入到 HTML 页面时，需要在头和尾处加上 JavaScript 的标签来告知浏览器这是 JavaScript 代码。

8.3.2　JavaScript 简单示例

JavaScript 操作 form 示例。在图 8-4 中，单击链接"选择了么"能判断"苹果"选项是否被选择，并弹出对话框显示状态；单击链接"我要选择"能使判断"苹果"选项处于被选择状态。

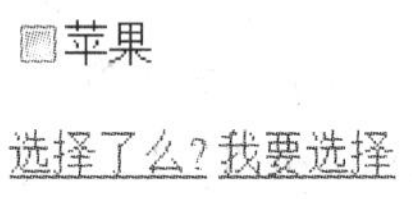

☐苹果

选择了么? 我要选择

图 8-4　JavaScript 示例

```
//index.html: JavaScript 实例代码
<! DOCTYPE HTML PUBLIC " - //W3C//DTD HTML 4.01 Transitional//EN">
< html >
< head >
< title > Untitled Document </title >
< meta http - equiv = "Content - Type" content = "text/html; charset = utf - 8">
</head >
< body >
< form name = "myForm">
< input type = "checkbox" name = "myCheck" value = "My Check Box">苹果
</form >
< a href = "♯" onClick = "window. alert(document. myForm. myCheck. checked ? '选了' : '没有');">选
择了么?</a>
< a href = "♯" onClick = "document. myForm. myCheck. checked = true;">我要选择</a>
</body >
< font face = "Times New Roman, Times, serif"></font >
```

```
</body>
</html>
```

JavaScript 操作 CSS 示例,界面如图 8-5 所示。单击链接"更换颜色"能把蓝色边框变成红色。

图 8-5 JavaScript 操作 CSS

//index.html: JavaScript 实例代码

```
<!-- #includefile = "conn.inc" --> //为数据库连接文件,比较简单
<!DOCTYPE HTML PUBLIC " - //W3C//DTD HTML 4.01 Transitional//EN">
<html>
<head>
<title> Untitled Document </title>
< meta http - equiv = "Content - Type" content = "text/html; charset = utf - 8">
< style type = "text/css">
# apDiv1 {
    position:absolute;
    left:202px;
    top:136px;
    width:276px;
    height:288px;
    z - index:1;
    border: 5px solid #63F;
}
</style>
< script type = "text/javascript">
functionchangecolor()
{
document.getElementById("apDiv1").style.borderColor = "red";
}
</script>
</head>

< body>
< div id = "apDiv1"></div>
< a href = "#" onClick = "changecolor()">更换颜色</a>
</body>
< font face = "Times New Roman,Times,serif"></font>
</body>
</html>
```

8.4　图片与动画处理

8.4.1　图片基础知识

网页的设计少不了对图形图像的制作和处理，图形图像的制作和处理软件非常多，例如 Adobe 公司推出的 Photoshop、Firework 软件，Corel 公司推出的 CorelDRAW 软件等。

1. 位图

位图也称为点阵图或像素图，它是由被称为像素（图片元素）的单个点组成的。这些点可以进行不同的排列和染色，以构成图像。这些点是离散的，类似于矩阵，多个像素的色彩组合就形成了图像，称之为位图。

当放大位图时，可以看见构成整个图像的无数个方块。扩大位图尺寸的效果是增大单个像素，从而使线条和形状显得参差不齐。然而，如果缩小来看，位图图像的颜色和形状又好像是连续的。

在处理位图时，输出图像的质量决定于处理过程开始时设置的分辨率的高低。分辨率是一个笼统的术语，它指一个图像文件中包含的细节和信息的大小，以及输入、输出，或显示设备能够产生的细节程度。在操作位图时，分辨率既会影响图像最后输出的质量也会影响文件的大小。分辨率一般指单位长度上像素的多少，单位长度上的像素越多，图像就会越清晰。例如，72dpi 表示图像中的每英寸包含 72 个像素或点。

2. 矢量图

矢量图也称为向量图，它是用一系列计算机指令来描述和记录的一幅图。一幅图可以分解为一系列由点、线、面等组成的子图，矢量图记录的是对象的几何形状、线条的粗细和色彩等，因此生成的文件存储容量很小。

矢量图的特点是放大后图像不会失真，和分辨率无关，文件占用的空间较小，适用于图形设计、文字设计和一些标志设计、版式设计等。制作矢量图的常用软件有 CorelDRAW、Illustrator、Freehand、Xara、AutoCAD 等。

下面介绍几种常见的位图格式。

1. BMP（. bmp）格式

BMP 文件格式是 Windows 环境中交换与图有关的数据的一种标准。BMP 图像文件格式是一种标准的点阵式图像格式，支持 RGB、灰度和位图色彩模式，但不支持 Alpha 通道。BMP（Bitmap 的缩写）文件格式是 Windows 本身的位图文件格式，所谓本身是指 Windows 内部存储位图即采用这种格式。一个 BMP 格式的文件通常有 .bmp 扩展名。BMP 文件可以用每像素 1、4、8、16 或 24 位来编码颜色信息，这个位数称作图像的颜色深度，它决定了图像所含的最大颜色数。BMP 格式没有经过相关压缩处理，因此图片占用的存储空间相当大，使用场合极其有限。

2. JPEG(.jpg、jpeg)格式

JPEG 是 Joint Photographic Experts Group(联合图像专家组)的缩写,文件的扩展名为".jpg"或".jpeg",是最常用的图像文件格式,是在国际标准化组织(ISO)领导之下制定静态图像压缩标准的委员会制定的。由于 JPEG 品质优良,使它在短短几年内获得了极大的成功,被广泛应用于互联网和数码相机领域。JPEG 格式是目前网络上最流行的图像格式,是可以把文件压缩到最小的格式。目前,各类浏览器均支持 JPEG 这种图像格式。

JPEG 是一种有损压缩格式,能够将图像压缩在很小的存储空间,图像中重复或不重要的资料会丢失,因此容易造成图像数据的损失。尤其是使用过高的压缩比例,将使最终解压缩后恢复的图像的质量明显降低,如果追求高品质图像,不宜采用过高的压缩比例。JPEG 是一种很灵活的格式,允许用户用不同的压缩比例对文件进行压缩,它支持多种压缩级别,压缩比率通常在 10∶1 到 40∶1 之间,压缩比越大,品质越低;相反的,压缩比越小,品质越好。JPEG 格式可以支持 24 位真彩色,普遍应用于需要连续色调的图像。

JPEG 2000 作为 JPEG 的升级版,其压缩率比 JPEG 约高 30%,并且支持有损和无损压缩。JPEG 2000 格式有一个极其重要的特征,就是它能实现渐进传输。JPEG 2000 和 JPEG 相比优势明显,且向下兼容,因此可取代传统的 JPEG 格式。

3. GIF(.gif)格式

GIF 格式通常用来显示简单的图形及文字。GIF(Graphics Interchange Format)的原意是"图像互换格式",它是 CompuServe 公司在 1987 年开发的图像文件格式。GIF 格式是一种基于 LZW 算法的连续色调的无损压缩格式。其压缩率一般在 50%左右。目前,几乎所有的相关图形软件都支持 GIF 格式。GIF 格式的另一个特点是其在一个 GIF 文件中可以存储多幅彩色图像,如果把存于一个文件中的多幅图像逐幅读出并显示到屏幕上,就可以构成一种最简单的动画。GIF 格式最多只能存储 256 色。

GIF 支持透明背景图像,适用于多种操作系统,它"体型"很小,网上很多小动画使用的都是 GIF 格式。其实,GIF 是将多幅图像保存为一个图像文件,从而形成动画,最常见的就是通过一帧帧的动画串联起来的搞笑 GIF 图。

4. PNG(.png)格式

PNG(Portable Network Graphics)是一种新兴的网络图像格式。PNG 一开始便结合了 GIF 和 JPG 两种格式之长,打算一举取代这两种格式。PNG 汲取了 GIF 和 JPG 二者的优点,存储形式丰富,兼有 GIF 和 JPG 的色彩模式。因为 PNG 是采用无损压缩方式来减少文件的大小,这一点与牺牲图像品质换取高压缩率的 JPG 有所不同。PNG 同样支持透明图像的制作。Fireworks 软件的默认格式就是 PNG。PNG 用来存储灰度图像时,灰度图像的深度可多达 16 位,在存储彩色图像时,彩色图像的深度可多达 48 位,并且可以存储多达 16 位的 Alpha 通道数据。另外,PNG 被称为专业网页图像格式。

5. PSD(.psd)格式

PSD 格式是著名的 Adobe 公司的图像处理软件 Photoshop 的专用格式,文件扩展名

是.psd,支持图层、通道、蒙版和不同色彩模式的各种图像特征,是一种非压缩的原始文件保存格式。PSD 由于可以保留所有原始信息,文件占用的存储空间很大。

6. TIFF(.tif)格式

TIFF(Tag Image File Format)图像文件是由 Aldus 和微软公司为桌上出版系统研制开发的一种较为通用的图像文件格式。TIFF 格式灵活易变,它又定义了 4 种不同的格式,其中,TIFF-B 适用于二值图像;TIFF-G 适用于黑白灰度图像;TIFF-P 适用于带调色板的彩色图像;TIFF-R 适用于 RGB 真彩图像。TIFF 支持多种编码方法,其中包括 RGB 无压缩、RLE 压缩和 JPEG 压缩等。

TIFF 是现存图像文件格式中最复杂的一种,它具有扩展性、方便性、可改性。TIFF 图像文件格式可以在许多不同的平台和应用软件之间交换信息,其应用相当广泛。该格式支持 RGB、CMYK、位图、灰度等色彩模式,而且在 RGB、CMYK 以及灰度等模式中支持 Alpha 通道的使用。

8.4.2　动画基础知识

"动画"就是多幅图像按一定的先后次序在设定的时间内依次显示。在制作动画的过程中,将其中一幅图像称为一"帧",动画就是由这样多个帧图像组成的。每一帧较前一帧都有轻微的变化,当连续、快速地显示这些帧时就得到了运动效果。为了使人的肉眼感觉不到图像的切换,保持画面的连续性,一秒钟至少要显示 24 帧。

其实,能存储、展现二维动画的 GIF 图像格式早在 1989 年就已经发展成熟。在 Web 出现以后,GIF 第一次为 HTML 页面引入了动感元素。此外,1995 年 Java 语言问世,Java 语言天生就具备与平台无关的特点,提供了另外一种方式。1996 年,著名的 Netscape 浏览器在其 2.0 版中增加了对 Java Applets 和 JavaScript 的支持。

为了在 HTML 页面中实现音频、视频等更加复杂的多媒体应用,1996 年的 Netscape 2.0 成功地引入了对 QuickTime 插件的支持,插件这种开发方式也迅速风靡了浏览器的世界。1996 年,微软公司的 IE 3.0 正式支持在 HTML 页面中插入 ActiveX 控件的功能,这为扩展 Web 客户端的信息展现方式提供了新的方式。1999 年,RealPlayer 插件先后在 Netscape 和 IE 浏览器中取得了成功,与此同时,微软公司自己的媒体播放插件 Media Player 也被预装到了各种 Windows 版本之中。

最重要的是 Flash 技术的出现,1990 年年初,Jonathan Gay 在 FutureWave 公司开发了一种名为 Future Splash Animator 的二维矢量动画展示工具,1996 年,Macromedia 公司收购了 FutureWave,并将 Jonathan Gay 的发明改名为大家熟悉的 Flash,从此,Flash 动画成了 Web 动画的事实标准和最佳方式。

早期的动画采用 GIF 图片形式。GIF 分为静态 GIF 和动画 GIF 两种,扩展名为.gif,它是一种压缩位图格式。归根结底,GIF 仍然是图片文件格式,但 GIF 只能显示 256 色。和 JPG 格式一样,GIF 是一种在网络上非常流行的图形文件格式。GIF 动画的最大缺陷是支持的颜色太少,动画只能播放,不能交互。

Flash 是美国的 Macromedia 公司于 1999 年 6 月推出的网页动画技术,它可以将音乐、声效、动画、丰富的界面以及交互性融合在一起,制作出高品质的网页动态效果。Flash 是由 Macromedia 公司（2005 年 4 月，Adobe 公司宣布以换股的方式收购软件公司 Macromedia）出品的网页制作"三剑客"（Dreamweaver、Fireworks、Flash）软件之一。它生成的动画可嵌入声音、电影、图形等各种文件，另外还可与 ActionScript 脚本语言等相结合进行编程，从而进行交互性更强的控制。Flash 可以直接嵌入网页的任一位置，非常方便。

由于 HTML 语言的功能十分有限，无法达到令人耳目一新的动态效果，在这种情况下，各种编程技术应运而生，例如 JavaScript、Java Servlets，使得网页设计更加多样化。然而，程序设计总是不能很好地普及，因为它要求制作人员有一定的编程能力，而人们更需要一种既简单、直观又功能强大的动画设计工具，Flash 的出现正好满足了这种需求。

Flash 具有以下特点。

（1）使用矢量图形和流式播放技术：与位图图形不同的是，矢量图形可以任意缩放尺寸而不影响图形的质量。流式播放技术使得动画可以边下载边播放，从而缓解了浏览者不必要的等待。

（2）通过使用关键帧和图符使得所生成的动画（.swf）文件非常小，几千字节的动画文件已经可以实现许多丰富的动画效果，文件小巧、下载迅速，使得 Flash 动画在打开网页很短的时间内就可以播放。

（3）把音乐、动画、声效、交互方式融合在一起，是作为网页动画设计的首选工具。而且在 Flash 4.0 的版本中已经支持 MP3 的音乐格式，这使得制作加入音乐的动画文件也能占用小的存储空间。

（4）强大的动画编辑功能使得设计者可以设计出高品质的动画，通过 ActionScript 可以实现交互性，向应用程序添加逻辑，从而实现更复杂的功能。

基于以上特点，目前网页上的动画基本全部使用了 Flash 技术，而且网上视频、网页游戏也几乎全部使用了 Flash 技术。

Flash 能够在网页中播放的原理是，浏览器安装了能够运行 Flash 的一个插件——Flash Player。Flash Player 是浏览器根据需要自动连网安装的，一般不需要用户单独下载安装程序安装。因此，Flash 具有跨平台播放的功能。目前，Flash Player 已经应用于多种设备，已不在停留在普通计算机上，智能手机和数字电视都安装了 Flash Player。作为一个 Flash 开发人员，无须为每个不同规格的设备重新编译，就可以让自己的作品部署到多个设备上。Adobe 公司出品的 Flash 的创作与制作软件的当前版本是 Adobe Flash Professional CS6。

典型的在网页中嵌入 Flash 动画的代码如下：

```
< object id = "FlashID" classid = "clsid:D27CDB6E - AE6D - 11cf - 96B8 - 444553540000" width = "640" height = "480">
< param name = "movie" value = "images/打字游戏.swf" />
< param name = "quality" value = "high" />
< param name = "wmode" value = "opaque" />
< param name = "swfversion" value = "6.0.65.0" />
< param name = "expressinstall" value = "Scripts/expressInstall.swf" />
<! -- 下一个对象标签用于非 IE 浏览器，所以使用 IECC 将其从 IE 隐藏. -->
<! -- [if !IE]> -->
< object type = "application/x - shockwave - flash" data = "images/打字游戏.swf" width = "640" height = "480">
```

```
<!--<![endif]-->
<param name="quality" value="high" />
<param name="wmode" value="opaque" />
<param name="swfversion" value="6.0.65.0" />
<param name="expressinstall" value="Scripts/expressInstall.swf" />
<!-- 浏览器将以下替代内容显示给使用 Flash Player 6.0 和更低版本的用户. -->
<div>
<h4>此页面上的内容需要较新版本的 Adobe Flash Player.</h4>
<p><a href="http://www.adobe.com/go/getflashplayer">
<img src=http://www.adobe.com/images/shared/download_buttons/get_flash_player.gif
alt="获取 Adobe Flash Player" width="112" height="33" /></a></p>
</div>
<!--[if !IE]>-->
</object>
<!--<![endif]-->
</object>
```

用户在使用的时候，只需要将"<param name="movie" value="images/打字游戏.swf" />"和"<object type="application/x-shockwave-flash" data="images/打字游戏.swf" width="640" height="480">"中的 value 和 data 的文件地址替换掉即可。其余编码都是相关参数调整，由于参数远比上述示例代码多，在此不做介绍，用户可根据需要查阅相关资料进行调整。

8.5 动态网页开发技术

8.5.1 动态网页开发技术概述

与客户端技术从静态向动态的演进过程类似，Web 服务端的开发技术也是由静态向动态逐渐发展、完善起来的。动态网页与静态网页相对应，也就是说，网页 URL 的扩展名不是.htm、.html、.shtml、.xml 等静态网页的常见形式，而是.asp、.jsp、.php、.perl、.cgi 等形式。

这里所说的动态网页与网页上的各种动画、滚动字幕等视觉上的"动态效果"没有直接关系，动态网页也可以是纯文字内容，也可以是包含各种动画的内容，这些只是网页具体内容的表现形式，无论网页是否具有动态效果，采用动态网站技术生成的网页都称为动态网页。

从网站浏览者的角度来看，无论是动态网页还是静态网页都可以展示基本的文字和图片信息，但从网站开发、管理、维护的角度来看有很大的差别。动态网页是与静态网页相对应的，也就是说，网页 URL 的扩展名不是.htm、.html、.shtml、.xml 等静态网页的常见形式，而是.aspx、.asp、.jsp、.php、.perl、.cgi 等形式。

动态网页的工作原理与静态网页比较类似，但是在服务器端有很大的差别。服务器端在接到客户端发出的请求后，首先会找到所要浏览的动态网页文件，然后解释执行其中的程序代码，将含有程序代码的动态网页转化为标准的静态网页，并将静态网页发送给客户端。

在此对动态网页的特点简要归纳如下：

（1）动态网页以数据库技术为基础，可以大大降低网站维护的工作量。

（2）采用动态网页技术的网站可以实现更多的功能，例如用户注册、用户登录、在线调查、用户管理、订单管理等。

（3）动态网页实际上并不是独立存在于服务器上的 HTML 网页文件，而是根据访问者的请求动态地输出生成，并由服务器返回一个完整的网页。举个简单的例子，用户登录搜狐电子邮箱时，在输入正确的用户名和密码后，远程的搜狐邮件服务器会根据用户名动态地生成邮件页面，并返回给此用户。不同的用户显示不同邮件，因此这个过程是动态地变化生成的，不像 HTML 那样一经制作完成，里面的内容是不能变化的。

最早的 Web 服务器简单地响应浏览器发来的 HTTP 请求，并将存储在服务器上的 HTML 文件返回给浏览器。一种名为 SSI（Server Side Includes）的技术可以让 Web 服务器在返回 HTML 文件之前更新 HTML 文件的某些内容，但其功能非常有限。第一种真正使服务器能根据运行时的具体情况动态生成 HTML 页面的技术是大名鼎鼎的 CGI（Common Gateway Interface）技术。1993 年，CGI 1.0 的标准草案由 NCSA（National Center for Supercomputing Applications）提出。CGI 技术允许服务器端的应用程序根据客户端的请求动态地生成 HTML 页面，这使得客户端和服务端的动态信息交换成为可能。随着 CGI 技术的普及，聊天室、论坛、电子商务、信息查询、全文检索等各种各样的 Web 应用蓬勃兴起。

早期的 CGI 程序大多是编译后的可执行程序，其编程语言可以是 C、C++、Pascal、Visual Basic、Delphi 等任何通用的程序设计语言。Larry Wall 于 1987 年发明了 Perl 语言。1995 年，第一个用 Perl 写成的 CGI 程序问世。很快，Perl 在 CGI 编程领域的盛行超过了 C 语言。随后，Python 等著名的脚本语言陆续加入到了 CGI 编程语言的行列。

虽然此时 CGI 技术已经发展成熟，而且功能强大，但由于编程困难、运行效率低、修改复杂，所以逐渐被新技术取代。

1994 年，Rasmus Lerdorf 发明了专用于 Web 服务端编程的 PHP（Personal Home Page Tools）语言。与以往的 CGI 程序不同，PHP 语言将 HTML 代码和 PHP 指令合成完整的服务端动态页面，Web 应用的开发者可以用一种更加简便、快捷的方式实现动态 Web 功能。1996 年，微软公司借鉴 PHP 的思想，在其 Web 服务器 IIS 3.0 中引入了 ASP 技术。当然，以 Sun 公司为首的 Java 阵营也不会示弱。1997 年，Servlet 技术问世，1998 年，JSP 技术诞生。Servlet 和 JSP 的组合（还可以加上 JavaBean 技术）让 Java 开发者同时拥有了类似 CGI 程序的集中处理功能和类似 PHP 的 HTML 嵌入功能；此外，Java 的运行时编译技术也大大提高了 Servlet 和 JSP 的执行效率。

下面介绍几种目前主流的服务器端编程技术：

1. PHP

PHP 即 Hypertext Preprocessor（超文本预处理器），它是当今 Internet 上使用较广泛的脚本语言，其语法借鉴了 C、Java、Perl 等语言，语法简洁明了。PHP 还可以执行编译后的代码，从而加密和优化代码的运行，使代码运行得更快。

PHP 与 HTML 语言具有非常好的兼容性，使用者可以直接在脚本代码中加入 HTML 标签，或者在 HTML 标签中加入脚本代码从而更好地实现页面控制。PHP 提供了标准的数据库接口,数据库连接方便,兼容性强、扩展性强,并且可以面向对象编程。

PHP 于 1994 年由 Rasmus Lerdorf 创建,刚开始是 Rasmus Lerdorf 为了维护个人网页而制作的一个简单的用 Perl 语言编写的程序。这些工具程序用来显示 Rasmus Lerdorf 的个人履历以及统计网页流量。在 1995 年以 Personal Home Page Tools(PHP Tools)开始对外发表第一个版本,Lerdorf 写了一些介绍此程序的文档,并且发布了 PHP1。在 1997 年,任职于 Technion IIT 公司的两个以色列程序设计师——Zeev Suraski 和 Andi Gutmans 重写了 PHP 的剖析器,成为 PHP3 的基础。在 2000 年 5 月 22 日,以 Zend Engine 1.0 为基础的 PHP4 正式发布,2004 年 7 月 13 日则发布了 PHP5,PHP5 使用了第二代的 Zend Engine。Zend Studio 是开发人员在使用 PHP 整个开发周期中的集成开发环境(IDE)。

PHP 具有以下优势。

(1) 开放的源代码:所有的 PHP 源代码实际上都可以得到。

(2) PHP 是免费的:和其他技术相比,PHP 本身免费且是开源代码。

(3) PHP 的快捷性:程序开发快、运行快、技术本身学习快。

(4) 嵌入于 HTML:由于 PHP 可以被嵌入于 HTML 语言,它相对于其他语言编辑简单、实用性强,更适合初学者。

(5) 跨平台性强:由于 PHP 是运行在服务器端的脚本,可以运行在 UNIX、Linux、Windows、Mac OS 下。

(6) 效率高:PHP 消耗的系统资源相当少。

2. Java Web

Java 语言体系非常庞大,从 Java Web 项目的应用角度来讲有 JSP、Servlet、Java EE、JDBC、JavaBean 等技术。

JSP 即 Java Server Pages,它是由 Sun 公司于 1999 年 6 月推出的新技术,是基于 Java Servlet 以及整个 Java 体系的 Web 开发技术。JSP(Java Server Pages)是由 Sun 公司倡导、许多公司参与一起建立的一种动态网页技术标准。JSP 技术有点类似 ASP 技术,它是在传统的网页 HTML 文件(* .htm、* .html)中插入 Java 程序段(Scriptlet)和 JSP 标记(tag),从而形成 JSP 文件(* .jsp)。用 JSP 开发的 Web 应用是跨平台的,既能在 Linux 中运行,也能在其他操作系统中运行。

Java EE 是一个开发分布式企业级应用的规范和标准,Java EE 是纯粹基于 Java 的解决方案。EJB 为企业级应用中必不可少的数据封装、事务处理、交易控制等功能提供了良好的技术基础。1998 年,Sun 公司发布了 EJB 1.0 标准。Java EE 体系结构可分为三层,即表示层、中间层、数据层,所以 Java EE 的技术大致可分为表示层技术、中间层技术、数据层技术。其中,表示层技术包括 HTML、JavaScript、Ajax 等,中间层技术包括 JSP、Servlet、JSTL、JavaBean 等,数据层技术包括 JDBC 等。

Java EE 应用中拥有大量的框架技术。Java EE 应用中的各种框架都是基于 Java API 编写的,例如 Struts、Spring、Hibernate。它们对 Java API 进行了封装、扩展、整合和测试(例如 Struts 对 Servlet 进行了封装和扩展),构建出性能稳定、高效,程序健壮、安全的应用,这种应用程序就是所谓的框架。所以,想要学好 Java EE 的框架技术,掌握 Java EE 的相关组件技术是十分必要的。

3. ASP.NET

ASP.NET 基于微软公司的.NET 平台。ASP.NET 的前身是 ASP,即 Active Server Pages,它是微软公司开发的一种类似 HTML(超文本标识语言)、Script(脚本)与 CGI(公用网关接口)的结合体,它没有提供自己专门的编程语言,而是允许用户使用许多已有的脚本语言编写 ASP 的应用程序。ASP 使用的脚本语言是 VBScript 和 JavaScript。借助 Visual Studio 等开发工具在市场上的成功,ASP 迅速成为 Windows 系统下 Web 服务端的主流开发技术。

ASP 的第一个版本是 0.9 测试版,1996 年 ASP 1.0 诞生。ASP 使用 VBScript 脚本语言编写嵌入在 HTML 网页中的代码,可以使用它的内部组件来实现一些高级功能,它的最大的贡献在于 ADO(ActiveX Data Object),ADO 组件使得程序对数据库的操作十分简单,因此,ASP 迅速成为当时流行的 Web 服务器端技术,直到现在仍被广泛采用。1998 年,微软公司发布了 ASP 2.0。到 2000 年,随着 Windows 2000 的成功,这个操作系统的 IIS (Internet Information Services,互联网信息服务) 5.0 所附带的 ASP 3.0 开始流行。与 ASP 2.0 相比,ASP 3.0 的优势在于它使用了 COM+,因而其效率比前面的版本要高,并且更稳定。

ASP 技术并非完美无缺,由于它基本局限于微软公司的操作系统平台之上,主要工作环境是微软公司的 IIS,所以 ASP 技术不能跨平台使用。另外,ASP 由于是解释执行,运行速度远远慢于 PHP 和 JSP。

2001 年,ASP.NET 出现了。最初,它的名字是 ASP+,但是,为了和微软公司的.NET 计划相匹配,并且表明这个 ASP 版本并不是对 ASP 3.0 的补充,后来将其命名为 ASP.NET。ASP.NET 基于暂新的微软.NET 平台体系,在结构上与前面的版本大大不同,完全是基于组件和模块化的,Web 应用程序的开发人员使用这个开发环境可以实现更加模块化的、功能更强大的应用程序。ASP.NET 超越了 ASP 的局限,可以使用 VB.NET、C♯等编译型语言,支持 Web Form、.NET Server Control、ADO.NET 等高级特性。因此,ASP 已完成其历史使命。

和 J2EE 不同的是,微软公司的.NET 平台是一个强调多语言间交互的通用运行环境。2001 年,ECMA 通过了微软公司提交的 C♯语言和 CLI 标准,这两个技术标准构成了.NET 平台的基石,它们也于 2003 年成为 ISO 的国际标准。2002 年,微软公司正式发布.NET Framework 和 Visual Studio.NET 开发环境。

8.5.2　JSP 使用示例

下面演示 JSP 如何获得用户输入的内容。此例中创建了一个获得用户输入内容的页面,名称为 jspSubmit.htm。该页面只有一个文本框,用来输入用户名,代码如下:

```
//jspSubmit.htm:JSP 实例代码
< HTML >
< BODY >
< FORM METHOD = POST ACTION = "jspReceive.jsp">
请输入您的姓名:
```

```
< INPUT TYPE = TEXT NAME = "username">
< INPUT TYPE = SUBMIT VALUE = "SUBMIT">
< /FORM >
< /BODY >
< /HTML >
```

第二个页面是一个 JSP 页面(jspReceive.jsp),下面是它的代码:

```
< HTML >
< BODY >
< % @ page language = "java" % >
< % !String uname = ""; % >
< % uname = request.getParameter("username"); % >
您的姓名是: < % = uname % >
< /BODY >
< /HTML >
```

页面 jspReceive.jsp 通过 request 对象提取 jspSubmit.htm 页面表单中 username 的值,将它存储为 uname 变量,然后通过语句<%= uname %>输出内容到 HTML 页面中。

该 JSP 页面可以分成几个部分来分析:

首先是 JSP 指令,它描述的是页面的基本信息,例如所使用的语言、是否维持会话状态、是否使用缓冲等。JSP 指令由<%@ 开始到%>结束。在本例中,指令"<%@ page language="java" %>"只简单地定义了使用的是 Java 语言。

接下来的是 JSP 声明,JSP 声明可以看成是定义类这一层次的变量和方法的地方。JSP 声明由< %! 开始到%>结束。例如本例中的"< %! String uname="";%>"定义了一个零长度的字符串变量。在每一项声明的后面都必须有一个分号,就像在普通 Java 类中声明成员变量一样。

位于< %和%>之间的代码块是描述 JSP 页面处理逻辑的 Java 代码,例如本例中的"< % uname = request.getParameter("username");%>"。

最后,位于< %=和%>之间的代码称为 JSP 表达式,例如本例中的"< %= uname %>"。JSP 表达式提供了一种将 JSP 生成的数值嵌入到 HTML 页面的简单方法。

8.6 DIV+CSS Web 界面开发

8.6.1 用户登录界面设计

用户登录界面设计如图 8-6 所示。

图 8-6　登录界面

编码如下：

//login.jsp: JSP 实例代码

```
<!DOCTYPE HTML PUBLIC " - //W3C//DTD HTML 4.01 Transitional//EN"
"http://www.w3c.org/TR/1999/REC - html401 - 19991224/loose.dtd">
<! -- saved from url = (0041)http://localhost:8008/admin/cms_login.asp -->
< HTML xmlns = "http://www.w3.org/1999/xhtml">
< HEAD >
< TITLE >网站内容管理系统</TITLE >
< META content = "text/html; charset = utf - 8" http - equiv = Content - Type >
< LINK rel = stylesheet type = text/css href = "style.css">
</HEAD >
< BODY >
< DIV id = login >
< DIV id = bg ></DIV >
< FORM method = post action = cms_login.jsp >
< TABLE >
< TBODY >
< TR >
< TD width = 60 align = right >用户名：</TD>
< TD colSpan = 2 >< INPUT type = text name = login_name ></TD ></TR >
< TR >
< TD align = right >密　码：</TD >
< TD colSpan = 2 >< INPUT type = password name = login_password ></TD ></TR >
< TR >
< TD align = right >验证码：</TD >
< TD >< INPUT maxLength = 4 size = 4 type = text name = login_verifycode ></TD >
< TD width = 170 >< IMGsrc = "checkcode2.gif"></TD ></TR >
< TR align = middle >
< TD colSpan = 3 >< INPUT value = "清　空" type = reset >
            
 < INPUT value = "登　录" type = submit name = submit >
</TD ></TR ></TBODY ></TABLE ></FORM ></DIV ></BODY ></HTML >
```

其中，外部 CSS 文件 style.css 的内容如下：

```
* {
    PADDING: 0px; LIST - STYLE - TYPE: none; MARGIN: 0px;LIST - STYLE - IMAGE: none;
}
BODY {
    FONT - FAMILY: "宋体"; FONT - SIZE: 12px
}
IMG {
    BORDER: medium none;
}
A {
    COLOR: #000; TEXT - DECORATION: none
}
A:hover {
    COLOR: #05159c; TEXT - DECORATION: underline
}
P {
    LINE - HEIGHT: 18px
}
```

```
INPUT {
    FONT - FAMILY: "宋体"; FONT - SIZE: 12px
}

#login {
    MARGIN: 160px auto 0px; PADDING - LEFT: 400px; WIDTH: 327px; BACKGROUND: url(login_bg -
bdr.gif) no - repeat; HEIGHT: 170px; COLOR: #8e8e8e; FONT - SIZE: 14px; PADDING - TOP: 30px
}
#login INPUT {
    BORDER: #d1d1d1 1px solid; PADDING: 4px; FONT - FAMILY: Tahoma, Geneva, sans - serif;
BACKGROUND: none transparent scroll repeat 0 % 0 %; COLOR: #8e8e8e; FONT - SIZE: 14px; FONT -
WEIGHT: bold;
}
#login TABLE TD {
    BORDER: medium none; PADDING: 3px; FONT - WEIGHT: bold;
}
#bg {
    background - image: url(login_bg - zi.gif);
    height: 100px;
    background - repeat: no - repeat;
    margin - left: - 400px;
    float: none;
}
#login form {
    margin - top: - 100px;
}
```

8.6.2　个人信息维护界面设计

用户可以根据数据库中记录的添加时间进行自动选择,也可以手工修改文件进行项目的选择,如图 8-7 所示。

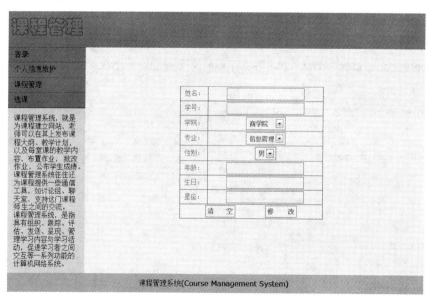

图 8-7　个人信息维护

本界面的 HTML 源码如下：

//selfmana.jsp: JSP 实例代码

```
<!DOCTYPE html PUBLIC " - //W3C//DTD XHTML 1.0 Transitional//EN"
"http://www.w3.org/TR/xhtml1/DTD/xhtml1 - transitional.dtd">
<html xmlns = "http://www.w3.org/1999/xhtml">
<head>
<meta http - equiv = "Content - Type" content = "text/html; charset = utf - 8" />
<title>个人信息维护</title>
<LINK rel = stylesheet type = text/css href = "style.css">
</head>

<body>
<div class = "container">
<div class = "header"><a href = " # "><img src = "Insert_logo2.gif" alt = "在此处插入徽标"
name = "Insert_logo" width = "180" height = "90" id = "Insert_logo" style = "background: #
C6D580; display:block;" /></a>
<! -- end .header --></div>
<div class = "sidebar1">
<ul class = "nav">
<li><a href = " # ">登录</a></li>
<li><a href = " # ">个人信息维护</a></li>
<li><a href = " # ">课程管理</a></li>
<li><a href = " # ">选课</a></li>
</ul>
<p>课程管理系统,就是为课程建立网站,老师可以在其上发布课程大纲、教学计划,以及每堂课的
教学内容,布置作业,批改作业,公布学生成绩.课程管理系统往往还为课程提供一些通信工具,如讨
论组、聊天室,支持这门课程师生之间的交流.</p>
<p>课程管理系统,是指具有组织、跟踪、评估、发送、呈现、管理学习内容与学习活动,促进学习者之
间交互等一系列功能的计算机网络系统.</p>
<! -- end .sidebar1 --></div>
<div class = "content">
<h1>  </h1>
  <DIV id = personalinfo style = "margin - left:120px">

<FORM method = post action = change_info.jsp>
<TABLEcellspacing = "1"bgcolor = " # 666666" border = "0" >
<TBODY>
<TR>
<TD width = 60 align = right>姓名: </TD>
<TD width = "260" align = "left" ><INPUT type = text name = login_name></TD>
</TR>
<TR>
<TD width = 60 align = right>学号: </TD>
<TD align = "left" ><INPUT type = text name = login_name></TD>
</TR>
<TR>
<TD align = right>学院: </TD>
<TD ><select name = "">
<option>商学院</option>
<option>理工学院</option>
```

```
< option >经济学院</option >
< option >法学院</option >
</select ></TD >
</TR >
< TR >
< TD align = right >专业：</TD >
< TD >< select name = "">
< option >信息管理</option >
< option >电子商务</option >
< option >经济管理</option >
< option >计算科学</option >
</select ></TD >
</TR >
< TR >
< TD align = right >性别：</TD >
< TD align = "left">
< select name = "">
< option >男</option >
< option >女</option >
</select ></TD >
</TR >
< TR >
< TD align = right >年龄：</TD >
< TD >< INPUT type = text name = login_password ></TD >
</TR >
< TR >
< TD align = right >生日：</TD >
< TD >< INPUT type = text name = login_password ></TD >
</TR >
< TR >
< TD align = right >星座：</TD >
< TD >< INPUT type = text name = login_password ></TD >
</TR >

< TR align = middle >
< TD colSpan = 2 align = "center">< INPUT value = "清　空" type = reset >
            
 < INPUT value = "修　改" type = submit name = submit >
</TD ></TR ></TBODY ></TABLE ></FORM ></DIV >
<!-- end .content --></div >
< div class = "footer">
课程管理系统(Course Management System)
<!-- end .footer --></div >
<!-- end .container --></div >
</body >
```

本界面的 style.css 源码如下：

```
* {
    PADDING: 0px; LIST - STYLE - TYPE: none; MARGIN: 0px;LIST - STYLE - IMAGE: none;
}
```

```
BODY {
    FONT - FAMILY: "宋体";
    FONT - SIZE: 12px;

    font: 100 % /1.4 Verdana, Arial, Helvetica, sans - serif;
    background: #42413C;
    margin: 0;
    padding: 0;
    color: #000;
}
IMG {
    BORDER: medium none;
}
A {
    COLOR: #000; TEXT - DECORATION: none
}
A:hover {
    COLOR: #05159c; TEXT - DECORATION: underline
}
P {
    LINE - HEIGHT: 18px
}

INPUT {
    FONT - FAMILY: "宋体"; FONT - SIZE: 12px
}

#login {
    MARGIN: 160px auto 0px;
    PADDING - LEFT: 400px;
    WIDTH: 327px;
    BACKGROUND: url(login_bg - bdr.gif) no - repeat;
    HEIGHT: 170px;
    COLOR: #828282;
    FONT - SIZE: 14px;
    PADDING - TOP: 30px
}
#login INPUT {
    BORDER: #d1d1d1 1px solid;
    PADDING: 4px;
    FONT - FAMILY: Tahoma, Geneva, sans - serif;
    BACKGROUND: none transparent scroll repeat 0 % 0 % ;
    COLOR: #828282;
    FONT - SIZE: 14px;
    FONT - WEIGHT: bold;
}
#login TABLE TD {
    BORDER: medium none; BORDER - LEFT: medium none; PADDING: 3px; FONT - WEIGHT: bold;
}
#login form {
    margin - top: - 100px;
}

#personalinfo {
```

```css
        MARGIN: 0px auto ;
        PADDING-LEFT: 100px;
        WIDTH: 327px;

        HEIGHT: 170px;
        COLOR: #828282;
        FONT-SIZE: 14px;
        PADDING-TOP: 30px
}
#personalinfo INPUT {
        BORDER: 1px solid #787878;
        PADDING: 4px;
        FONT-FAMILY: Tahoma, Geneva, sans-serif;
        BACKGROUND: none transparent scroll repeat 0% 0%;
        COLOR: #828282;
        FONT-SIZE: 14px;
        FONT-WEIGHT: bold;
}
#personalinfo SELECT {
        BORDER: 1px solid #787878;
        PADDING: 4px;
        FONT-FAMILY: Tahoma, Geneva, sans-serif;
        BACKGROUND: none transparent scroll repeat 0% 0%;
        COLOR: #828282;
        FONT-SIZE: 14px;
        FONT-WEIGHT: bold;
}
#personalinfo form {
        margin-top: 00px;
}

.coursemanageselect {
        color: #F69;
        margin-left: 30px;
}
.coursechooseselect {
        color: #F69;
        margin-left: 30px;
}
#bg {
        background-image: url(login_bg-zi.gif);
        height: 100px;
        background-repeat: no-repeat;
        margin-left: -400px;
        float: none;
}

#personalinfo td {
        background-color: #EBEBEB;
        padding: 2px;
        text-align: center;
}
.navpage {
        margin-left: 10px;
```

```
        color: ＃575757;
}
/＊ ～～ 元素/标签选择器 ～～ ＊/
ul,ol,dl { /＊ 由于浏览器之间的差异,最佳方法是在列表中将填充和边距都设置为零.为了保持一
致,用户可以在此处指定需要的数值,也可以在列表所包含的列表项(LI、DT 和 DD)中指定需要的数
值.请注意,除非编写一个更为具体的选择器,否则用户在此处进行的设置将会层叠到.nav 列表 ＊/
        padding: 0;
        margin: 0;
}
p {
        margin－top: 0; /＊ 删除上边距可以解决边距会超出其包含的 div 的问题.剩余的下边距可以
使 div 与后面的任何元素保持一定的距离 ＊/
        padding－right: 15px;
        padding－left: 15px; /＊ 向 div 内的元素侧边(而不是 div 自身)添加填充可避免使用任何方
框模型数学.此外,也可将具有侧边填充的嵌套 div 用作替代方法 ＊/
        text－align: left;
}
a img { /＊ 此选择器将删除某些浏览器中显示在图像周围的默认蓝色边框(当该图像包含在链接中
时) ＊/
        border: none;
}


/＊ ～～ 站点链接的样式必须保持此顺序,包括用于创建悬停效果的选择器组在内.～～ ＊/
a:link {
        color: ＃42413C;
        text－decoration: underline; /＊ 除非将链接设置成极为独特的外观样式,否则最好提供下划
线,以便可以从视觉上快速识别 ＊/
}
a:visited {
        color: ＃6E6C64;
        text－decoration: underline;
}
a:hover,a:active,a:focus { /＊ 此组选择器将为键盘导航者提供与鼠标使用者相同的悬停体验 ＊/
        text－decoration: none;
}


/＊ ～～ 此固定宽度容器包含其他 div ～～ ＊/
.container {
        width: 960px;
        margin: 0 auto; /＊ 侧边的自动值与宽度结合使用,可以将布局居中对齐 ＊/
        background－color: ＃EBEBEB;
}


.header {
        background－color: ＃8E8E8E;
}
.sidebar1 {
        float: left;
        width: 180px;
        padding－bottom: 10px;
```

```
        background - color: #B7B7B7;
    }
    .content {
        width: 780px;
        float: left;
        height: 100%;
        padding - top: 10px;
        padding - right: 0;
        padding - bottom: 10px;
        padding - left: 0;
    }

/* ~~ 此分组的选择器为.content区域中的列表提供了空间 ~~ */
.content ul,.content ol {
    padding: 0 15px 15px 40px; /* 此填充反映上述标题和段落规则中的右填充.填充放置于下方
可用于间隔列表中的其他元素,置于左侧可用于创建缩进.用户可以根据需要进行调整 */
}


ul.nav {
    list - style: none; /* 这将删除列表标记 */
    border - top: 1px solid #666; /* 这将为链接创建上边框,使用下边框将所有其他项放置在
li中 */
    margin - bottom: 15px; /* 这将在下面内容的导航之间创建间距 */
}
ul.nav li {
    border - bottom: 1px solid #666; /* 这将创建按钮间隔 */
}
ul.nav a,ul.nav a:visited { /* 对这些选择器进行分组可确保链接即使在访问之后也能保持其按
钮外观 */
    padding: 5px 5px 5px 15px;
    display: block; /* 这将为链接赋予块属性,使其填满包含它的整个li.这样,整个区域都可以
响应鼠标单击操作 */
    width: 160px; /* 此宽度使整个按钮在IE6中可单击.如果不需要支持IE6,可以删除它.请用侧
栏容器的宽度减去此链接的填充来计算正确的宽度 */
    text - decoration: none;
    background - color: #8e8e8e;
}
ul.nav a:hover,ul.nav a:active,ul.nav a:focus { /* 这将更改鼠标和键盘导航的背景和文本颜色
*/
    color: #FFF;
    background - color: #B6B6B6;
}

/* ~~ 脚注 ~~ */
.footer {
    padding: 10px 0;
    position: relative;    /* 这可以使IE6 hasLayout以正确的方式进行清除 */
    clear: both; /* 此清除属性强制.container了解列的结束位置以及包含列的位置 */
    background - color: #8E8E8E;
    text - align: center;
```

```
}
```

8.6.3 课程管理界面设计

用户可以根据数据库中记录的添加时间进行自动选择,也可以手工修改文件进行项目的选择。

本系统采用后一种策略,由于该项功能是辅助功能,所以做了简单处理。对于编程来说,区别仅仅在于数据记录的选择,如图 8-8 所示。

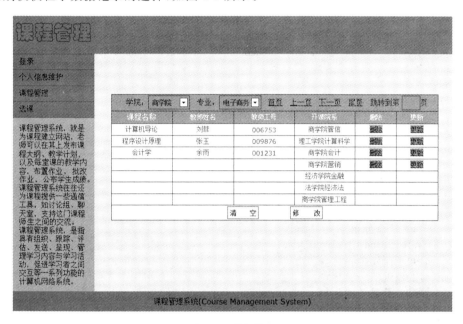

图 8-8 课程管理

//coursemana.jsp: JSP 实例代码

```
<! DOCTYPE html PUBLIC " - //W3C//DTD XHTML 1.0 Transitional//EN"
"http://www.w3.org/TR/xhtml1/DTD/xhtml1 - transitional.dtd">
< html xmlns = "http://www.w3.org/1999/xhtml">
< head >
< meta http - equiv = "Content - Type" content = "text/html; charset = utf - 8" />
< title>无标题文档</title>
< LINK rel = stylesheet type = text/css href = "style.css">
</head >
< body >
< div class = "container">
< div class = "header"><a href = " # "><img src = "Insert_logo2.gif" alt = "在此处插入徽标"
name = "Insert_logo" width = "180" height = "90" id = "Insert_logo" style = " background:
#C6D580; display:block;" /></a>
<! -- end . header -- ></div >
< div class = "sidebar1">
< ul class = "nav">
< li ><a href = " # ">登录</a></li>
< li ><a href = " # ">个人信息维护</a></li>
< li ><a href = " # ">课程管理</a></li>
```

```html
<li><a href="#">选课</a></li>
</ul>
<p> 课程管理系统,就是为课程建立网站,老师可以在其上发布课程大纲、教学计划,以及每堂课的
教学内容,布置作业,批改作业,公布学生成绩.课程管理系统往往还为课程提供一些通信工具,如讨
论组、聊天室,支持这门课程师生之间的交流.</p>
<p>课程管理系统,是指具有组织、跟踪、评估、发送、呈现、管理学习内容与学习活动,促进学习者之
间交互等一系列功能的计算机网络系统.</p>
<!-- end .sidebar1 --></div>
<div class="content">
<h1> </h1>
  <DIV id=personalinfostyle="margin-left:20px; padding-left:20px;">
<FORM method=post action=change_info.jsp>
<TABLE width="710" cellspacing="1"bgcolor="#666666" border="0">
<TBODY>
  <TR>
<TDcolspan="6"align=centerstyle="background-color:#AFAFAF; color:#FFF; font-size:
16px;"><span class="navpage">
学院: <select name="select">
<option>商学院</option>
<option>理工学院</option>
<option>经济学院</option>
<option>法学院</option>
</select></span>
<span class="navpage">
专业: <select name="select2">
<option>电子商务</option>
<option>物流管理</option>
<option>信息管理</option>
<option>会计学</option>
<option>计算科学</option>
</select></span>
<span class="navpage"><a href="#">首页</a></span>
<span class="navpage"><a href="#">上一页</a></span>
<span class="navpage"><a href="#">下一页</a></span>
<span class="navpage"><a href="#">尾页</a></span>
<span class="navpage"><label for="textfield">跳转到第</label>
<input type="text" name="textfield" id="textfield" style="width:30px; height:20px;" />
页</span></TD>
</TR>
<TR>
<TD width=90 align=centerstyle="background-color:#AFAFAF; color:#FFF; font-size:
16px;">课程名称</TD>
<TD width=90 align=centerstyle="background-color:#AFAFAF; color:#FFF">教师姓名
</TD>
<TD width=90 align=center style="background-color:#AFAFAF; color:#FFF">教师工号</TD>
<TD width=90 align=center style="background-color:#AFAFAF; color:#FFF">开课院系</TD>
<TD width=60align="center"style="background-color:#AFAFAF; color:#FFF">删除</TD>
<TD width=60align="center"style="background-color:#AFAFAF; color:#FFF">更新</TD>
</TR>
<TR>
<TD width=60 align=right>计算机导论</TD>
```

```
< TD width = 60 align = right >刘菲</TD>
< TD width = 60 align = right > 006753 </TD>
< TD width = 60 align = right >商学院管信</TD>
< TD >< span style = "background - color: ♯ AFAFAF; color: ♯ FFF">< a href = " ♯ ">删除</a >
</span ></TD>
< TD >< span style = "background - color: ♯ AFAFAF; color: ♯ FFF">< a href = " ♯ ">更新</a >
</span ></TD>
</TR>
< TR >
< TD align = right >程序设计原理</TD>
< TD align = right >张玉</TD>
< TD align = right > 009876 </TD>
< TD align = right >理工学院计算科学</TD>
  < TD >< span style = "background - color: ♯ AFAFAF; color: ♯ FFF">< a href = " ♯ ">删除</a >
</span ></TD>
< TD >< span style = "background - color: ♯ AFAFAF; color: ♯ FFF">< a href = " ♯ ">更新</a >
</span ></TD>
</TR>
< TR >
< TD align = right >会计学</TD>
< TD align = right >余雨</TD>
< TD align = right > 001231 </TD>
< TD align = right >商学院会计</TD>
< TD >< span style = "background - color: ♯ AFAFAF; color: ♯ FFF">< a href = " ♯ ">删除</a >
</span ></TD>
< TD >< span style = "background - color: ♯ AFAFAF; color: ♯ FFF">< a href = " ♯ ">更新</a >
</span ></TD>
</TR>
< TR >
< TD align = right >  </TD>
< TD align = right >  </TD>
< TD align = right >  </TD>
< TD align = right >商学院营销</TD>
< TD >< span style = "background - color: ♯ AFAFAF; color: ♯ FFF">< a href = ♯ ">删除</a >
</span ></TD>
< TD >< span style = "background - color: ♯ AFAFAF; color: ♯ FFF">< a href = " ♯ ">更新</a >
</span ></TD>
</TR>
< TR >
< TD align = right >  </TD>
< TD align = right >  </TD>
< TD align = right >  </TD>
< TD align = right >经济学院金融</TD>
< TD >  </TD>
< TD >  </TD>
</TR>
< TR >
< TD align = right >  </TD>
< TD align = right >  </TD>
< TD align = right >  </TD>
< TD align = right >法学院经济法</TD>
```

```
<TD >  </TD >
<TD >  </TD >
</TR >
<TR >
<TD align = right >  </TD >
<TD align = right >  </TD >
<TD align = right >  </TD >
<TD align = right >商学院管理工程</TD >
<TD >  </TD >
<TD >  </TD >
</TR >
<TR align = middle >
<TD colSpan = 6 align = "center"><INPUT value = "清　空" type = reset >
            
 <INPUT value = "修　改" type = submit name = submit >
</TD></TR></TBODY></TABLE></FORM></DIV>
<!-- end .content --></div>
<div class = "footer">
课程管理系统(Course Management System)
<!-- end .footer --></div>
<!-- end .container --></div>
</body>
</html>
```

8.6.4　选课界面设计

用户可以根据数据库中记录的添加时间进行自动选择,也可以手工修改文件进行项目的选择,如图 8-9 所示。

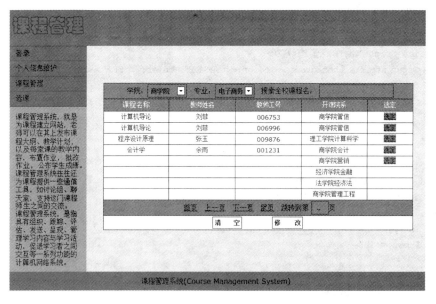

图 8-9　选课界面

本界面的源码如下：

//coursechoose.jsp: JSP 实例代码

```
<!DOCTYPE html PUBLIC " - //W3C//DTD XHTML 1.0 Transitional//EN"
"http://www.w3.org/TR/xhtml1/DTD/xhtml1 - transitional.dtd">
< html xmlns = "http://www.w3.org/1999/xhtml">
< head >
< meta http - equiv = "Content - Type" content = "text/html; charset = utf - 8" />
<title>无标题文档</title>
< LINK rel = stylesheet type = text/css href = "style.css">
</head >

< body >

< div class = "container">
< div class = "header"><a href = " # "><img src = "Insert_logo2.gif" alt = "在此处插入徽标"
name = "Insert_logo" width = "180" height = "90" id = "Insert_logo" style = "background:
#C6D580; display:block;" /></a>
<! -- end . header -- ></div >
< div class = "sidebar1">
< ul class = "nav">
< li ><a href = " # ">登录</a></li>
< li ><a href = " # ">个人信息维护</a></li>
< li ><a href = " # ">课程管理</a></li>
< li ><a href = " # ">选课</a></li>
</ul>
 < p align = "left">课程管理系统,就是为课程建立网站,老师可以在其上发布课程大纲、教学计划、
以及每堂课的教学内容,布置作业,批改作业,公布学生成绩.课程管理系统往往还为课程提供一些
通信工具,如讨论组、聊天室,支持这门课程师生之间的交流.</p>
 < p align = "left"> </p>

< p align = "left"> 课程管理系统,是指具有组织、跟踪、评估、发送、呈现、管理学习内容与学习活
动,促进学习者之间交互等一系列功能的计算机网络系统.</p>
<! -- end . sidebar1 -- ></div >
< div class = "content">
< h1 >  </h1>
 < DIV id = personalinfostyle = "margin - left: 20px; padding - left: 20px;">

< FORM method = post action = change_info.jsp >
< TABLE width = "710" cellspacing = "1"bgcolor = " #666666" border = "0">
< TBODY >
 < TR >
< TDcolspan = "5"align = centerstyle = "background - color: #AFAFAF; color: #FFF; font - size:
16px;"><span class = "navpage">
学院: < select name = "select">
< option>商学院</option >
< option>理工学院</option >
< option>经济学院</option >
< option>法学院</option >
</select ></span >
< span class = "navpage">
```

专业：< select name = "select2">
< option>电子商务</option>
< option>物流管理</option>
< option>信息管理</option>
< option>会计学</option>
< option>计算科学</option>
</select></span>
< span class = "navpage">
< label for = "textfield">搜索全校课程名：</label>
< input type = "text" name = "textfield" id = "textfield" style = "width:160px; height:20px;" />
</span></TD>

</TR>
< TR >
< TD width = 90 align = centerstyle = "background – color: ♯ AFAFAF; color: ♯ FFF; font – size:
16px;">课程名称</TD>
< TD width = 90 align = centerstyle = "background – color: ♯ AFAFAF; color: ♯ FFF">教师姓名
</TD>
< TD width = 90 align = center style = "background – color: ♯ AFAFAF; color: ♯ FFF">教师工号</TD>
< TD width = 90 align = center style = "background – color: ♯ AFAFAF; color: ♯ FFF">开课院系</TD>
< TD width = 60align = "center"style = "background – color: ♯ AFAFAF; color: ♯ FFF">选定</TD>
</TR>
< TR >
< TD width = 60 align = right>计算机导论</TD>
< TD width = 60 align = right>刘菲</TD>
< TD width = 60 align = right > 006753 </TD>
< TD width = 60 align = right>商学院管信</TD>
< TD >< span style = "background – color: ♯ AFAFAF; color: ♯ FFF">< a href = " ♯ ">选定</a >
</span></TD>
</TR>
< TR >
< TD width = 60 align = right>计算机导论</TD>
< TD width = 60 align = right>刘菲</TD>
< TD width = 60 align = right > 006996 </TD>
< TD width = 60 align = right>商学院管信</TD>
< TD >< span style = "background – color: ♯ AFAFAF; color: ♯ FFF">< a href = " ♯ ">选定</a >
</span></TD>
</TR>
< TR >
< TD align = right>程序设计原理</TD>
< TD align = right>张玉</TD>
< TD align = right > 009876 </TD>
< TD align = right>理工学院计算科学</TD>
< TD >< span style = "background – color: ♯ AFAFAF; color: ♯ FFF">< a href = " ♯ ">选定</a >
</span></TD>
</TR>
< TR >
< TD align = right>会计学</TD>
< TD align = right>余雨</TD>
< TD align = right > 001231 </TD>
< TD align = right>商学院会计</TD>

```
<TD><span style="background-color:#AFAFAF; color:#FFF"><a href="#">选定</a>
</span></TD>
</TR>
<TR>
<TD align=right> </TD>
<TD align=right> </TD>
<TD align=right> </TD>
<TD align=right>商学院营销</TD>
<TD><span style="background-color:#AFAFAF; color:#FFF"><a href="#">选定</a>
</span></TD>
</TR>
<TR>
<TD align=right> </TD>
<TD align=right> </TD>
<TD align=right> </TD>
<TD align=right>经济学院金融</TD>
<TD> </TD>
</TR>
<TR>
<TD align=right> </TD>
<TD align=right> </TD>
<TD align=right> </TD>
<TD align=right>法学院经济法</TD>
<TD> </TD>
</TR>
<TR>
<TD align=right> </TD>
<TD align=right> </TD>
<TD align=right> </TD>
<TD align=right>商学院管理工程</TD>
<TD> </TD>
</TR>
<TR>
<TDcolspan="5"align=centerstyle="background-color:#AFAFAF; color:#FFF; font-size:
16px;"><span class="navpage"><a href="#">首页</a></span>
<span class="navpage"><a href="#">上一页</a></span>
<span class="navpage"><a href="#">下一页</a></span>
<span class="navpage"><a href="#">尾页</a></span>
<span class="navpage"><label for="textfield">跳转到第</label>
<input type="text" name="textfield" id="textfield" style="width:30px; height:20px;" />
页</span></TD>

</TR>
<TR align=middle>
<TD colSpan=5 align="center"><INPUT value="清　空" type=reset>
        
<INPUT value="修　改" type=submit name=submit>
</TD></TR></TBODY></TABLE></FORM></DIV>
<!-- end .content --></div>
<div class="footer">
课程管理系统(Course Management System)
```

```
<!-- end .footer --></div>
<!-- end .container --></div>
</body>
</html>
```

习题 8

1. 页面布局的方法有哪些？尝试用表格和 DIV+CSS 布局同样的网页界面。
2. 利用 DIV+CSS 进行页面布局有什么优势？
3. JavaScript 在网页中有什么作用？有哪些成熟的脚本框架技术？
4. 网站设计需要用到哪些技术？它们在网页设计中有什么作用？

第9章

Ajax与jQuery

本章将引导读者了解 Web 2.0 核心技术 Ajax。

Web 2.0 是 2003 年之后互联网的热门概念之一,不过对什么是 Web 2.0 并没有很严格的定义。一般来说,Web 2.0 是相对 Web 1.0 的新的一类互联网应用的统称。Web 2.0 是一个新生的术语,它更注重用户的交互作用,用户既是网站内容的消费者(浏览者),又是网站内容的制造者。Web 2.0 表现的社会性网络的技术包括博客(Blog)、播客(Podcasting)、BT、移动博客、P2P、社交网络(SNS)、RSS、博采(Blogmark)、维客(Wiki)、标签(Tag)等。

如果说 Web 1.0 是以数据为核心的网,那么 Web 2.0 是以人为出发点的互联网。从知识生产的角度来看,Web 1.0 的任务是将以前没有放在网上的人类知识放到网上单方向传递给用户,Web 2.0 则使每个用户都成为知识的生产者,把知识有机地组织起来;从交互性看来,Web 1.0 是以网站对用户为主,Web 2.0 是以用户对用户为主;从技术上来看,由于 Ajax 等技术的使用,Web 客户端的工作效率越来越高。

9.1 Ajax 概述

Ajax 不是一种新的编程语言,而是一种用于创建更好、更快以及交互性更强的 Web 应用程序的技术。Ajax 概念的最早提出者 Jesse James Garrett 认为:Ajax 是 Asynchronous JavaScript and XML(异步 JavaScript 和 XML)的缩写。Ajax 并不是一门新的语言,它实际上是几项技术按照一定的方式组合在一起在共同的协作中发挥各自的作用。这些技术包括以下几个方面:

(1) 使用 XHTML 和 CSS 标准化呈现。

(2) 使用 DOM 实现动态显示和交互。

(3) 使用 XML 和 XSLT 进行数据交换与处理。

(4) 使用 XMLHttpRequest 进行异步数据读取。

(5) 用 JavaScript 绑定和处理所有数据。

在 2005 年,Ajax 被 Google 推广开来(Google Suggest)。当初,Google 建议使用 XMLHttpRequest 对象来创建一种动态性极强的 Web 界面:当用户开始在 Google 的搜索框中输入查询时,JavaScript 会向某个服务器发出这些字词,然后服务器会返回一系列的搜索建议。

Ajax 的工作原理相当于在用户和服务器之间加一个中间层,使用户操作与服务器响应异步化。但是,并不是所有的用户请求都提交给服务器,像一些数据验证和数据处理等都交给 Ajax 引擎来做,只有确定需要从服务器读取新数据时才由 Ajax 引擎代为向服务器提交请求。

9.1.1　为什么使用 Ajax

在传统的交互方式中,当用户触发一个 HTTP 请求到服务器时,服务器对其进行处理后再返回一个新的 HTML 页到客户端。每当服务器处理客户端提交的请求时,客户都只能空闲等待,并且哪怕只是一次很小的数据交互都要从远端服务器返回一个完整的 HTML 页,而用户每次都要浪费时间和带宽去重新读取整个页面。这种方式浪费了许多带宽,因为在前、后两个页面中的绝大部分 HTML 代码往往是相同的。由于每次交互都需要向服务器发送请求,导致了 Web 用户应用的响应比本地应用慢得多。

Ajax 在浏览器与 Web 服务器之间使用异步数据传输(HTTP 请求),这样就可以使网页从服务器请求少量的信息,而不是整个页面。在使用 Ajax 之后,用户感觉几乎所有的操作都会很快响应,而且不会出现整个页面重载期间的等待。

在创建 Web 站点时,客户端执行局部更新,而不刷新整个页面,为用户提供了很大的操作灵活性。因此,使用 Ajax 可以提升站点的性能,这是通过减少刷新整个页面从服务器下载的数据量实现的。例如在某个购物车页面,若不使用 Ajax 技术,在更新购物车中的某个物品的数量时会重新载入整个页面,这样必须下载整个页面的所有数据。如果使用 Ajax 则只计算这个物品新的总量,服务器只会返回新的总量值,因此所需的网络流量会极大地降低。另外,在 Ajax 中,如果用户在分页列表上单击 Next 按钮显示下一页,则服务器数据只刷新列表部分而不刷新整个页面。

使用 Ajax 的主要原因可以归纳为以下几点:

(1) 使用异步方式与服务器通信,不打断用户的操作,通过及时局部响应和取消整页刷新等待给用户提供更好的操作体验。

(2) 把以前的一些服务器负担的工作转到客户端,有利于客户端用闲置的处理能力来处理,从而减轻服务器和网络带宽的负担。

由此可见,Ajax 使得 Web 应用更加动态,带来了更高的智能,并且可以提供表现能力丰富的 Ajax UI 组件,这样一类新型的 Web 应用称为 RIA(Rich Internet Application)应用。

Ajax 技术在 1998 年前后得到了初步应用。通过 Ajax,JavaScript 可以使用 XMLHttpRequest 对象直接与服务器进行通信。通过这个对象,JavaScript 可以在不重载页面的情况下与 Web 服务器交换数据。

允许客户端脚本发送 HTTP 请求(XMLHTTP)的第一个组件由 Outlook Web Access 小组写成。该组件原属于微软公司的 Exchange Server,并且迅速地成为 Internet Explorer 的一部分。部分观察家认为,Outlook Web Access 是第一个应用了 Ajax 技术的成功的商业应用程序。但是,直到 2005 年年初,许多事件才使得 Ajax 被大众接受。最著名的就是,Google 在它著名的交互应用程序中使用了异步通信,例如 Google 讨论组、Google 地图、Google 搜索建议、Gmail 等。

Ajax并非完美无缺,Ajax最主要的缺点就是它可能破坏浏览器后退按钮的正常行为。在Ajax动态更新页面的情况下,用户无法回到前一个页面状态,这是因为浏览器仅能记下历史记录中的静态页面。不过开发者已经想出了种种办法来解决这个问题,比如通过建立或使用一个隐藏的iframe来重现页面上的变更。

另外,在进行Ajax开发时对网络延迟(即用户发出请求到服务器发出响应之间的间隔)需要慎重考虑。不给予用户明确的替身,会使用户感到延迟和困惑。通常的解决方法是,使用一个可视化的信息来告诉用户系统正在进行后台操作并且正在读取数据和内容。

Ajax不需要任何浏览器插件,但需要用户允许JavaScript在浏览器上执行,就像DHTML应用程序那样,Ajax应用程序必须在众多不同的浏览器和平台上经过严格的测试。随着Ajax的成熟,一些简化Ajax使用方法的程序库(如jQuery)也相继问世。

9.1.2　Ajax 技术基础

Ajax的核心是JavaScript对象XMLHttpRequest。该对象在Internet Explorer 5中首次引入,XMLHttpRequest对象是一种支持异步请求的技术。简而言之,XMLHttpRequest可以使用JavaScript不从当前的Web页面导航,而直接与服务器进行信息交互,并且能够实现异步通信传送,从而避免传统方式用户必须等待上一请求完成后才能进行下一步操作的弊端。

1. XMLHttpRequest 简介

Ajax的一个最大的特点是无须刷新页面便可以向服务器传输或读/写数据(又称无刷新更新页面),这一特点主要得益于XMLHTTP组件XMLHttpRequest对象。目前,XMLHttpRequest对象得到Internet Explorer 5.0、Safari 1.2、Mozilla 1.0/Firefox、Opera 8以及Netscape 7等浏览器的支持。

最早应用XMLHTTP的是微软公司的IE(IE5以上),Mozilla(Mozilla 1.0以上以及Netscape 7以上)支持该技术的做法是创建它自己的继承XML代理类——XMLHttpRequest类。Konqueror和Safari也支持XMLHttpRequest对象,Opera将在其V7.6x以后的版本中支持XMLHttpRequest对象。对于大多数情况而言,XMLHttpRequest对象和XMLHTTP组件很相似,方法和属性也类似,只有一小部分属性有所差异。

2. XMLHttpRequest 的应用

XMLHttpRequest对象在JS中的应用是通过JavaScript实现的,对于Mozilla、Netscape、Safari等浏览器,创建XMLHttpRequest的方法如下:

```
var xmlhttp = new XMLHttpRequest();
```

微软公司的XMLHTTP组件在JS中的应用方式如下:

```
xmlhttp_request = new ActiveXObject("Msxml2.XMLHTTP.3.0"); //3.0、4.0或5.0
xmlhttp_request = new ActiveXObject("Msxml2.XMLHTTP");
xmlhttp_request = new ActiveXObject("Microsoft.XMLHTTP");
```

其中,Msxml2.XMLHTTP 是高版本,Microsoft.XMLHTTP 是低版本。

由于 XMLHttpRequest 类首先由 Internet Explorer 以 ActiveX 对象引入,被称为 XMLHTTP。后来,Mozilla、Netscape、Safari 和其他浏览器也提供了 XMLHttpRequest 类,所以它们创建 XMLHttpRequest 类的方法不同。

由于在不同 Internet Explorer 浏览器中 XMLHTTP 的版本可能不一致,为了更好地兼容不同版本的 Internet Explorer 浏览器,我们需要根据不同版本的 Internet Explorer 浏览器来创建 XMLHttpRequest 类,上面的代码就是根据不同的 Internet Explorer 浏览器创建 XMLHttpRequest 类的方法。

如果服务器的响应没有 XML mime-type header,某些 Mozilla 浏览器可能无法正常工作。对于这个问题,如果服务器响应的 header 不是 text/xml,可以调用其他方法修改该 header,例如:

```
xmlhttp_request = new XMLHttpRequest();
xmlhttp_request.overrideMimeType('text/xml');
```

在实际应用中,为了兼容多种不同版本的浏览器,一般将创建 XMLHttpRequest 类的方法写成以下形式:

```
try {
if (window.ActiveXObject){
for(var i = 5; i; i-- ){
try{
if(i == 2){
xmlhttp_request = new ActiveXObject("Microsoft.XMLHTTP");
}
else{
xmlhttp_request = new ActiveXObject("Msxml2.XMLHTTP." + i + ".0");
xmlhttp_request.setRequestHeader("Content-Type","text/xml");
xmlhttp_request.setRequestHeader("Content-Type","gb2312"); }
break;
}
catch(e){
xmlhttp_request = false;
}
}
}
else if(window.XMLHttpRequest){
xmlhttp_request = new XMLHttpRequest();
if (xmlhttp_request.overrideMimeType)
{ xmlhttp_request.overrideMimeType('text/xml'); }
}
}
catch(e)
{ xmlhttp_request = false; }
```

在定义了如何处理响应后就要发送请求了,可以调用 HTTP 请求类的 open()和 send()方法,如下所示:

```
xmlhttp_request.open('GET',URL,true);
```

open()的第 1 个参数是 HTTP 请求方式,包括 GET、POST 和任何服务器所支持的想调用的方式。按照 HTTP 规范,该参数要大写,否则,某些浏览器可能无法处理请求。

第 2 个参数是请求页面的 URL。

第 3 个参数设置请求是否为异步模式。如果是 true,JavaScript 函数将继续执行,而不等待服务器响应。这就是 Ajax 中的"A"。

用 JavaScript 创建 XMLHttpRequest 类的对象实例,在向服务器发送一个 HTTP 请求后,接下来要决定收到服务器的响应后要进行的操作。这需要告诉 HTTP 请求对象用哪一个 JavaScript 函数处理这个响应,可以将对象的 onreadystatechange 属性设置为要使用的 JavaScript 的函数名,如下所示:

```
xmlhttp_request.onreadystatechange = FunctionName;
```

FunctionName 是用 JavaScript 创建的函数名,注意不要写成 FunctionName(),也可以使用匿名方法,例如:

```
xmlhttp_request.onreadystatechange = function(){
// JavaScript 代码段
};
```

在获取服务器响应时,首先要检查请求的状态。只有当一个完整的服务器响应已经收到时,函数才可以处理该响应。因此,XMLHttpRequest 提供了 readyState 属性来对服务器响应进行判断。

readyState 的取值如下:

0 (未初始化)
1 (正在装载)
2 (装载完毕)
3 (交互中)
4 (完成)

所以,只有当 readyState=4 时,一个完整的服务器响应收到了,函数才可以处理该响应。具体代码如下:

```
if (http_request.readyState == 4) { //收到完整的服务器响应 }
else { //没有收到完整的服务器响应 }
```

当 readyState=4 时,一个完整的服务器响应收到了,接着函数需要检查 HTTP 服务器响应的状态值。当 HTTP 服务器响应的值为 200 时,表示状态正常。在检查完请求的状态值和响应的 HTTP 状态值后,就可以处理从服务器得到的数据了,有下面两种方式可以得到这些数据:

(1) 以文本字符串的方式返回服务器的响应。

(2) 以 XMLDocument 对象方式返回响应。

对于"xmlhttp_request.send(null);",一般情况下,使用 Ajax 提交的参数大多是一些简单的字符串,可以直接使用 GET 方法将要提交的参数写到 open 方法的 url 参数中,此时

send 方法的参数为 null。

为了便于理解 Ajax 的工作原理，下面将创建一个非常简单的 Ajax 应用程序来读取 XML 文件的内容。

首先创建一个名称为 xmldata.xml 的文件，代码如下：

```
//xmldata.xml
< books >
< book >
< author > Jie Hu </author >
< title > Java 实战</title >
</book >
< book >
< author > Yu Liu </author >
< title > ASP. NET 4.0 基础</title >
</book >
< book >
< author > Mike zhang </author >
< title > Ajax 揭秘</title >
</book >
</books >
```

在文件名为 testAjax. htm 的 HTML 页面中需要添加一个 HTML 表单，该表单包含一个按钮和一个 div 层，当用户单击按钮时，层将显示 Ajax 传回的 XML 内容。

```
//get_xml.html
<! DOCTYPE html PUBLIC " - //W3C//DTD XHTML 1.0 Transitional//EN"
"http://www.w3.org/TR/xhtml1/DTD/xhtml1 - transitional.dtd">
< html xmlns = "http://www.w3.org/1999/xhtml">
< head >
< meta http - equiv = "Content - Type" content = "text/html; charset = utf - 8" />
< title >无标题文档</title >
< script type = "text/javascript">
var xmlHttp;
function ajaxFunction(){
try
{
//Firefox、Opera 8.0 + 、Safari
xmlHttp = new XMLHttpRequest();
}
catch (e)
{
//Internet Explorer
try
{
xmlHttp = new ActiveXObject("Msxml2.XMLHTTP");
}
catch (e)
{
try
{
```

```
xmlHttp = new ActiveXObject("Microsoft.XMLHTTP");
}
catch (e)
{
alert("您的浏览器不支持 Ajax!");
return false;
}
}
}

xmlHttp.open("GET","xmldata.xml",true);
xmlHttp.send(null);
xmlHttp.onreadystatechange = updatePage;
}
functionupdatePage() {
{
if(xmlHttp.readyState == 4)
{
var books = xmlHttp.responseXML.documentElement.getElementsByTagName("book");
for(var i = 0; i < books.length; i++) {
document.getElementById("bookinfo").innerHTML += "作者："
 + xmlHttp.responseXML.getElementsByTagName("author")[i].text
 + "; 书名：" + xmlHttp.responseXML.getElementsByTagName("title")[i].text
 + "<br/>";
}
}
}
}
</script>
<style type = "text/css">
#bookinfo {
background-color: #FFC;
height: 300px;
width: 800px;
}
</style>
</head>
<body>
 <form id = "form1" name = "form1" method = "post" action = "">
<input type = "button" name = "button" id = "button" value = "按钮" onclick = "ajaxFunction()" />
</form>
<div id = "bookinfo"></div>
</body>
</html>
```

9.1.3 注册用户验证的应用

在此以一个简单的注册页面为例介绍注册用户验证的应用，此例子只检验是否存在输入的用户名。

Registerinfo.html 页面的源代码如下：

```
//Registerinfo.html
<%@ page contentType = "text/html; charset = gb2312"
%>
<!DOCTYPE HTML PUBLIC " - //W3C//DTD HTML 4.01 Transitional//EN">
<html>
<head>
<meta http - equiv = "Content - Type" content = "text/html; charset = gb2312">
<title>注册页面</title>
<script type = "text/javascript" src = "xmlhttp_request.js"></script>
<script type = 'text/javascript'>
function CheckLogin() {
if(document.getElementById("username").value!= "") {
document.getElementById("alert_info").innerHTML = "系统正在处理";
xmlhttp_request.open("GET","Register.jsp?username = " + document.getElementById("username").
value,true);
xmlHttp.onreadystatechange = alertInfo;
}
else {
document.getElementById("alert_info").innerHTML = "请输入用户名称";
}
}
function alertInfo() {
if (xmlhttp_request.readyState == 4) { //判断对象状态
if (xmlhttp_request.status == 200) {    //信息已经成功返回,开始处理信息
document.getElementById("alert_info").innerHTML = xmlhttp_request.responseText;
} else {                               //页面不正常
alert("您所请求的页面有异常.");
}
}
}
// -->
</script>
</head>
<body>
<form name = "form1" method = "post" action = "">
<table style = "font - size:12px;">
<tr>
<td width = "120">用户名: </td>
<td>< input type = "text"id = "username"name = "username" onblur = "CheckLogin()"></td>
</tr>
<tr>
<td>密码: </td>
<td>< input type = "password" id = "pwd" name = "pwd"></td>
</tr>
</table>
</form>
</body>
</html>
```

xmlhttp_request.js 文件的源代码如下：

```
//定义 XMLHttpRequest 对象实例
var xmlhttp_request = false;
//定义可复用的 HTTP 请求发送函数
try {
if (window.ActiveXObject){
for(var i = 5; i; i--){
try{
if(i == 2){
xmlhttp_request = new ActiveXObject("Microsoft.XMLHTTP");
}
else{
xmlhttp_request = new ActiveXObject("Msxml2.XMLHTTP." + i + ".0");
xmlhttp_request.setRequestHeader("Content - Type","text/xml");
xmlhttp_request.setRequestHeader("Content - Type","gb2312"); }
break;
}
catch(e){
xmlhttp_request = false;
}
}
}
else if(window.XMLHttpRequest){
xmlhttp_request = new XMLHttpRequest();
if (xmlhttp_request.overrideMimeType)
{ xmlhttp_request.overrideMimeType('text/xml'); }
}
}
catch(e)
{ xmlhttp_request = false; } }
```

Register.jsp 的源代码如下：

```
//Register.jsp
<% @ page contentType = "text/html; charset = gb2312" %>
<%
String name = request.getParameter("username");
String existedusername = "mike";
if(name == existedusername)
System.out.println("用户名称[" + name + "]已经被注册,请更换.");
else
System.out.println("用户名称[" + name + "]尚未被注册.");
%>
```

一个简单的异步验证用户名的程序由上述3个文件构成,当用户输入完用户名后,切换光标,将会异步验证输入的用户名是否是 mike。为了便于理解,用户名只有一个。

9.2 Ajax 应用案例

9.2.1 jQuery 简介

jQuery 是继 Prototype 之后又一个优秀的 JavaScript 框架,其宗旨是 Write Less,Do More(写更少的代码,做更多的事情)。jQuery 是轻量级的 js 库(压缩后只有几十千字节),它兼容 CSS3,还兼容各种浏览器(IE 6.0、FF 1.5、Safari 2.0、Opera 9.0)。jQuery 使用户能更方便地处理 HTML documents、events,实现动画效果,并且方便地为网站提供 Ajax 交互。jQuery 还有一个比较大的优势,就是有许多成熟的插件可以选择。jQuery 能够使用户的 HTML 页面保持 JavaScript 代码和 HTML 代码分离,也就是说,不用再在 HTML 里面插入一堆 JS 来调用命令了。

jQuery 由美国人 John Resig 创建,至今已吸引了来自世界各地的众多 JavaScript 编程的高水平人员加入其团队。对于任何使用 JavaScript 代码的程序员来说,它是一个非常有用的 JavaScript 库。无论是刚刚接触 JavaScript 语言,并且希望获得一个能解决文档对象模型(Document Object Model,DOM)脚本和 Ajax 开发中的一些复杂问题的库,还是作为一个厌倦了 DOM 脚本和 Ajax 开发中无聊的重复工作的资深 JavaScript 专家,jQuery 都会是编写 JavaScript 程序的一个正确的选择。

jQuery 能保证代码简洁、易读,程序员再也不必编写大堆重复的循环代码和 DOM 脚本库调用了。下面介绍 jQuery 具有的特点。

(1) 提供了强大的功能函数:使用这些功能函数,能够帮助用户快速地完成各种功能,而且会让代码异常简洁。

(2) 解决浏览器兼容性问题:JavaScript 脚本在不同浏览器中的兼容性一直是 Web 开发人员的噩梦,常常一个页面在 IE7 或 Firefox 下运行正常,在 IE6 下会出现莫名其妙的问题。针对不同的浏览器编写不同的脚本是一件痛苦的事情,有了 jQuery,跨浏览器编程会变得异常轻松。

(3) 实现了丰富的 UI:jQuery UI 是以 jQuery 为基础的开源 JavaScript 网页用户界面代码库,包含底层用户交互、动画、特效和可更换主题的可视控件,编程人员可以直接用它来构建具有很好交互性的 Web 应用程序,提供更好的用户体验。

在使用 jQuery 之前,需要先下载 jQuery 类库,其本质是一个 JS 文件。用户可访问地址"http://jquery.com/download/"进行下载,里面有很多版本和类型的 jQuery 库,主要分为以下几类(其中,1.3.2 为版本号,本书编写时的最新版本为 1.9.1)。

- 压缩版 min:压缩后的 jQuery 类库在正式环境下使用,例如 jquery-1.3.2.min.js。
- 非压缩版:例如 jquery-1.3.2.js。
- vsdoc:在 Visual Studio 中需要引入此版本的 jQuery 类库才能启用智能感知,例如 jquery-1.3.2-vsdoc2.js。
- release:里面有没有压缩的 jQuery 代码以及文档和示例程序,例如 jquery-1.3.2-release.zip。

接下来创建一个 HTML 页面,引入 jQuery 类库掩饰使用方法,其代码如下:

```
//testjquery.html
<!DOCTYPE html PUBLIC " - //W3C//DTD XHTML 1.0 Transitional//EN"
"http://www.w3.org/TR/xhtml 1/DTD/xhtml1 - transitional.dtd">
<html xmlns = "http://www.w3.org/1999/xhtml">
<head>
<title>Hello World jQuery!</title>
<script type = "text/javascript" src = "scripts/jquery - 1.3.2.js"></script>
</head>
<body>
<div id = "Msg">Hello World!</div>
<input id = "btnShow" type = "button" value = "显示" />
<input id = "btnHide" type = "button" value = "隐藏" /><br />
<input id = "btnChange" type = "button" value = "Hello World!" />
<script type = "text/javascript" >
$("#btnShow").bind("click",function(event) { $("#Msg").show(); });
$("#btnHide").bind("click",function(event) { $("#Msg").hide(); });
$("#btnChange").bind("click",function(event) { $("#Msg").html("Hello World!"); });
</script>
</body>
</html>
```

上述代码的效果是页面上有 3 个按钮,分别用来控制 Hello World 的显示、隐藏和修改其内容。其中,$("#btnShow")为 jQuery 的 ID 选择器;bind()为事件绑定函数;show()和 hide()为显示和隐藏函数;html()为修改元素内部 HTML 的函数。

从上面的例子可以看出,在使用 jQuery 后,对 JavaScript 的运用方式发生了翻天覆地的变化,完全不同于传统的 JavaScript 使用方法。

jQuery 具有以下特点:

(1) 语法简练、语义易懂、学习快速、丰富文档。

(2) jQuery 是一个轻量级的脚本,其代码非常小巧,最新版本的 jQuery 框架文件仅有30KB 左右。

(3) jQuery 支持 CSS1~CSS3 定义的属性和选择器,以及基本的 xPath 技术。

(4) jQuery 是跨浏览器的,它支持的浏览器有 IE 6.0、FF 1.5、Safari 2.0 和 Opera 9.0。

(5) 可以很容易地为 jQuery 扩展其他功能。

(6) 能将 JavaScript 脚本与 HTML 源代码完全分离,便于后期编辑和维护。

(7) 插件丰富,除了 jQuery 自身带有的一些特效外,可以通过插件实现更多功能,例如表单验证、Tab 导航、拖放效果、表格排序、DataGrid、树形菜单、图像特效以及 Ajax 上传等。

(8) jQuery 能够改变了编写 JavaScript 脚本的方式,降低了 JavaScript 开发的复杂度,提高了网页开发效率,无论对于 JavaScript 初学者,还是 Web 开发资深专家,jQuery 都是一个优秀的开发工具。jQuery 不仅适合于网页设计师、程序开发者,同样适合于商业开发。

9.2.2 jQuery 技术基础

1. jQuery 构造器

构造器是 jQuery 框架的内核(Core),它犹如 JavaScript 语言的构造函数(Function)。

构造器由 jQuery()函数(可简写为 $())负责实现,该函数是整个 jQuery 框架的核心,jQuery 中的一切操作都构建于这个函数之上。jQuery()函数可以接受以下 4 种类型的参数。

(1) jQuery(expression,[context]):根据 CSS 选择器字符串在页面中匹配一组元素,或者利用 context 参数指定匹配的范围。

(2) jQuery(html,ownerDocument):根据 HTML 标记字符串动态地创建由 jQuery 对象包装的 DOM 元素。

(3) jQuery(elements):将一个或多个 DOM 对象转化为 jQuery 对象。

(4) jQuery(callback):$(document).ready()的简写形式,允许绑定一个在 DOM 文档加载完毕之后执行的函数。

2. jQuery 操作 DOM 对象

在传统的 JavaScript 开发中,获取 DOM 对象往往用以下形式

```
var div = document.getElementById("mydiv");
var divs = document.getElementsByTagName("mydiv");
```

即使用 document.getElementById 方法根据 ID 获取单个 DOM 对象,或者使用 document.getElementsByTagName 方法根据 HTML 标签名称获取同名的 DOM 对象集合。在 jQuery 中则用完全不同的语法形式进行上面的操作,例如:

```
//根据 ID 获取 jQuery 包装集
var jQuerydiv = $("♯myDiv");
var jQuerydivs = . $(" * [name = 'myDiv']")
```

"$"符号在 jQuery 中代表对 jQuery 对象的引用,"jQuery"是核心对象。

通俗地讲,Selector 选择器就是一个表示特殊语义的字符串,只要把选择器字符串传入上面的方法中就能够选择不同的 DOM 对象,并且以 jQuery 包装集的形式返回。

jQuery 基础选择器分为以下几类,如表 9-1 所示。

表 9-1　jQuery 基础选择器

名　　称	说　　明	举　　例
♯id	根据元素 ID 选择	$("div01"):选择 ID 为 div01 的元素
element	根据元素的名称选择	$("p"):选择所有 p 元素
. class	根据元素的 css 类选择	$(". stylediv"):选择所有 CSS 类为 stylediv 的元素
*	选择所有元素	$(" * "):选择页面中的所有元素
selector1,selector2,selectorN	用","分隔开,会同时选中这几个选择器匹配的内容	$("♯div01,input,. stylediv ")

（1）jQuery 还可以访问层次结构，例如：

```
$ ("div > p")              //获取 div 下面的所有 p 元素
$ ("div + p")              //获取 div 元素后面的第一个 p 元素
$ ("div ~ p")              //获取 div 后面的所有 p 元素
```

（2）jQuery 为了更准确、方便地选择到相应的元素，还提供了强大的筛选器功能，举例如下：

```
$ ("p:first")              //获取第一个 p 元素
$ ("p:last")               //获取最后一个 p 元素
$ ("p:even")               //第一个 p 元素算 1，查找所有第奇数个的 p 元素
$ ("p:even")               //第一个 p 元素算 1，查找所有第偶数个的 p 元素
$ ("p:eq(1)")              //查找索引为 1 的 input 元素，索引值从 0 算起
$ ("p:gt(2)")              //查找索引大于 2 的所有 p 元素
```

（3）jQuery 还提供了访问内容的功能，举例如下：

```
$ ("p:contains('你好')")    //获取所有 HTML 内容中含有"你好"的 p 元素
$ ("p:empty")              //获取所有不含子标签或 HTML 内容为空的 p 元素
$ ("p:has(input)")         //获取所有含有 input 子元素的 p 元素
$ ("p:parent")             //获取所有含有子标签或有 HTML 内容的 p 元素
```

（4）jQuery 还提供了访问表单的功能，举例如下：

```
$ (":input")               //获取所有 input 元素
$ (":text")                //获取所有文本框元素
$ (":password")            //获取所有密码框元素
$ (":checkbox")            //获取所有复选框元素
```

（5）jQuery 还提供了属性过滤器，举例如下：

```
$ ("input[id]")                    //获取含有 id 属性的 input 元素
$ ("input[name = txtName]")        //获取 name 值为 txtName 的 input 元素
$ ("input[name!= 'txtName ']")     //获取 name 值不等于 txtName 的所有 input 元素
$ ("input[name ^ = 'text']")       //获取 name 值以 text 开头的 input 元素
$ ("input[name $ = 'txtName ']")   //获取 name 值中含有 txtName 的所有 input 元素
$ ("input[id][name * = 'txtName ']")  //获取所有含有 id 属性并且 name 值中含有 txtName 的 input 元素
```

（6）jQuery 还提供了访问内容的功能，举例如下：

```
$ ("♯span").html()         //查找有一个属性和他相关联的元素
$ (:input).val()           //查找指定元素中 HTML 中的内容
$ ("♯name").text()         //获取指定元素的 text
```

（7）jQuery 也提供了访问 CSS 样式的相应方法，举例如下：

```
$ ("p").css("color")               //获取第一个段落 p 的 color 样式属性的值
$ ("p").css("color","red")  //设置一个样式属性的值,把一个"名-值对"对象设置为所有,将所
                              有段落 p 的字体设为红色
$ ("p").css({ color: "♯ff0011",background: "blue" })  //设置多个样式属性的最佳方式,将所
                              有段落 p 的字体颜色设为红色并且
                              设置背景为蓝色
```

（8）jQuery 也提供了访问属性的相应方法，举例如下：

```
$("img").attr("src")              //获取文档中第一个图像的 src 属性值
$("img").attr({ src: "test.jpg",alt: "Test Image" })  //为所有图像设置 src 和 alt 属性
$("img").attr("src","test.jpg")  //为所有图像设置 src 属性
$("img").attr("title",function() { return this.src })  //为所有匹配的元素设置一个计算的
                                                         属性值,不提供值,而是提供一个函
                                                         数,由这个函数计算的值作为属
                                                         性值
$("img").removeAttr("src")       //将文档中图像的 src 属性删除
```

（9）jQuery 还提供了访问类的相应方法，举例如下：

```
$("p").addClass("selected");     //为匹配的元素加上 selected 类
$("p").hasClass("selected");     //判断包装集中是否至少有一个元素应用了指定的 CSS 类
$("p").removeClass("selected");  //从匹配的元素中删除 selected 类
$("p").toggleClass("selected");  //为匹配的元素切换 selected 类
```

每单击 3 次切换高亮样式：

```
var count = 0;
$("p").click(function(){
$(this).toggleClass("highlight",count++ % 3 == 0);
});
```

（10）jQuery 也提供了监听元素事件的相应方法，最重要的且频繁使用的事件是 ready 事件，这个事件在浏览器加载完之后触发。$(document).ready()是 jQuery 中响应 JavaScript 内置的 window.onload 事件并执行任务的一种典型方式，它和 window.onload 具有类似的效果。ready 事件 $(document).ready()有 3 种写法，分别如下：

```
$(document).ready(function() { //this is the coding… });
$().ready(function() { //this is the coding… });
$(function() { //this is the coding… });
```

语法如下：

```
$(document).ready(function() {…});
```

（11）此外，jQuery 还提供了一些常用的事件函数。

① $(selector).click(function)：触发或将函数绑定到被选元素的单击事件，例如 "$("#buttonid").click(function() { alert("BUTTON CLICK"); }"。

② $(selector).dblclick(function)：触发或将函数绑定到被选元素的双击事件。

③ $(selector).focus(function)：触发或将函数绑定到被选元素的获得焦点事件。

④ $(selector).mouseover(function)：触发或将函数绑定到被选元素的鼠标悬停事件。

（12）jQuery 事件绑定函数。

bind(type,[data],fn)用于为匹配元素的指定事件添加事件处理函数，其中，data 为可选的函数参数，例如 "$("#dv1").bind("click",hasClick);"其中 hasClick 为定义的函数名称。

（13）用户可以为同一个事件绑定多个事件处理函数，例如：

```
$("#dv1").bind("click",function () { alert("first click!"); })
.bind("click",function () { alert("second click!"); });
```

① unbind(type,fn)：用来解除指定事件的处理函数，如果没有参数，则解除匹配元素的所有事件处理函数，例如"$("#dv1").unbind()"，如果提供了事件类型参数，则只删除该事件类型的处理函数，例如，"$("#dv1").unbind("click",secondClick)"。

② one(type,[data],fn)：为每一个匹配元素的特定事件（像 Click）绑定一个一次性的事件处理函数。在每个对象上，这个事件处理函数只会被执行一次。

③ trigger(event,[data])：在匹配的元素上触发某类事件，此函数会导致浏览器同名的默认行为被执行。

④ triggerHandler(event,[data])：触发指定的事件类型上所绑定的处理函数，不会执行浏览器默认行为，例如提交表单。

（14）jQuery 事件切换处理函数。

① hover(over,out)：一个模仿悬停事件的方法。其中，over 是鼠标移到元素上时要触发的函数，out 是鼠标移出元素时要触发的函数。

例如：

```
$("#div1").hover(function () { $("#div1").css("display","block"); },
 function () { $("#div1").css("display","none"); } );
```

② toggle(fn,fn)：每次单击后，依次触发函数。如果单击了一个匹配的元素后，则执行指定的第一个事件处理函数；当再次单击该元素时，会执行下一个事件处理函数，直到最后一个，然后循环调用。

例如：

```
$("#div1").toggle(function () { $("#div1").css("color","red"); },
 function () { $("#div1").css("color","green"); },
 function () { $("#div1").css("color","blue"); });
```

9.2.3　使用 jQuery 开发 Ajax

虽然 Ajax 技术并不复杂，但是实现起来需要编写的编码还是比较多的，尤其是一些固定编码会比较多。jQuery 提供了一系列 Ajax 函数使操作 Ajax 更加简单，下面以一段 Ajax 编码为例进行介绍：

```
//testAjax.html
<!DOCTYPE html PUBLIC " - //W3C//DTD XHTML 1.0 Transitional//EN"
"http://www.w3.org/TR/xhtml1/DTD/xhtml1 - transitional.dtd">
< html xmlns = "http://www.w3.org/1999/xhtml">
< head >
< title > Ajax </title>
< script type = "text/javascript">
function ajaxFunction()
{
var Ajax_request = new AjaxRequest();
```

```
Ajax _request.onreadystatechange = function()
{
if (Ajax _request.readyState == 4)
{
document.getElementById("divResult").innerHTML = xhr.responseText;
}
}
Ajax_request.open("GET",Getresult.jsp?result = info",true);
Ajax _request.send(null);
});
})

//跨浏览器获取 XMLHttpRequest 对象
function AjaxRequest()
{
var xmlhttp_request;
try {
xmlhttp_request = new XMLHttpRequest();        //Firefox、Opera 8.0、Safari }
catch (e)
{
try{                                            //Internet Explorer
xmlhttp_request = new ActiveXObject("Msxml2.XMLHTTP");}
catch (e)
{ try {
xmlhttp_request = new ActiveXObject("Microsoft.XMLHTTP"); } catch (e) {
alert("您的浏览器不支持 Ajax!");
return false;
}} }
return x xmlhttp_request;
}
</script>
</head>
< body>
< button id = "btnAjax" onclick = "ajaxFunction();">纯粹 Ajax 调用</button>< br />
< br/>
< div id = "divResult"></div >
</body>
</html>
```

从上面的实例可以看出,使用纯粹的原始 Ajax 使用方法,程序员需要做较多的事情,比如创建 XMLHttpRequest 对象、判断请求状态、编写回调函数等,重复代码很多,而用 jQuery 专用方法使用 Ajax 则代码相当简单:

```
$ ("#divResult").load("Getresult.jsp? ",{ "result": " info" });
```

所以,jQuery 提供了一些函数,使 jQuery 编写 Ajax 不仅可以解决各种差异性问题,还让工作更有效率,让页面代码变得相当简洁。

jQuery 提供了几个用于发送 Ajax 请求的函数,其中,最核心、最复杂的函数是 jQuery. ajax(options),所有的其他 Ajax 函数都是它的简化调用。

1. load(url,[data],[callback])

load 方法能够载入远程 HTML 文件代码并插入到 DOM 中，默认使用 GET 方式，如果传递了 data 参数则使用 POST 方式。load 是最简单的 Ajax 函数，它主要用于直接返回 HTML 的 Ajax 接口。

2. jQuery.get(url,[data],[callback],[type])

通过远程 HTTP GET 请求载入信息。此函数发送 GET 请求，参数可以直接在 url 中拼接，例如：

```
$.get("AjaxGet.jsp?param = btn_click");
```

或者通过 data 参数传递：

```
$.get("AjaxGet.jsp ",{ "param": "btn_click" });
```

两种方式的效果相同，data 参数会自动添加到请求的 url 中。type 参数用于表明 data 数据的类型，可能的值有"xml"、"html"、"script"、"json"、"jsonp"、"text"，默认为"html"。例如：

```
jQuery.getJSON(url,[data],[callback]) 方法相当于 jQuery.get(url,[data],[callback],"json")
```

3. jQuery.post(url,[data],[callback],[type])

通过远程 HTTP POST 请求载入信息，其具体用法和 GET 相同，只是提交方式由 GET 改为 POST。例如：

```
$.post('AjaxPost.jsp ',{
text: 'hello world',
number: 999
},function() {
alert('Welcome.');
});
```

4. jQuery.ajax(options)

通过 HTTP 请求加载远程数据，这属于 jQuery 底层的 Ajax 实现。

$.ajax()同样返回其创建的 XMLHttpRequest 对象。$.ajax()只有一个参数，即 key/value 对象，其包含各配置及回调函数信息。详细参数选项见表 9-2。

表 9-2 参数选项

参数名	类　　型	描　　　　述
url	String	发送请求的地址
type	String	请求方式(POST 或 GET)，默认为 GET。注意，其他 HTTP 请求方法，例如 PUT 和 DELETE 也可以使用，但仅有部分浏览器支持
timeout	Number	设置请求超时时间(毫秒)

参数名	类　型	描　　　述
async	Boolean	默认为 true,表示所有请求均为异步请求。如果需要发送同步请求,请将此选项设置为 false
beforeSend	Function	在发送请求前可修改 XMLHttpRequest 对象的函数,例如添加自定义 HTTP 头。XMLHttpRequest 对象是唯一的参数,例如: function (XMLHttpRequest) { }
cache	Boolean	默认为 true,jQuery 1.2 的新功能,设置为 false 将不会从浏览器缓存中加载请求信息
complete	Function	在请求完成后回调函数: function (XMLHttpRequest,textStatus) { }
contentType	String	默认为 "application/x-www-form-urlencoded",即发送信息至服务器时内容的编码类型,默认值适合大多数应用场合
data	Object、String	发送到服务器的数据,将自动转换为请求字符串格式。GET 请求将附加在 URL 后,必须为 Key/Value 格式。如果为数组,jQuery 将自动为不同值对应同一个名称
dataType	String	预期服务器返回的数据类型。如果不指定,jQuery 将自动根据 HTTP 包的 mime 信息返回 responseXML 或 responseText,并作为回调函数参数传递,可用值如下。 "xml":返回 XML 文档,可用 jQuery 处理。 "html":返回纯文本 HTML 信息,包含 script 元素。 "script":返回纯文本 JavaScript 代码,不会自动缓存结果。 "json":返回 JSON 数据。 "jsonp":JSONP 格式,在使用 JSONP 格式调用函数时,例如 "myurl? callback=?",jQuery 将自动替换? 为正确的函数名,以执行回调函数
error	Function	请求失败时将调用此方法。这个方法有 3 个参数,即 XMLHttpRequest 对象、错误信息、(可能)捕获的错误对象。例如: function (XMLHttpRequest,textStatus,errorThrown) { }
global	Boolean	默认为 true,表示是否触发全局 Ajax 事件。若设置为 false 将不会触发全局 Ajax 事件,例如 ajaxStart 或 ajaxStop,可用于控制不同的 Ajax 事件
ifModified	Boolean	默认为 false,仅在服务器数据改变时获取新数据。使用 HTTP 包 Last-Modified 头信息判断
processData	Boolean	默认为 true,在默认情况下,发送的数据将被转换为对象以配合默认内容类型 "application/x-www-form-urlencoded"。如果要发送 DOM 树信息或其他不希望转换的信息,请设置为 false
success	Function	在请求成功后回调函数。这个方法有两个参数,即服务器返回数据和返回状态,例如: function (data,textStatus) { }

一个较完整的使用 $.ajax() 的语法结构例子如下:

```
$.ajax({
type: "get",
```

```
url: "http://samplejsp",
beforeSend: function(XMLHttpRequest){
//
},
success: function(data,textStatus){
//
},
complete: function(XMLHttpRequest,textStatus){
//
},
error: function(){
//请求出错处理
}
});
```

5. jQuery.ajaxSetup(options)

设置全局 Ajax 默认选项。

例如设置 Ajax 请求默认地址为"/xmlhttp/"，禁止触发全局 Ajax 事件，用 POST 代替默认的 GET 方法，其后的 Ajax 请求不再设置任何选项参数。代码示例如下：

```
$.ajaxSetup({
url: "/xmlhttp/",
global: false,
type: "POST"
});
$.ajax({ data: myData });
```

9.2.4　使用 jQuery 进行表单验证

1. 自行编写 jQuery 表单验证功能

下面验证函数依据的是规则表达式。

```
//testform.html
<!DOCTYPE html PUBLIC " - //W3C//DTD XHTML 1.0 Transitional//EN"
"http://www.w3.org/TR/xhtml1/DTD/xhtml1 - transitional.dtd">
< html xmlns = "http://www.w3.org/1999/xhtml">
< head >
< meta http - equiv = "Content - Type" content = "text/html; charset = gb2312" />
< title > jquery 表单验证功能</title >
< script type = "text/javascript" src = "jquery - 1.3.2.min.js"></script >
< script type = "text/javascript">
//验证固定电话,例如 022 - 1234567
function isTelephone(obj){
reg = /^(\d{3,4}\ - ){1}\d{6,7}$/;
if(!reg.test(obj)){
$("# info ").html("请输入正确的电话号码!");
}else{
$("# info ").html("");
```

```
        }
    }

    //邮箱验证,@左侧最少 3 个字符,"@"和"."之间最少一个字符,例如 123@123.com.cn
    function isEmail(obj){
    reg = /^\w{3,}@\w + (\.\w + ) + $/;
    if(!reg.test(obj)){
    $ ("# info").html("请输入正确的邮箱地址");
    }else{
    $ ("# info ").html("");
    }
        }

    //整数验证,至少一位
    function isInteger(obj){
    reg = /^\d + $/;
    if(!reg.test(obj)){
    $ ("# info").html("请输入数字");
    }else{
    $ ("# info).html("");
    }
    }
    //字符串验证
    function isAlphabet (obj){
    reg = /^[a - z,A - Z] + $/;
    if(!reg.test(obj)){
    $ ("#info").html("请输入大小写字母");
    }else{
    $ ("#info").html("");
    }
    }
    //只允许输入大小写字母和下划线,6～12 位
    function isString (obj){
    reg = /^\w{6,12} $/;
    if(!reg.test(obj)){
    $ ("# info").html("只允许输入大小写字母和下划线");
    }else{
    $ ("# info").html("");
    }
        }
</script >
 </head >
< body >
< form id = "theForm">
字符串验证: < input type = "text" id = "username" onblur = "isAlphabet(this.value)" />< br >
整数验证: < input type = "text" id = "password" onblur = "isInteger(this.value)" /><br >
固定电话验证: < input type = "text" id = "telephone" onblur = "isTelephone(this.value)" />< br >
邮箱验证: < input type = "text" id = "email" onblur = "isEmail(this.value)" />< br >
大小写字母和下划线字符: < input type = "text" onblur = "isString (this.value)" />
 < input type = "button" value = "Validate" onclick = "validate()" />
</ form >
```

```
< div id = "info"></div >
</body >
</html >
```

2．利用 jQuery 中的验证插件

jQuery 中有很多开发好的验证插件,使用它们可以大大简化验证表单的工作。下面以 Validation 插件为例进行介绍,Validation 插件的下载地址为"http://bassistance.de/jquery-plugins/jquery-plugin-validation/"。

下载的文件名类似于 jquery.validate.js,这是 Validation 插件的源代码文件,使用与 jQuery 的引用方法类似,即要下面两行代码导入相应文件:

```
< script src = "jquery.js" type = "text/javascript"></script >
< script src = "jquery.validate.js" type = "text/javascript"></script >
```

使用的基本方法是在相应的字段上指定验证规则,例如:

```
名称 * < input type = "text" name = "loginName" class = "required">
```

因此,指定验证规则的方式是把验证规则写到字段元素的 class 属性中。其中,class = "required"代表本字段必须输入数据。

如果要对表单进行验证,则需要编写以下代码:

```
$ (function(){ $ ("♯myForm").validate();}
```

Validation 插件内置的验证规则如表 9-3 所示。

表 9-3 Validation 插件内置的验证规则

属　　性	说　　明
required：true	必填字段
remote："check.jsp"	使用 Ajax 方法调用 check.jsp 验证输入值
email：true	必须输入正确格式的电子邮件
url：true	必须输入正确格式的网址
date：true	必须输入正确格式的日期
dateISO：true	必须输入正确格式的日期(ISO),例如 2010-01-01、2010/01/01,只验证格式,不验证有效性
number：true	必须输入合法的数字(负数、小数)
digits：true	必须输入整数
creditcard：	必须输入合法的信用卡号
equalTo："♯field"	输入值必须和 $ ("♯field")相同
accept："gif|png|jpg"	输入拥有合法扩展名的字符串(上传文件的扩展名),多个扩展名之间用"|"隔开
maxlength：9	输入长度最多是 9 的字符串(汉字算一个字符)
minlength：6	输入长度最小是 6 的字符串(汉字算一个字符)
rangelength：[6,9]	输入长度必须介于 6 和 9 之间的字符串(汉字算一个字符)
range：[6,9]	输入值必须介于 6 和 9 之间
max：9	输入值不能大于 9
min：6	输入值不能小于 6

首先确定验证的目标:

(1) 必填项不能为空。

(2) 注册用户名必须为 6 个以上字符。

(3) 合格的 E-mail 格式。

(4) 密码必须为 6 个以上字符。

(5) 确认密码必须和密码一致。

如图 9-1 所示。

用户名:		请输入用户名
E-mail:		请输入E-mail地址
输入密码:		请输入密码
确认密码:		请输入确认密码

提交

图 9-1   表单验证

```html
//validateform.html
<!DOCTYPE html PUBLIC " - //W3C//DTD XHTML 1.0 Transitional//EN"
"http://www.w3.org/TR/xhtml1/DTD/xhtml1 - transitional.dtd">
<html>
<head>
<meta http - equiv = "Content - Type" content = "text/html; charset = UTF - 8">
<title>jquery - validation</title>
<style type = "text/css">
label.error {
    margin - left: 5px;
    color: red;
    display: none;
}
</style>

<!-- 导入的 jQuery 类库 -->
<script type = "text/javascript" src = "jquery - 1.9.1.js"></script>
<script type = "text/javascript" src = "jquery.validate.js"></script>
<script type = "text/javascript" src = "jquery.metadata.js"></script>
<script type = "text/javascript">
$().ready(function() {
$("#regForm").validate({
rules: {
username: {
required: true,
minlength:6
},
email: {
required: true,
email: true
},
password: {
required: true,
minlength: 6
},
confirm_password: {
required: true,
minlength: 6,
equalTo: "#password"
}
```

```
},
messages: {
username: "请输入用户名",
email: {
required: "请输入 E-mail 地址",
email: "请输入正确的 E-mail 地址"
},
password: {
required: "请输入密码",
minlength: jQuery.format("密码不能小于{0}个字符")
},
confirm_password: {
required: "请输入确认密码",
minlength: "确认密码",
equalTo: "两次密码不一致"
   }
}
});
});
</script>
</head>
< body >
< form id = "regForm" method = "get" action = "">
 < table width = "563" height = "88" border = "0">
< tr >
< td width = "100" align = "right">用户名: </td>
< td >< input id = "username" name = "username" /></td>
</tr>
< tr >
< td align = "right">< label for = "email"> E-mail: </label ></td>
< td >< input id = "email" name = "email" /></td>
</tr>
< tr >
< td align = "right">输入密码: </td>
< td >< input id = "password" name = "password" type = "password" /></td>
</tr>
< tr >
< td align = "right">< label for = "confirm_password2">确认密码</label >
: </td>
< td >< input id = "confirm_password" name = "confirm_password" type = "password" /></td>
</tr>
</table>
< p >
< input class = "submit" type = "submit" value = "提交"/>
</p>
</form >
</body >
</html >
```

习题 9

1. 为什么使用 Ajax 技术？
2. 简述利用 Ajax 技术完成登录验证的过程。
3. jQuery 技术如何对 Ajax 进行封装？简述利用 jQuery 完成登录验证的过程。

第 10 章

MVC与Struts框架

10.1 MVC 模式

MVC 模式是 Model-View-Controller 的缩写,中文翻译为模式-视图-控制器。MVC 应用程序总是由这 3 个部分组成,其中,Event(事件)导致 Controller 改变 Model 或 View,或者同时改变两者,并且,只要 Controller 改变了 Models 的数据或者属性,所有依赖的 View 都会自动更新;类似地,只要 Controller 改变了 View,View 会从潜在的 Model 中获取数据来刷新自己。MVC 模式最早是 Smalltalk 语言研究团提出的,应用于用户交互应用程序中。Smalltalk 语言和 Java 语言有很多相似性,都是面向对象语言,很自然的,Sun 公司在 Petstore(宠物店)事例应用程序中推荐将 MVC 模式作为开发 Web 应用的架构模式。MVC 模式是一种架构模式,其实需要其他模式协作完成。在 J2EE 模式目录中,通常采用 Service to Worker 模式实现,而 Service to Worker 模式可由集中控制器模式、派遣器模式和 Page Helper 模式组成。另外,Struts 只实现了 MVC 的 View 和 Controller 两个部分,Model 部分需要开发者自己实现,Struts 提供了抽象类 Action 使开发者能将 Model 应用于 Struts 框架中。

MVC 模式是一个复杂的架构模式,其实现非常复杂。但是,我们已经总结出了很多可靠的设计模式,将多种设计模式结合在一起,能够使 MVC 模式的实现变得相对简单、易行。用户可以将 Views 看作一棵树,显然可以用 Composite Pattern 来实现。Views 和 Models 之间的关系可以用 Observer Pattern 体现。Controller 控制 Views 的显示,可以用 Strategy Pattern 实现。Model 通常是一个调停者,可采用 Mediator Pattern 来实现。

下面来了解一下 MVC 的 3 个部分在 J2EE 架构中处于什么位置,这样有助于用户理解 MVC 模式的实现。MVC 和 J2EE 架构的对应关系是,View 处于 Web Tier,或者说是 Client Tier,通常是 JSP/Servlet,即页面显示部分。Controller 也处于 Web Tier,通常用 Servlet 来实现,即页面显示的逻辑部分实现。Model 处于 Middle Tier,通常用服务器端的 JavaBean 或者 EJB 实现,即业务逻辑部分的实现。

1. MVC 的设计思想

MVC 是 Model-View-Controller 的缩写,即把一个应用的输入、处理、输出流程按照 Model、View、Controller 的方式进行分离,这样一个应用就被分成 3 个层,即模型层、视图层、控制层。

1）视图

视图（View）代表用户交互界面，对于 Web 应用来说，可以概括为 HTML 界面，但有可能是 XHTML、XML 和 Applet。随着应用的复杂性和规模性，界面的处理也变得具有挑战性。一个应用可能有很多不同的视图，MVC 设计模式对于视图的处理仅限于视图上数据的采集和处理以及用户的请求，不包括视图上业务流程的处理，业务流程的处理交给模型（Model）处理。比如一个订单的视图只接受来自模型的数据并显示给用户，以及将用户界面的输入数据和请求传递给控制和模型。

2）模型

模型（Model）就是业务流程/状态的处理以及业务规则的制定。业务流程的处理过程对于其他层来说是黑箱操作，模型接受视图请求的数据，并返回最终的处理结果。业务模型的设计可以说是 MVC 的核心。目前流行的 EJB 模型就是一个典型的应用例子，它从应用技术实现的角度对模型做了进一步划分，以便充分利用现有组件，但它不能作为应用设计模型的框架。它仅仅告诉用户按这种模型设计就可以利用某些技术组件，从而减少技术上的困难。对于一个开发者来说，可以专注于业务模型的设计。MVC 设计模式告诉我们，把应用的模型按一定的规则抽取出来，抽取的层次很重要，这也是判断开发人员是否优秀的设计依据。另外，抽象与具体不能隔得太远，也不能太近。MVC 并没有提供模型的设计方法，而只是告诉用户应该组织、管理这些模型，以便于模型的重构和提高重用性。用户可以用对象编程来做比喻，MVC 定义了一个顶级类，告诉它的子类只能做这些，但没法限制你能做这些，这一点对编程人员非常重要。

业务模型还有一个很重要的模型，那就是数据模型。比如将一张订单保存到数据库，从数据库获取订单。我们可以将这个模型单独列出，所有有关数据库的操作只限制在该模型中。

3）控制器

控制器（Controller）可以理解为从用户接受请求，将模型与视图匹配在一起，共同完成用户的请求。划分控制层的作用也很明显，它清楚地告诉用户，它就是一个分发器，选择什么样的模型，选择什么样的视图，可以完成什么样的用户请求。控制层并不做任何数据处理。例如，用户单击一个链接，控制层接受请求后并不处理业务信息，它只把用户的信息传递给模型，告诉模型做什么，选择符合要求的视图返回给用户。因此，一个模型可能对应多个视图，一个视图可能对应多个模型。

模型、视图与控制器的分离，使得一个模型可以具有多个显示视图。如果用户通过某个视图的控制器改变了模型的数据，所有其他依赖于这些数据的视图都应反映这些变化。因此，无论何时发生了何种数据变化，控制器都会将变化通知给所有的视图，导致显示的更新。这实际上是一种模型的变化-传播机制。

2．MVC 的优点

大部分用过程语言（比如 ASP、PHP）开发出来的 Web 应用，初始的开发模板就是混合层的数据编程。例如，直接向数据库发送请求并用 HTML 显示，开发速度往往比较快，但由于数据页面的分离不是很直接，因而很难体现出业务模型的样子或者模型的重用性。产品设计的弹性力度很小，很难满足用户的变化性需求。MVC 要求对应用分层，虽然会花费额外的工作,但产品的结构清晰,产品的应用通过模型可以得到更好地体现。

首先,最重要的是应该有多个视图对应一个模型的能力。在目前用户需求的快速变化下可能有多种方式访问应用的要求,例如,订单模型可能有本系统的订单,也有网上订单,或者其他系统的订单,但对于订单的处理都是一样的,也就是说订单的处理是一致的。按MVC 设计模式,通过一个订单模型和多个视图即可解决问题。这样减少了代码的复制,即减少了代码的维护量,一旦模型发生改变,也易于维护。

其次,由于模型返回的数据不带任何显示格式,这些模型也可直接应用于接口的使用。

再次,由于一个应用被分离为三层,因此有时改变其中的一层就能满足应用的改变。一个应用的业务流程或者业务规则的改变只需改动 MVC 的模型层。

控制层的概念也很有效,由于它把不同的模型和不同的视图组合在一起完成不同的请求,因此,控制层可以说是包含了用户请求权限的概念。

最后,MVC 还有利于软件工程化管理。由于不同的层各司其职,每一层不同的应用具有某些相同的特征,有利于通过工程化、工具化产生管理程序的代码。

3. MVC 的不足

MVC 的不足体现在以下几个方面。

(1) 增加了系统结构和实现的复杂性:对于简单的界面而言,严格地遵循 MVC,使模型、视图与控制器分离,会增加结构的复杂性,并可能产生过多的更新操作,降低运行效率。

(2) 视图与控制器间的连接过于紧密:视图与控制器是相互分离,但确实联系紧密的部件,若视图没有控制器的存在,其应用是很有限的,反之亦然,这样就影响了它们的独立重用。

(3) 视图对模型数据的低效率访问:依据模型操作接口的不同,视图可能需要多次调用才能获得足够的显示数据,对未变化数据的不必要的频繁访问也将影响操作性能。

(4) 目前,一般高级的界面工具或构造器不支持 MVC 模式:改造这些工具以适应 MVC 需要和建立分离的部件的代价是很高的,从而造成使用 MVC 困难。

10.2 Struts1 框架

Struts 是早期的成熟的 MVC 前端控制层框架,具有诸多优点。如果用户理解 Struts 原理的相关应用技术,就可以自己写出一个山寨版的 Struts,当然根据水平的不同,写出的框架的健壮性、扩展性、重用性肯定会相差很多。

Struts 有两个控制器,分别是前端的 ActionServlet(中心控制器)和后端所有 Action 都需要继承的 Action 控制器。在真正的开发过程中,项目开发人员并不需要对 ActionServlet 有过多的了解。Struts 并不神秘,构建起这个框架的技术是 Servlet、JSP、JavaBean、DOM4J (或 JDOM)、反射。

1. ActionServlet(中心控制器)

ActionServlet 需要做的工作是根据 web. xml 的 Struts 配置文件的路径解析 Struts 配置文件(一般用的都是/WEB-INF/struts-config. xml)。当然,不止是找配置文件这么简单,还需要初始化一些属性值,如果 web.xml 没有指定,就使用默认的值,这是第一个重要步骤。第二步填充 ActionFrom,Struts 框架构建于"Action-Form"模式,所以这一步非常重要,这也是难点。首先根据配置文件利用反射的 Class.forName 方法查找匹配的类,如果存在则填充,如果不存在则抛出异常。然后提取页面中的所有参数名(request.getParameterNames()——Enumeration),接着把参数名与 Bean 中的属性名进行匹配,若匹配把取出的值填充到 Bean 中(使用 BeanUtils 技术)保存 Form 对象。如果使用 ActionForm 的子类 DynaActionForm,则使用一种类似的方法,只不过不需要使用反射,而是直接对比配置文件的配置属性和所配置数据类型是否一致,若一致,就构建一个内置的 FormBean 对象,之后需要借助 Action 后端控制器进行操作,默认会调用对应的 Action 的 execute 方法(前提是 Action 没有继承自 DispatchAction 之类的特殊 Action 控制器子类)。最终接受返回的 ActionForward,发送请求并查找响应。

2. Action(后端控制器)

Action 主要包含 execute 方法,另外还有多达 21 种可覆写方法。当然,这也体现出了 Struts 框架的完善度。如果用户想在不看源码的情况下实现这个控制器,笔者觉得用户需要挑战一下自己的能力,这里不过多叙述了。

3. ActionFrom

ActionFrom 包含 reset、validate 等 9 种可覆写方法,用于实现校验、重置等功能。

4. ActionMapping

这是 Action 的控制方法都要传的一个重要的参数对象,包含 path、name、type、validate、HashMap:forwards 等属性。

5. ActionForward

这是 Action 的控制方法都要返回的一个参数对象,包含 name、path、redirect 等属性,Struts 的插件实现是给了一个 Plugin 接口,其中是用两个接口方法来实现的,也就是在 Struts 启动的时候会加载插件的初始化方法或者配置文件。

当然,除了上述主要核心内容外,Struts 也要实现许多其他的功能类,从而实现国际化、模块异常、链式结构、页面标签处理等。

另外,不要因为现在有了 Struts2、JSF,甚至更新的 JavaFX 技术,就不去学好老的框架,每个框架都有它的智慧所在,况且掌握一个框架不难,所以更没有理由拒绝。

大多数框架的版本改进一般是在原有的基础上增加功能或者进行优化,但是 Struts2 和 Struts1 相比,无论从流程还是结构都有很多革命性的改进。

不过,Struts2 并不是新发布的框架,而是在另一个非常流行的框架——WebWork 基础上发展起来的。因此可以说,Struts2 并没有继承 Struts1 的特点,反而和 WebWork 非常类似。换句话说,Struts2 衍生自 WebWork,而不是 Struts1。正是由于这个原因,Struts2 吸引了众多的 WebWork 开发人员使用,并且由于 Struts2 是 WebWork 的升级,在各种功能和性能方面都有很好的保证,吸收了 Struts1 和 WebWork 两者的优势,因此也是一个非常优秀的框架,这就是我们要专门讲解 Struts2 的原因。

Struts2 和 Struts1 具有一些不同点,主要集中在以下方面。

1. Action 类的编写

在 Struts1 中,Action 类一般继承基类 org. apache. struts. action. Action。而在 Struts2 中,Action 类可以实现一个 Action 接口,也可以实现其他接口,还可以继承 ActionSupport 基类,甚至不需要实现任何接口,只编写 execute 函数即可。

2. Action 的运行模式

在 Struts1 中,Action 是单态的,系统实例化一个对象来处理多个请求,为每个请求分配一个线程,在该线程中运行 execute 函数。因此,开发人员在开发时需要特别小心,Action 资源必须是线程安全的或同步的。但是,在 Struts 中,Action 为每一个请求产生一个实例,不会产生线程安全问题。同时,系统又能够及时回收垃圾资源,不会有废弃空间的问题。

3. 对 Web 容器的依赖

在 Struts1 中,Action 的 execute 函数内传入了 Servlet API: HttpServletRequest 和 HttpServletResponse,使得测试必须依赖于 Web 容器。但是,在 Struts2 中可以不传入 HttpServletRequest 和 HttpServletResponse,并且可以访问它们,因此 Action 不依赖于容器,允许 Action 脱离容器被单独测试。

4. 对表单数据的封装

在 Struts1 中,使用 ActionForm 来封装表单数据,所有的 ActionForm 必须继承 org. apache. strtus. action. ActionForm,有可能造成 ActionForm 类和 VO 类重复编码。但是,在 Struts2 中,直接在 Action 中编写表单数据相应的属性,可以不用编写 ActionForm,而这些属性又可以通过 Web 页面上的标签访问。

此外,在 Struts2 中支持一个功能更强大、使用更灵活的表达式语言 Object Graph Notation Language(OGNL),在类型转换和校验上开发出了更丰富的 API,限于篇幅,本文不做介绍。

10.3 Struts2 框架

10.3.1 环境配置

如果要编写基于 Struts2 的应用,需要导入一些它支持的包,也就是 Struts2 开发包。对于这些开发包,用户可以到网上下载,下载地址为 http://struts. apache. org/。

在页面中提供了各个版本的 Struts 开发包,以 Struts 2.0.14 版本为例,其下载地址为 http://struts. apache. org/download. cgi#struts2014。

用户可以下载源文件、开发包和文档等。如果要进行开发,可以选择开发包,单击 struts-2.0.14-lib. zip,可以下载一个压缩包,解压缩后就可以得到相应的 JAR 文件。本章中得到的开发包如图 10-1 所示。

图 10-1　Struts2 需要的基本类包

10.3.2　Struts2 的基本原理

在 Struts2 中,常用的组件有 FilterDispatcher(过滤器)、JSP、Action、JavaBean、配置文件等。对于一个动作,其执行步骤如下:

(1) 用户输入,JSP 表单的请求被 FilterDispatcher 截获。

(2) FilterDispatcher 将表单信息转交给 Action,并封装在 Action 内。

(3) Action 调用 JavaBean(DAO)。

(4) Action 返回要跳转到的 JSP 页面的逻辑名称给框架。

(5) 框架根据逻辑名称找到相应的网页地址进行跳转,将结果在 JSP 上显示。

10.4　Struts2 的基本使用方法

该部分内容仍然使用前面的实际案例进行讲解,以使读者能够有所比较。在学生管理系统中,用户输入账号和密码进行登录,如果登录成功,就跳转到成功页面,否则跳转到失败页面。为了简便,通常认为账号、密码相同就登录成功。

10.4.1　导入 Struts2

由于 MyEclipse 目前并不支持 Struts2,所以需要手工下载 Struts2 的安装包,然后导入。在此用 MyEclipse 新建一个 Web 项目——Prj12,先使用 Tomcat 服务器将 Struts2 开发包解压缩,要想正常使用 Struts2,至少需要 5 个包(可能会因为 Struts2 的版本不同,包名略有差异,但包名的前半部分名称是一样的),只需要将以下几个包复制到项目 WEB-INF 中的 lib 目录下,然后手工新建 Struts2 的配置条件,名为 struts.xml,放在 src 根目录下。此时,项目的结构情况如图 10-2 所示。

图 10-2　项目结构

注意:在 src 文件夹中还要建立一个名为 prj12 的包,用于存放以后编写的源代码。在 src 文件夹下面编写了文件 struts.xml,编译后该文件将会放在 WEB-INF/classes 下,其他结构没有变化。

接下来配置 WEB-INF/web.xml 文件,将 web.xml 配置文件改为如下:

```
//validateform.html
<?xml version = "1.0" encoding = "UTF-8"?>
<web-app id = "WebApp_9" version = "2.4" xmlns = "http://java.sun.com/xml/ns/j2ee"
xmlns:xsi = "http://www.w3.org/2001/XMLSchema-instance"
xsi:schemaLocation = "http://java.sun.com/xml/ns/j2ee
http://java.sun.com/xml/ns/j2ee/web-app_2_4.xsd">
<display-name>Struts Blank</display-name>
```

```
<filter>
<filter-name>struts2</filter-name>
<filter-class>org.apache.struts2.dispatcher.FilterDispatcher</filter-class>
</filter>
<filter-mapping>
<filter-name>struts2</filter-name>
<url-pattern>/*</url-pattern>
</filter-mapping>
<welcome-file-list>
<welcome-file>login.jsp</welcome-file>
</welcome-file-list>
</web-app>
```

以上代码表示使用过滤器 org.apache.struts2.dispatcher.FilterDispatcher 来拦截请求,并起名为 struts2。这个名称可以随意,只要保证和后面的一致就行。

表示过滤器 org.apache.struts2.dispatcher.FilterDispatcher 过滤的目标为项目下的所有资源。

10.4.2 编写 JSP

在该项目中,首先编写一个 JSP,用来容纳查询表单,放在 WebRoot 根目录下。其代码如下:

```
//login.jsp
<%@ page language="java" pageEncoding="utf-8"%>
<html>
<head>
<title>无标题文档</title>
<link href="css.css" rel="stylesheet" type="text/css"/>
</head>
<body>
<div id="content">
<div id="contop"></div>
<div id="conbottom">
<form action="待定 action" method="post">
<table width="300" border="0">
<tr>
<td>用户名:</td>
<td><input type="text" name="username"></td>
</tr>
<tr><td>密码:</td><td><input type="password" name="password"></td></tr>
<tr>
<td colspan="2" height="80" align=center><input type="submit" value="登录">
</td>
</tr>
</table>
</form>
</div>
</body>
</html>
```

由于提交到 Action,因此用户暂时无法确定表单提交的目标。该代码的运行结果如图 10-3 所示。

登录成功页面的源代码如下:

```
//loginsuccess.jsp
<% @ page language = "java" pageEncoding = "utf - 8" %>
< html >
< head >
< title >无标题文档</title >
</head >
< body >
登录成功
</body >
</html >
```

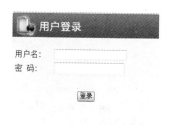

图 10-3　login.jsp 登录页面

登录失败页面的源代码如下:

```
//loginfail.jsp
<% @ page language = "java" pageEncoding = "utf - 8" %>
< html >
< head >
< title >无标题文档</title >
</head >
< body >
登录失败
</body >
</html >
```

10.4.3　编写并配置 Action

在 Struts 1.x 中,必须单独建立一个 ActionForm 类,而在 Struts2 中,ActionForm 和 Action 已经合二为一,因此,只需要将和表单元素同名的属性编写到 Action 中即可。Action 只是一个普通的类,在 src 下创建包 Login,并在包内新建一个类 LoginAction.java。

下面是 LoginAction.java 的代码:

```
//LoginAction.java
package Login;
public class LoginAction {
    private String username;
    private String password;
    public String getUsername() {
    return username;
    }
    public void setUsername(String username){
    this.username = username;
    }
    public String getPassword() {
    return password;
    }
    public void setPassword(String password) {
```

```
        this.password = password;
    }
}
```

从以上代码可以看出，LoginAction没有继承任何类，它有属性username和password，且必须和login.jsp中的表单元素username和password同名。

10.4.4　增强 Action 的功能

在Struts中，既然Action和ActionForm已经合二为一，Action是负责业务逻辑的，所以必须编写业务逻辑代码，下面来增强Action的功能。

如果要能够处理业务逻辑，必须满足一个规范，那就是编写execute方法来处理业务逻辑。注意，不是重写，而是编写，并且该方法不要有任何参数。

编写execute方法，是因为Action接受数据后由框架自动调用它的execute方法，该方法的运行，在底层通过反射机制进行。execute方法的格式如下：

```
Public String execute(){}
```

以上代码用于返回一个字符串，表示的是目标页面的虚拟名称。关于该名称，在后面的篇幅中会提到。加入execute()方法的Action如下：

```java
//LoginAction.java
package Login;
public class LoginAction {
    private String username;
    private String password;
    public String execute()
    {
        if(getUsername().equals(getPassword()))
        {
            return "success";
        }
        return "fail";
    }
    public String getUsername() {
    return username;
    }

    public void setUsername(String username){
    this.username = username;
    }
    public String getPassword() {
    return password;
    }
    public void setPassword(String password) {
    this.password = password;
    }
}
```

在该段代码中,会从框架自动调用 setter 和 getter 方法将表单数据封装到 Action 中。在 execute 方法中,判断用户名、密码是否正确,返回字符串"success"或者"fail",读者可以看到,此处的两个字符串没有任何含义。因此,应该配置该 Action,以及虚拟页面名称对应的实际文件路径。

在配置文件中进行配置,这一步在 Struts 1.x 和 Struts 2.x 中都是必需的,只是在 Struts 1.x 中的配置文件一般为 struts-config.xml,而且一般放到 WEB-INF 目录中;在 Struts 2.x 中的配置文件一般为 struts.xml,放到 WEB-INF/classes 目录中,在编写时放到项目的 src 根目录下,前面已经叙述过。下面是在 struts.xml 中配置 Action 以及相关的虚拟页面名称,代码如下:

```
//struts.xml
<?xml version = "1.0" encoding = "UTF - 8" ?>
<!DOCTYPE struts PUBLIC" - //Apache Software Foundation//DTD Struts Configuration 2.0//EN""
http://struts.apache.org/dtds/struts - 2.0.dtd">
<struts>
  <package name = "struts2"extends = "struts - default">
<action name = "LoginAction" class = "Login.LoginAction">
<result name = "success">/loginsuccess.jsp</result>
  <result name = "fail">/loginfail.jsp</result>
</action>
  </package>
</struts>
```

从以上配置可以看出,在<struts>标签中可以有多个<package>,名称任意,但不要重名;extends 属性表示继承一个默认的配置文件"struts-default",一般继承于它,可以不用修改;<action>标签中的 name 属性表示 Action 被提交时的路径,class 用于指定动作类路径。

另外,通过<result>标签可以确定虚拟名称和实际页面路径的映射。例如:

```
<result name = "success">/loginSuccess.jsp</result>
```

表示"/loginsuccess.jsp"对应的虚拟名称为 success,当 Action 的 execute 函数返回 success 时,程序将跳转到"/loginsuccess.jsp"。

由于<action>标签中的 name 属性表示 Action 被提交时的路径,此处为 LoginAction,因此,在 login.jsp 中,表单要提交到的路径可以确定为 LoginAction.action,这是 WebWork 的风格,其中的.action 是默认情况下规定的。因此,login.jsp 可以改成如下:

```
//login.jsp
<%@ page language = "java" pageEncoding = "utf - 8" %>
<html>
<head>
<title>无标题文档</title>
<link href = "css.css" rel = "stylesheet" type = "text/css"/>
</head>
<body>
<div id = "content">
```

```
< div id = "contop"></div>
< div id = "conbottom">
< form action = "LoginAction. action" method = "post">
< table width = "300" border = "0">
< tr >
< td >用户名:</td >
< td >< input type = "text" name = "username"></td >
</tr >
< tr >< td >密码:</td >< td >< input type = "password" name = "password"></td ></tr >
< tr >
< td colspan = "2" height = "80" align = center >< input type = "submit" value = "登录">
 </td >
</tr >
</table >
</form >
</div >
</body >
    </html >
```

10.4.5　测试项目

对项目进行部署,然后就可以测试了。这里访问 login. jsp,输入正确的用户名、密码,如图 10-4 所示。如果登录成功,页面效果如图 10-5 所示;如果输入的用户名、密码错误,登录会失败,显示如图 10-6 所示的效果。

图 10-4　login. jsp 登录页面 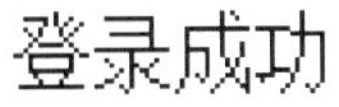　　　图 10-5　登录成功页面 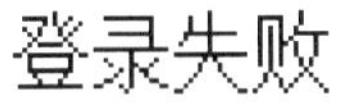　　　图 10-6　登录失败页面

10.5　其他问题

10.5.1　程序的运行流程

下面来分析一下该案例中程序运行的流程。

(1) login. jsp 中的表单提交到的地址为 LoginAction. action,被 org. apache. struts2. dispatcher. FilterDispatcher 截获,框架把提交的地址的扩展名. action 去掉,变为 LoginAction,读取配置文件。

(2) 在配置文件中,根据"LoginAction"找到配置文件中的 Action 对应的类,从而得到要提交到的类 LoginAction;在 LoginAction 中,实例化对象,将 username 和 password 封装进去。

（3）框架调用 LoginAction 的 execute 方法，处理后返回一个字符串。

（4）框架根据字符串内容在配置文件中找到相应的页面，并跳转。

10.5.2　Action 的生命周期

接下来研究该案例中 LoginAction 的生命周期。

在 LoginAction 中添加一个构造函数，代码如下：

```
…
public LoginAction(){
 System.out.println("LoginAction 构造函数");
}
…
```

在 LoginAction 的 setUsername 函数和 getUsername 函数中各添加一段代码：

```
…
public void setUsername (String username){
System.out.println("LoginActionsetUsername");
}
public String getUsername (){
System.out.println("LoginActiongetUsername");
returnusername;
}
…
```

在 execute 函数中也添加一段代码：

```
public String execute() throws Exception{
 System.out.println("LoginAction execute");
 if(username.equals(password)){
 return "success";
}
 return "fail";
}
```

再来重新部署项目，重新启动服务器，运行 login.jsp，提交，控制台中的显示如下。

```
…
LoginAction 构造函数
LoginActionsetUsername
LoginAction execute
LoginActiongetUsername
```

这说明，框架先实例化 LoginAction 对象，然后调用 LoginAction 的 setUsername 函数，封装表单数据，再调用 execute 函数进行处理。

接下来，打开 login.jsp，然后重复登录过程，控制台中的显示如下：

```
…
LoginAction 构造函数
```

```
LoginActionsetUsername
LoginAction execute
LoginActiongetUsername
```

可以看到,在第二次提交时,LoginAction 会重新实例化,说明每一个 LoginAction 对象都服务一个请求,这和 Servlet 的原理是不一样的。

10.5.3 在 Action 中访问 Web 对象

和 Struts1 相比,Struts2 中的 Action 只是一个简单的类,增加了可测试性。但是,在这个案例中会有以下问题,即如何在 Action 中访问 Web 对象? 例如 request、response、session 和 application。

如果要获得上述对象,可以在 Struts2 中使用 org. apache. struts2. ServletActionContext、com. opensymphony. xwork2. ActionContext 类。

(1) 获得 request 对象的方法如下:

```
import org.apache.struts2.ServletActionContext;
…
public String execute() throws Exception{
HttpServletRequestrequest = ServletActionContext.getRequest();
//使用 request
}
```

(2) 获得 response 对象的方法如下:

```
import org.apache.struts2.ServletActionContext;
…
public String execute() throws Exception{
 HttpservletResponse response = ServletActionContext.getResponse();
 //使用 response
}
```

(3) 获得 application 对象的方法如下:

```
import org.apache.struts2.ServletActionContext;
…
public String execute() throws Exception{
ServletContext application = ServletActionContext.getServletContext();
//使用 application
}
```

(4) 获得 session 对象的方法如下:

```
import com.opensymphony.xwork2.ActionContext;
…
public String execute() throws Exception{
Map session = ActionContext.getContext().getSession();
//使用 session
}
```

可以发现,这里的 session 是一个 Map 对象。在 Struts2 中,底层的 session 被封装成了 Map 类型,用户可以直接操作这个 Map 进行对 session 的写入和读取操作,而不用去直接操作 HttpSession 对象。

10.6 Struts2 标签

10.6.1 Struts2 标签的作用与分类

Struts2 标签库提供了主题、模板支持,极大地简化了视图页面的编写,而且,Struts2 的主题、模板都提供了很好的扩展性,实现了更好的代码复用。Struts2 允许用户在页面中使用自定义组件,这能够满足项目中页面的显示复杂、多变的需求。

Struts2 的标签库有一个巨大的改进之处,Struts2 标签库中的标签不依赖任何表现层技术。也就是说,Strtus2 提供了大部分标签,可以在各种表现技术中使用,包括最常用的 JSP 页面,也可以说是在 Velocity 和 FreeMarker 等模板技术中的使用。

Struts2 标签可以分为 3 种类型。

(1) UI 标签:UI 的全称是 User Interface,UI 标签是用户界面标签,主要用于生成 HTML 元素标签,UI 标签又可以分为表单标签非表单标签。

(2) 非 UI 标签:主要用于数据访问、逻辑控制等的标签。非 UI 标签可以分为流程控制标签(包括用于实现分支、循环等流程控制的标签)和数据访问标签(主要包括用户输出 ValueStack 中的值,完成国际化等功能的标签)。

(3) Ajax 标签。

10.6.2 Struts2 标签的使用

(1) 在要使用标签的 JSP 页面中引入标签库:

```
<%@ taglib uri = "/struts - tags" prefix = "s" %>
```

(2) 在 web.xml 中声明要使用的标签,这是 Struts 2.3.1.2 版本的引入方式:

```
<filter>
<filter - name> struts2 </filter - name>
<filter - class> org. apache. struts2. dispatcher. ng. filter. StrutsPrepareAndExecuteFilter
</filter - class>
</filter>
```

(3) property 标签:该标签用于输出指定的值。

```
<s:property value = "%{@cn.csdn.hr.domain.User@Name}"/><br/>
<s:property value = "@cn.csdn.hr.domain.User@Name"/><Br/><!-- 以上两种方法都可以 -->
<s:property value = "%{@cn.csdn.hr.domain.User@study()}"/>
```

以上代码可以访问某一个包的类的属性的集中方式,study()是访问方法的方法,并输出。下面用 Java 代码代替,访问某一个范围内的属性:

```
<%
//采用 pageContext 对象向 page 范围内存入值来验证 #attr 搜索顺序是从 page 开始的,搜索的顺序
为 page→reques→session→application。
set 存值的时候存到 request 中,在 JSP 页面中访问的时候不用加任何标识符即可直接访问,如果作
用域不同就不一样了
pageContext.setAttribute("name","laoowang",PageContext.PAGE_SCOPE);
%>
<s:propertyvalue="#attr.name"/>
```

假设在 Action 中设置了不同作用域的类,不同作用域的标签的访问如下:

```
<h3>获取的是 requet 中的对象值</h3>
第 1 种方式:<s:propertyvalue="#request.user1.realName"/>
<br/>
第 2 种方式:<s:propertyvalue="#request.user1['realName']"/>
<br/>
第 3 种方式:<s:propertyvalue="#user1.realName"/>
<br/>
第 4 种方式:<s:propertyvalue="#user1['realName']"/>
<br/>
第 5 种方式: ${requestScope.user1.realName} || ${requestScope.user1['realName']}
第 6 种方式: <s:propertyvalue="#attr.user1.realName"/>
attr 对象按 page ==> requestsessionappliction 找
<h3>获取 session 中的值</h3>
第 1 种方式:<s:propertyvalue="#session.user1.realName"/>
<br/>
第 2 种方式:<s:propertyvalue="#session.user1['realName']"/>
第 3 种方式: ${sessionScope.user1.realName} || ${sessionScope.user1['realName']}
<h3>获取 application 中的对象的值</h3>
第 1 种方式:<s:propertyvalue="#application.user1.realName"/>
<br/>
第 2 种方式:<s:propertyvalue="#application.user1['realName']"/>
第 3 种方式: ${applicationScope.user1.realName} || ${applicationScope.user1['realName']}
```

(4) iterator 标签的使用。
① list 集合。

```
<!-- 设置 set 集合 value -->
<!-- status 为可选属性,该属性指定迭代时的 IteratorStatus 实例 -->
<!-- value="#attr.list" list 存放到了 request 中,可以 value="#request.list"
statu.odd 返回当前被迭代元素的索引是否是奇数
-->
<s:set name="list" value="{'a','b','c','d'}"></s:set>
<s:iterator var="ent" value="#request.list" status="statu">
<s:if test="%{#statu.odd}">
<font color="red"><s:property value="#ent" />
</font>
</s:if>
<s:else>
<s:property value="#ent" />
</s:else>
</s:iterator>
```

② map 集合中的使用。

```
<h3>Map 集合</h3>
<!-- map 集合的特点:
语法格式: #{key:value,key1:value1,key2:value2,...}
以上语法中直接生成了一个 map 类型的集合,该 map 集合中的每个 key - value 对象之间用英文的冒
号隔开,多个元素之间用逗号分隔.
-->
</div>
<s:set var = "map" value = "#{'1':'laowang','2':'老王','3':'猩猩'}"></s:set>
```

遍历 map:

```
<br />
<s:iterator value = "#map">
<s:property value = "key" />:::<s:property value = "value" />
<br />
</s:iterator>\
```

③ 集合的变量。

```
<h3>遍历集合:::</h3>
<div>
<!-- 遍历出价格大于 3000 的 -->
<s:iterator var = "user" value = "#session['users']">
<s:if test = "%{#user['price']>3000}">
<s:property value = "#user['price']"/>
</s:if>
</s:iterator>
<hr color = "blue"/><!-- $是取出价格大于 3000 的最后一个值 -->
<s:iterator var = "u" value = "#session.users.{$(#this['price']>3000)}">
<s:property value = "price"/>
</s:iterator>
</div>
```

注:users 是 User 的对象,price 是 User 中的一个属性。

下面简要介绍一下 iterator:

iterator 标签用于对集合进行迭代,这里的集合包含 List、Set 和数组。例如:

```
<s:set name = "list" value = "{'zhangming','xiaoi','liming'}" />
<s:iterator value = "#list" status = "st">
<font color = <s:if test = "#st.odd">red</s:if><s:else>blue</s:else>>
<s:property /></font><br>
</s:iterator>
```

① value:可选属性,指定被迭代的集合,如果没有设置该属性,则使用 ValueStack 栈顶的集合。

② id:可选属性,指定集合中元素的 id。

③ status:可选属性,该属性指定迭代时的 IteratorStatus 实例,该实例包含以下几个方法。

- int getCount():返回当前迭代了几个元素。
- int getIndex():返回当前迭代元素的索引。

- boolean isEven()：返回当前被迭代元素的索引是否是偶数。
- boolean isOdd()：返回当前被迭代元素的索引是否是奇数。
- boolean isFirst()：返回当前被迭代元素是否是第一个元素。
- boolean isLast()：返回当前被迭代元素是否是最后一个元素。

（5）if else 语句的使用。

```
<s:set name = "age" value = "21" />
<s:if test = "#age == 23">
23
</s:if>
<s:else if test = "#age == 21">
21
</s:else if>
<s:else>
都不等
</s:else>
```

（6）URL 标签。

```
<!-- 声明一个 URL 地址 -->
<s:url action = "test" namespace = "/tag" var = "add">
<s:param name = "username"> laowangang </s:param>
<s:param name = "id"> 12 </s:param>
</s:url>
<s:a href = "%{add}">测试 URL </s:a>
<s:a action = "test" namespace = "/tag"></s:a>
```

以上两个<s:a>标签的作用是一样的。

（7）data 标签。

```
<%
pageContext.setAttribute("birth",new Date(200,03,10),PageContext.REQUEST_SCOPE);
 %>
<s:date name = "#request.birth" format = "yyyy 年 MM 月 dd 日"/>
<s:date name = "#request.birth" nice = "true"/>
```

这个标签是按照 format 的格式输出的。

（8）表单。

```
<h1> from 表单</h1>
<s:form action = "test" namespace = "/tag">
<s:textfield label = "用户名" name = "uname" tooltip = "你的名字" javascriptTooltip = "false">
</s:textfield>
<s:textareaname = "rmake" cols = "40" rows = "20" tooltipDelay = "300" tooltip = "hi" label =
"备注" javascriptTooltip = "true"></s:textarea>
<s:password label = "密码" name = "upass"></s:password>
<s:file name = "file" label = "上传文件"></s:file>
<s:hidden name = "id" value = "1"></s:hidden>
<!--
<select name = "edu">
```

```
< option value = "listKey"> listValue </option >
    -->
< s:select list = "#{'1':'博士','2':'硕士'}" name = "edu" label = "学历" listKey = "key"
listValue = "value"></s:select >

< s:select list = "{'java','.net'}" value = "java"></s:select ><!-- value 是选中的 -->

<!-- 必须有 name -->
< s:checkbox label = "爱好" fieldValue = "true" name = "checkboxFiled1"></s:checkbox >

<!-- 多个 checkbox -->
< s:checkboxlist list = "{'java','css','html','struts2'}" label = "喜欢的编程语言" name = "box"
value = "{'css','struts2'}"></s:checkboxlist >


<!-- map 集合前要加 # -->
< s:checkboxlist list = "#{1:'java',2:'css',3:'html',4:'struts2',5:'spring'}" label = "喜欢的
编程语言" name = "boxs" value = "{1,2}"></s:checkboxlist >


<!-- listKey
listValue

< input type = "text" name = "boxs" value = "listKey">显示值 listValue
    -->

<!-- radio -->
<%
//从服务器传过来值
pageContext.setAttribute("sex","男",PageContext.REQUEST_SCOPE);
pageContext.setAttribute("sex1","男",PageContext.REQUEST_SCOPE);
 %>
< s:radio list = "{'男','女'}" name = "sex" value = "#request.sex"></s:radio >
< s:radio list = "#{1:'男',2:'女'}" name = "sex1" listKey = "key" listValue = "value" value = "
#request.sex1"></s:radio >

<!-- 防止表单提交的方式 -->
< s:token ></s:token >

< s:submit value = "提交"></s:submit >
</s:form >
```

习题 10

1. 从 Struts2 官方网站下载类包,并配置该框架。

2. 编写一个注册界面,要求包含用户名、密码、性别(单选按钮)、邮箱、个人简介等基本
信息。注册成功后跳转到个人信息页面,显示个人注册的信息。要求使用 Struts2 完成。

3. 如何利用 Struts2 标签技术进行数据的显示和处理?

第11章

Hibernate 框架

11.1　Hibernate 框架的基本原理

11.1.1　对象关系映射

对象关系映射(ORMapping)是软件开发过程中在数据库层比较流行的设计思想。在了解 ORMapping 之前,用户要明确一点,ORMapping 是一种设计思想,而不是一种编程技术。

这里用一个实际案例来引入 ORMapping。在某些大型应用场合,需要对数据库中的记录进行一些操作,例如 Insert、Delete、Select 等。这些功能可以在 JSP 里面实现,但是可能会破坏页面结构,因此前面提出,可以在 DAO 里面实现。

但是,即使在 DAO 中实现,DAO 的开发人员必须懂得数据库的复杂操作,并且如果数据库改变了,DAO 的代码必须进行改变。考虑一个场景,在此以登录为例,Struts 中有一个 Action,在 Action 中做登录操作,调用 DAO,DAO 要运行一条 SQL 语句,如图 11-1 所示。

从图 11-1 可以看出,DAO 的开发人员必须懂得数据库结构和 SQL 语法,因此,当数据库里的表有改动时,DAO 里的代码也要改动,这样带来了很大不便。例如,以前是从 T_STUDENT 表中查询所有记录,SQL 语句如下:

图 11-1　登录的调用结构

SELECTSTUNO, STUNAME, STUSEXFROMT_STUDENT

如果将数据库表名改为 STUDENT,语句变为如下:

SELECTSTUNO, STUNAME, STUSEXFROMSTUDENT

而这句 SQL 语句是在 DAO 中组织的,只能修改 DAO 的代码,然后重新编译、部署。

实际上我们可以发现,SQL 语句的结构是基本不变的,变化的只是表名、列名等,因此,解决该问题的办法是将表名和列名在配置文件内注册,将表名对应到类,将列名对应到类的属性,这样每当对表内的数据进行操作时,系统实际上是从配置文件中读取表名和列名组织 SQL 语句,在 DAO 的开发人员看来是对对象进行操作,如果数据库改变了,只需改变配置文件即可,修改配置文件比修改源代码的代价低得多。

因此,最直观的办法是将数据库中的一条记录看做一个对象,对这个对象操作会直接影响数据库内部,如图11-2所示。

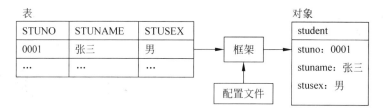

图 11-2   对象关系映射

从 11-2 可以看出,框架首先根据配置文件读取表格中各个列和 STUDENT 中各个属性的映射,然后将其读入组织为 Student 对象,所有的工作只需要在底层进行。

实际上,Student 的作用和 VO 很相似,在本章中,由于 Student 一般封装的是数据库中的持久化信息,因此也可以称为 PO(Persistence Object),在有些文献中,也称为 POJO (Plain Ordinary Java Object,不含业务逻辑代码的普通 Java 对象)。

综上所述,在 ORMapping 中,一个 PO 对象一般表示数据表中的一条记录,只是对这个记录的操作可以简化成对 Bean 对象的操作,操作之后数据库中的记录相应变化,框架必须提供一些能够对这些对象进行操作的函数。

11.1.2　Hibernate 框架简介

ORMapping 思想给数据库层的操作带来了巨大的好处,但是,ORMapping 毕竟只是一种思想,不同的程序员编写出来的基于 ORMapping 思想的应用,风格可能不一样,从而影响程序的标准化。因此,有必要对 ORMapping 模式进行标准化,让程序员在某个标准下进行开发。

很多人致力于这个工作,并且发布了一些框架,Hibernate 就是这样一个框架,它在使用过程中受到了用户的广泛认可。因此,ORMapping 是 Hibernate 框架的基础,或者说,Hibernate 是为了规范 ORMapping 开发而发布的一个框架。类似的框架还有很多,例如 iBATIS、Entity、Bean 等。

如果要编写基于 Hibernate 框架的应用,需要导入一些支持的包,也就是 Hibernate 开发包。这些开发包可以到网上去下载,下载地址为 http://www.hibernate.org/downloads.html。

在页面中提供了各种版本的 Hibernate 开发包。在此以 Hibernate3 版本为例,通过 http://www.hibernate.org/downloads.html 中的链接,到达下载地址 http://www.sourceforge.net/projects/hibernate/files/hibernate3/,如图 11-3 所示。

单击 3.6.10.Final,可以下载源文件、开发包和文档等。一般情况下,将开发包解压缩之后,把其中的.jar 文件复制到 Java 项目的 lib 目录下即可。不过,MyEclipse 软件为用户提供了对 Hibernate 框架的支持,如果使用 MyEclipse,不需要下载开发包。

11.1.3　Hibernate 框架中的常用组件

在 Hibernate 中,常用的组件有 PO、框架 API、Hibernate 配置文件、Hibernate 映射文件等,它们之间的关系如图 11-4 所示。

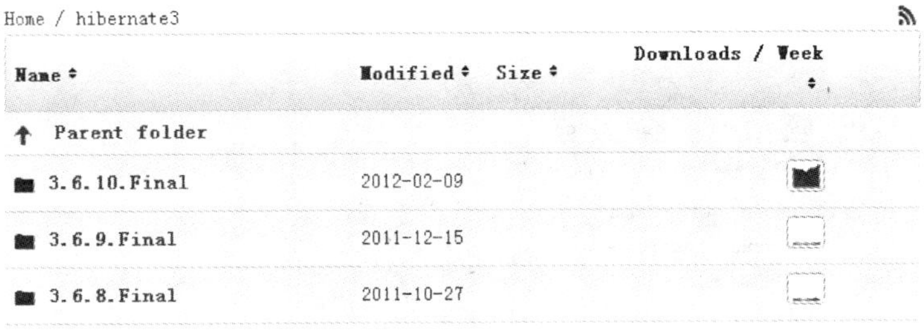

Home / hibernate3

Name ≑	Modified ≑ Size ≑	Downloads / Week ≑
↑ Parent folder		
📁 3.6.10.Final	2012-02-09	
📁 3.6.9.Final	2011-12-15	
📁 3.6.8.Final	2011-10-27	

图 11-3　Hibernate 的下载地址

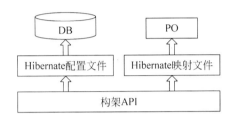

图 11-4　Hibernate 组件之间的关系

对于一个数据库操作,其执行步骤如下:

(1) 框架 API 通过读取 Hibernate 配置文件连接到数据库。

(2) 当对 PO 进行操作时,框架 API 通过 Hibernate 映射文件来决定操作的表名和列名。

(3) 框架 API 执行 SQL 语句。

因此,利用 Hibernate 编程有以下几个步骤:

(1) 编写 Hibernate 配置文件,连接到数据库。

(2) 编写 PO。

(3) 编写 Hibernate 映射文件,将 PO 和表映射,将 PO 中的属性和表中的列映射。

(4) 编写 DAO,使用 Hibernate 进行数据库操作。

11.2　Hibernate 的使用方法

该部分内容使用实际案例进行讲解。在学生管理系统中,我们经常要对学生信息进行增、删、改、查操作,使用 Hibernate 来完成这些操作。假定已经建立了名为 student 的数据库,为了方便讲解,此处使用 Access 数据库,使用 Access_JDBC30.jar 桥接,该类包可以从互联网下载。在里面建立一张表格(student(id,username,password)),插入一些信息,如图 11-5 所示。

图 11-5　学生表中的数据

11.2.1　导入 Hibernate 框架

接下来开始编写这个项目,我们在第 10 章创建的 web 项目上添加 Hibernate 框架。下面讲解如何导入 MyEclipse 自带的 Hibernate 开发包。首先选中项目,在 MyEclipse

菜单栏中选择 MyEclipse→Project Capabilities→Add Hibernate Capabilities 命令，如图 11-6 所示。

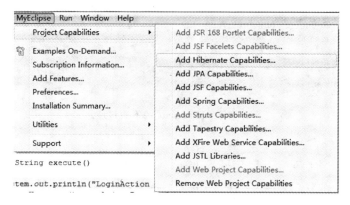

图 11-6　添加 Hibernate 框架支持

此时会弹出 Add Hibernate Capabilities 对话框，如图 11-7 所示。

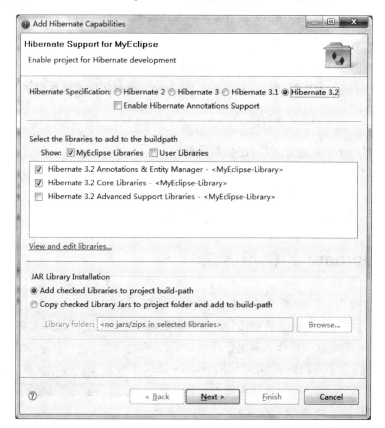

图 11-7　Add Hibernate Capabilities 对话框

　　在该对话框的 Hibernate Specification 选项组中选择 Hibernate 版本，此处选择 "Hibernate 3.2"。然后在对话框中部选择要导入的 Hibernate 库，此处选择"Hibernate 3.2 Core Libraries"。单击 Next 按钮，进入如图 11-8 所示的对话框。

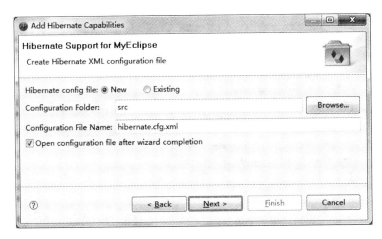

图 11-8　出现的第 2 个对话框

在该对话框中确定 Hibernate 配置文件的文件名和路径,一般采用默认值(最好不要改变,否则编程比较麻烦)。单击 Next 按钮,进入如图 11-9 所示的对话框。

图 11-9　出现的第 3 个对话框

在该对话框中确定 Hibernate 配置文件连接到数据库的基本配置,可以在此处填写,也可以取消选择 Specify database connection details 复选框,以后再手工填写。单击 Next 按钮,进入如图 11-10 所示的对话框。

在该对话框中选择 Create SessionFactory Class 复选框,目的是简化编程。然后单击 New 按钮,弹出如图 11-11 所示的对话框。

单击 Finish 按钮,返回到图 11-10 所示的对话框,在图 11-10 中单击 Finish 按钮完成操作。这样,Hibernate 框架支持就导入了该项目,此时项目结构如图 11-12 所示。

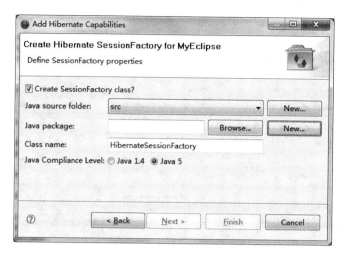

图 11-10   出现的第 4 个对话框

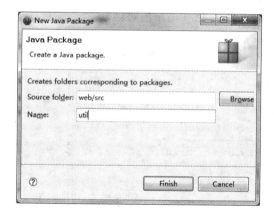

图 11-11   New Java Package 对话框

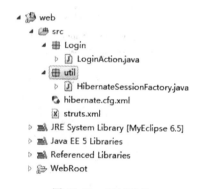

图 11-12   项目结构

　　此时，src 文件夹中增加了一个名为 hibernate. cfg. xml 的文件，也就是 Hibernate 配置文件；util 包中增加了 HibernateSessionFactory. java 类，Referenced Libraries 中还增加了 Hibernate 开发包，读者可以自行打开查看。

11.2.2　编写与配置 Hibernate 映射

　　Hibernate 配置文件名为 hibernate. cfg. xml，一般不要修改名称，放在 src 目录下。该文件的主要目的是连接数据库，打开 hibernate. cfg. xml 源代码，将代码改为如下：

```
//hibernate.cfg.xml
<?xmlversion = '1.0'encoding = 'UTF - 8'?>
<! DOCTYPEhibernate - configurationPUBLIC
" - //Hibernate/HibernateConfigurationDTD3.0//EN"
"http://hibernate. sourceforge. net/hibernate - configuration - 3.0.dtd">
<! -- GeneratedbyMyEclipseHibernateTools. -->
< hibernate - configuration >
< session - factory >
```

```
< propertyname = "connection.url">
        jdbc:access:///d:/student.mdb
</property>
< propertyname = "myeclipse.connection.profile"> web </property>
< propertyname = "connection.driver_class">
        com.hxtt.sql.access.AccessDriver
</property>
< propertyname = "dialect">
        org.hibernate.dialect.SQLServerDialect
</property>
</session-factory>
</hibernate-configuration>
```

在该文件中定义了连接的驱动、url、用户名、密码等,这些在前面的章节都有所讲述。如果是使用其他数据库,则进行相应的改变,需要解释的是:

```
< propertyname = "dialect">
        org.hibernate.dialect.SQLServerDialect
</property>
```

该配置中确定了 SQL 语句的方言,由于不同数据库的 SQL 语句稍有不同,因此需要进行方言配置。由于本例中使用 Access 和 SQL Server 方言接近,因此使用 SQL Server 方言。

其他方言还有:

Oricle 9i:org.hibernate.dialect.Oracle9Dialect;

MySQL:org.hibernate.dialect.MySQLDialect 等。

11.2.3 编写 po

前面所做的内容只是把数据库连接的基本消息写在配置文件中,接下来把 student 表和一个类对应起来。具体操作为建立一个名为 po 的包,在 po 包中新建一个类,用来对应数据库 student 表中的记录。

```
//Student.java
<?xmlversion = '1.0'encoding = 'UTF-8'?>
packagepo;
publicclassStudentimplementsjava.io.Serializable{
    //Fields
    privateIntegerid;
    privateStringusername;
    privateStringpassword;
    //Constructors
    / * * defaultconstructor * /
    publicStudent(){
    }
    / * * fullconstructor * /
    publicStudent(Stringusername,Stringpassword){
        this.username = username;
        this.password = password;
```

```
    }
    //Propertyaccessors
    publicIntegergetId(){
        returnthis.id;
    }
    publicvoidsetId(Integerid){
        this.id = id;
    }
    publicStringgetUsername(){
        returnthis.username;
    }
    publicvoidsetUsername(Stringusername){
        this.username = username;
    }
    publicStringgetPassword(){
        returnthis.password;
    }
    publicvoidsetPassword(Stringpassword){
        this.password = password;
    }
}
```

11.2.4　编写与配置映射文件

编写完这个类之后,系统还是无法识别 Student 类和数据库表的关系。因此,要编写第 2 个配置文件,配置文件可以随意命名,但此处将其命名为 Student.hbm.xml,这样让开发者一看就知道是 Hibernate 映射文件,此文件一般和 po 放在一个包下,主要编写格式如下。

(1) <classname="类名"table="表名">:类和表对应,类名就是之前创建的 Student 类,表名就是 Student 类所对应的 T_STUDENT。

(2) <idname="属性"column="列名">:填写主键,即使表内没有主键,在配置文件中也要配置一个唯一标识。这里分别填写 Student 类中的 account 和 T_STUDENT 表中的 ACCOUNT 属性。

(3) <generatorclass="assigned"/>:主键的生成策略,assigned 表示由用户赋值。其他生成策略在后面会进行详细的介绍。

(4) <propertyname="属性"column="列名"/>:将属性和列对应起来。

代码如下:

```
//Student.hbm.xml
<?xmlversion = "1.0"encoding = "utf - 8"?>
<!DOCTYPEhibernate - mappingPUBLIC" - //Hibernate/HibernateMappingDTD3.0//EN"
"http://hibernate.sourceforge.net/hibernate - mapping - 3.0.dtd">
<!--
MappingfileautogeneratedbyMyEclipsePersistenceTools
-->
<hibernate - mapping>
<classname = "po.Student"table = "student">
<comment>student</comment>
```

```
< idname = "id"type = "java. lang. Integer">
< columnname = "id"/>
< generatorclass = "increment"></generator >
</id>
< propertyname = "username"type = "java. lang. String">
< columnname = "username"length = "10">
< comment > username </comment >
</column >
</property >
< propertyname = "password"type = "java. lang. String">
< columnname = "password"length = "10">
< comment > password </comment >
</column >
</property >
</class >
</hibernate - mapping >
```

以上配置文件完成后,数据表和 Java 类就进行了映射。在这个文件中,内容可以写多个,能实现多个表对多个类的映射。

不过,配置到这里,系统无法识别这个映射文件,还需要将此文件路径在 hibernate. cfg.
xml 文件中注册,使得系统能够正确地识别此文件。操作方法为打开 hiebrnate. cfg. xml,将
<mappingresource="po/Student. hbm. xml"/>添加到 hibernate. cfg. xml 中,hibernate.
cfg. xml 文件变为如下:

```
//hibernate.cfg.xml
<?xmlversion = '1.0'encoding = 'UTF - 8'?>
<!DOCTYPEhibernate - configurationPUBLIC
" - //Hibernate/HibernateConfigurationDTD3.0//EN"
"http://hibernate. sourceforge. net/hibernate - configuration - 3.0.dtd">
<! -- GeneratedbyMyEclipseHibernateTools. -->
< hibernate - configuration >
< session - factory >
    < propertyname = "connection.url">
        jdbc:access:///d:/student.mdb
    </property >
    < propertyname = "myeclipse. connection. profile"> web </property >
    < propertyname = "connection.driver_class">
        com. hxtt. sql. access. AccessDriver
    </property >
    < propertyname = "dialect">
        org. hibernate. dialect. SQLServerDialect
    </property >
     < mappingresource = "po/Student. hbm. xml"/>
</session - factory >
</hibernate - configuration >
```

很明显,可以在 hibernate. cdf. xml 中注册多个 Hibernate 映射文件。

11.3　Hibernate 操作数据库

Hibernate 配置完毕后,就可以在 DAO 中测试 Hibernate 是否能实现增、删、改、查等操作了。此处用一个简单的程序来模拟 DAO 的功能,需要利用 Hibernate 中的基本 API 载入配置并建立连接,步骤如下:

首先建立一个和数据库连接的对象 Session:

```
Sessionsf = HibernateSessionFactory.getSession();
```

接下来就可以使用 Session 进行数据库操作了,操作完毕后要关闭 Session:

```
HibernateSessionFactory.closeSession();
```

11.3.1　添加数据

利用 Session 将数据保存到数据库中的方法如下:

```
Session.save(Object);
```

如果该对象的主键内容在表中存在,则抛出异常。为了避免这个问题,可以使用:

```
Session.saveOrUpdate(Object);
```

其功能是,如果主键在数据库中存在,就修改该数据,否则保存数据。

Session 的事务不是自动提交的,如果要对数据库进行添加、删除或者修改,默认情况下需要开启一个事务(org.hibernate.Transaction)。代码如下:

```
Transactiontran = session.beginTransaction();
//添加、删除、修改语句
tran.commit();
```

新建一个名为 Insert.java 的类,添加主函数用来测试 Hibernate 的添加功能。

```
//Insert.java
importorg.hibernate.Session;
importutil.HibernateSessionFactory;
importorg.hibernate.Transaction;
importpo.Student;
publicclassInsert{
    publicstaticvoidmain(String[]args){
        //TODOAuto-generatedmethodstub
        try
        {
            Sessionsf = HibernateSessionFactory.getSession();
            Transactiontransaction = sf.beginTransaction();
            Studentstu = newStudent();
            stu.setUsername("张三");
            stu.setPassword("12345");
            sf.saveOrUpdate(stu);
```

```
                transaction.commit();
            }
            catch(Exception e)
            {
                System.out.println("添加时发生错误:" + e.toString());
            }
            finally
            {
                HibernateSessionFactory.closeSession();
            }
    }
}
```

运行、测试该程序，数据库中将会添加一条新数据。

11.3.2 查询数据

查询数据要用到 org.hibernate.Query 对象，具体语法如下：

```
Query q1 = sl.createQuery("from Student");
```

Query 对象拥有 list()方法，可以列出数据库中的所有记录。具体查询代码如下：

```
//Select.java
import org.hibernate.Session;
import util.HibernateSessionFactory;
import po.Student;
import java.util.List;
import org.hibernate.Query;
public class Select{
    public static void main(String[]args){
    //TODO Auto - generated method stub
        try
        {
        Session sl = HibernateSessionFactory.getSession();
        Query q1 = sl.createQuery("from Student");
        List < Student > stulist = q1.list();
        for(int i = 0; i < stulist.size(); i++)
        {
            System.out.println(stulist.get(i).getId() + " --- " + stulist.get(i).getUsername() +
            " --- " + stulist.get(i).getPassword());
        }
        }
        catch(Exception e)
        {
            System.out.println("查询时发生错误:" + e.toString());
        }
        finally
        {
            HibernateSessionFactory.closeSession();
```

```
            }
        }
    }
```

11.3.3 修改数据

新建一个名为 Update.java 的类,添加主函数用来测试 Hibernate 的修改功能。数据库修改记录,关键是在创建对象后给对象对应主键的属性赋值。

```java
//Update.java
importorg.hibernate.Session;
importutil.HibernateSessionFactory;
importorg.hibernate.Transaction;
importpo.Student;
publicclassInsert{
    publicstaticvoidmain(String[]args){
        //TODOAuto-generatedmethodstub
            try
            {
                Sessionsf = HibernateSessionFactory.getSession();
                Transactiontransaction = sf.beginTransaction();
                Studentstu = newStudent();
                stu.setId(1);
                stu.setUsername("张三");
                stu.setPassword("54321");
                sf.saveOrUpdate(stu);
                transaction.commit();
            }
            catch(Exceptione)
            {
                System.out.println("修改时发生错误:" + e.toString());
            }
            finally
            {
                HibernateSessionFactory.closeSession();
            }
    }
}
```

运行、测试该程序,数据库中姓名为张三的记录的密码会被改为 54321。

11.3.4 删除数据

新建一个名为 Delete.java 的类,添加主函数用来测试 Hibernate 的删除功能。

```java
//Delete.java
importorg.hibernate.Session;
importutil.HibernateSessionFactory;
importorg.hibernate.Transaction;
importpo.Student;
```

```
publicclassInsert{
    publicstaticvoidmain(String[]args){
        //TODOAuto - generatedmethodstub
            try
            {
                Sessionsf = HibernateSessionFactory.getSession();
                Transactiontransaction = sf.beginTransaction();
                Studentstu = newStudent();
                stu.setId(1);
                sf.delete(stu);
                transaction.commit();
            }
            catch(Exceptione)
            {
                System.out.println("删除时发生错误:" + e.toString());
            }
            finally
            {
                HibernateSessionFactory.closeSession();
            }
    }
}
```

运行、测试该程序,数据库中姓名为张三的记录会被删除。

11.4　深入了解 Hibernate

11.4.1　Configuration、SessionFactory 与 Session

在前面的章节中讲解了 Hibernate 的编程基础,并使用了一些 API,在 Hibernate 中需要使用的 API 如图 11-13 所示。

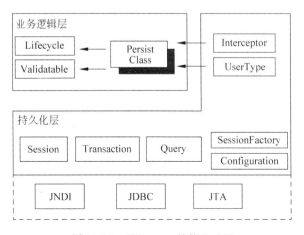

图 11-13　Hibernate 的核心 API

实际上,Hibernate 在底层调用的还是 JDBC,只是在持久化层,程序编写人员只需要用通过核心的 API 来实现底层复杂的工作。本节来介绍这些核心 API。

1. Configuration

用户可以使用 Configuration 类的 configure()方法来读取 hibernate. cfg. xml 文件,并管理配置信息。由于在 hibernate. cfg. xml 文件中配置了 Hibernate 映射文件(∗ . hbm. xml),所以通过 Configuration 类实际上也可以访问映射文件。另外,Configuration 可以生成 SessionFactory。

下面介绍 Configuration 类常用的方法。

(1) configure()方法:默认读取 hibernate. cfg. xml。

(2) configure(FileconfigFile)方法:可以指定参数,使之能够使用其他配置文件。

(3) addResource(Stringpath)方法:指定一个 hbm 文件路径,动态添加映射文件。

(4) addClass(ClasspersistentClass)方法:指定 po 类,载入该类对应配置的映射文件。

Configuration 是一个瞬间对象,一旦 SessionFactory 建立成功就会被丢弃,占用的资源较少。

2. SessionFactory

SessionFactory 由 Configuration 建立,应用程序从 SessionFactory 中获得 Session 实例。通常情况下,一个数据库只有唯一一个 SessionFactory,它可以在应用初始化时被创建。

SessionFactory 非常消耗内存,它缓存了生成的 SQL 语句和 Hibernate 在运行时使用的映射元数据。也就是说,中间数据全部使用 SessionFactory 管理。因此,该对象的使用有时关系到系统的性能。

3. Session

Session 代表和数据库之间的一次操作。它通过 SessionFactory 打开,在所有工作完成后需要关闭。其方法如下:

```
Session.Close();
```

注意:Session 不是 Web 层的 HttpSession。怎样得到 Session 是一个重要的问题,很多人对其进行了研究,他们把生成 Session 的过程进行优化,设计了一个 HibernateSessionFactory 类专门负责 Session 的生成。

11.4.2 HQL 与 Criteria

本节讲解批量查询方法,批量查询方法共有下面 3 种。

(1) HQL 查询方法。

(2) Criteria 准则查询方法。

(3) SQL 查询方法。

其中,第 3 种方法在某种程度上违背了 ORMapping 的初衷,较少使用。

1. HQL

HQL 的意思和 SQL 相近,SQL 是结构化查询语言,HQL 是 Hibernate 查询语言。

下面讲解 HQL 查询方法。以一个案例引入,查询姓名为 tom 的用户,如何使用 Hibernate 来实现? 步骤如下:

(1) 在 Session 中提供了一个方法,名为"Query query = Session. createQuery(String queryString)",该方法为 HQL 查询语句生成一个 Query 类的对象,进行返回。

(2) 返回的 Query 中有 list()方法,返回一个 List 对象,通过遍历这个 List 对象得到查询的内容。

编写 Query1. java 代码如下:

```java
//Query1.java
import java.util. * ;
import org.hibernate. * ;
import util.HibernateSessionFactory;
import po.Student;
public class Query1 {
    public static void main(String[ ] args) {
        Session session = HibernateSessionFactory.getSession();
        String hql = "from Student where username = 'tom'";
        Query query = session.createQuery(hql);
        List < Student > list = query.list();
        for(int i = 0;i < list.size();i++)
        {
            Student stu = list.get(i);
            System.out.println(stu.getUsername());
        }
        HibernateSessionFactory.closeSession();
    }
}
```

在 Query1. java 文件中:

```java
Stringhql = "from Student where username = 'tom'";
Queryquery = session.createQuery(hql);
```

可以看到,传入 session. createQuery 函数的是一条 HQL 查询语句。这里需要注意的是,hql 里的"Student"是类名,"username"是它的一个属性,和数据库没有关系。它的语法为"from 类名 as 对象名[where 属性条件]",其中,"as 对象名"可以省略。

HQL 语句看起来虽然和 SQL 语句很像,但由于数据库迁移的可能性,避免了程序员需要对数据库结构的了解。

在上面的操作中,查询的是 Student 中的所有属性,而在控制台上只打印了姓名。在 Hibernate 中,也可以只对某几个列进行查询,语法为"select 属性 from 类名 as 对象名(where 属性条件)"。例如,查询姓名为 tom 的用户,代码如下:

```java
//Query2.java
import java.util. * ;
```

```
import org.hibernate. * ;
import util.HibernateSessionFactory;
public class Query2 {
    public static void main(String[] args) {
        Session session = HibernateSessionFactory.getSession();
        String hql = "select username,password from Student where username = 'tom'";
        Query query = session.createQuery(hql);
        List list = query.list();
        for(int i = 0;i < list.size();i++)
        {
            Object[] objs = (Object[])list.get(i);
            System.out.println(objs[0] + " " + objs[1]);
        }
        HibernateSessionFactory.closeSession();
    }
}
```

注意：此时 list 中存放的不是 Student 对象，而是用 Object 数组保存的数据。不过，如果查出来的列只有一个，系统就不会放在 Object 数组中，而是以单独的字符串返回。

HQL 查询语句也能够传递参数，例如，如果性别是由变量传入的，就可以在 HQL 中设置参数：

```
Stringhql = "selectstuno,stunamefromStudentwherestusex = :sex";
```

表示在 HQL 中设置了一个名为 sex 的参数。接下来就可以用 Query 的 set 方法对 username 参数进行赋值了：

```
String uname = "tom";
String hql  = "selectstuno,stunamefromStudentwherestusex = :sex";
Query query = session.createQuery(hql);
Query.setString("uname",uname);
```

最终代码如下：

Query3.java
```
import java.util. * ;
import org.hibernate. * ;
import util.HibernateSessionFactory;
public class Query3 {
    public static void main(String[] args) {
        Session session = HibernateSessionFactory.getSession();
        String uname = "tom";
        String hql = "select username,password from Student where username = :uname";
        Query query = session.createQuery(hql);
        Query.setString("uname",uname)
        List list = query.list();
        for(int i = 0;i < list.size();i++)
        {
            Object[] objs = (Object[])list.get(i);
            System.out.println(objs[0] + " " + objs[1]);
        }
```

```
            HibernateSessionFactory.closeSession();
        }
    }
```

其运行效果和 Query2.java 相同。

2. Criteria

Criteria(准则查询)是另外一种查询方法,编程要点如下:

(1) 调用 Session 的 createCriteria(ClasspersistentClass)方法传入一个 Class 参数,返回 Critera。其中,传入参数的目的是绑定查询结果需要转换的类型。

(2) 用 Critera 的 add 函数增加筛选条件,常见的限制如下。

① Restrictions.gt(StringpropertyName,Objectvalue):某属性必须大于另一个值。

② Restrictions.lt(StringpropertyName,Objectvalue):某属性必须小于另一个值。

具体可以参考相关文档。

下面用该方法实现前面的案例,查询姓名为 tom 的用户,代码如下:

```
//Query4.java
import java.util. * ;
import org.hibernate. * ;
import util.HibernateSessionFactory;
import org.hibernate.criterion. * ;
import po.Student;
public class Query4 {
    public static void main(String[] args) {
        Session session = HibernateSessionFactory.getSession();
        Criteria cri = session.createCriteria(Student.class);
        cri.add(Restrictions.eq("username", "tom"));
        List list = cri.list();
        for(int i = 0;i < list.size();i++)
        {
            Object[] objs = (Object[])list.get(i);
            System.out.println(objs[0] + " " + objs[1]);
        }
        HibernateSessionFactory.closeSession();
    }
}
```

其运行效果和前面的案例相同。在 Criteria 中还可以使用 addOrder 添加排序功能,例如:

```
cri.addOrder(Order.asc("username"));
```

表示按照学生的姓名升序排列,asc 方法表示升序排列,desc 方法表示降序排列。其他内容可以参考文档。

初学者可能觉得,使用准则查询很不方便,其实不然。例如在 Web 网站中,支持用户使用复合条件进行查询,这时候就可以将复合查询条件传递给后台,使用这种查询方法进行查询。

准则查询方法也能给网页中的查询分页提供条件,使用 setFirstResult()设置所需查询记录的第一条信息的位置,使用 setMaxResults()设置查询信息的条数。在数据库查询分页策略中,有一种"用多少查多少"的分页策略,但这种分页策略和数据库的类型有关。比如在 Oracle 中用 ROWNUM,在 MySQL 中用 limit。使用 Hibernate 以后,分页就可以用 Hibernate 直接实现,而不必关心用的是何种数据库。读者可以自行通过这种方式实现分页。

11.4.3 Hibernate 主键

1. 主键生成策略

在之前的例子中,映射文件内有一行配置,即<generatorclass="increment">,这条配置中的 increment 是什么意思?还有没有其他内容可以输入?本节将对这个问题进行讲解。

实际上,increment 表示主键自动递增,例如 id 自动加 1。

赋值的方法其实有很多,比较常见的有以下几种。

(1) assigned 策略:表示主键由用户赋值。如果将:

```
< generatorclass = "increment"/>
```

改为:

```
< generatorclass = "assigned"/>
```

在添加记录时,就需要为主键赋值。

(2) uuid. hex 策略:Hibernate 利用 UUID 算法生成主键。如果将映射文件中的主键生成策略改为 uuid. hex,必须保证该列是字符串类型。在添加记录时,不需要为主键赋值,系统会自动给定一个随机的、唯一的字符串,读者可以自行测试。

主键的生成策略还有很多。

- identity:由数据库根据 identity 生成主键,但是数据库必须支持 identity。
- sequence:由数据库根据序列生成主键,但是数据库必须支持 sequence。
- hilo:根据 Hibernate 的 hilo 生成主键。
- native:系统自动选择相应算法生成主键。

2. 复合主键

很多数据库都支持复合主键,也就是几个列组合起来当主键。在 Hibernate 中,这种情况应该怎样处理?本节将讲解 Hibernate 中对复合主键的处理方法,为便于讲解,假设在 student 表中 id 和 username 合起来作为主键。

复合主键的处理方法如下:

(1) 如果在表中有多个列组成主键,就为这几个列统一生成一个类来封装 po 的主键,给每个属性增加 setter 和 getter 方法。

因此,对于本问题,新建一个名为 StudentId 的类并实现 Serializable 接口,在 StudentId 添加 id 和 username 属性,代码如下:

```java
//StudentId.java
package po;
public class StudentId implements java.io.Serializable {
    private String id;
    private String username;
    /** 默认构造函数 */
    public StudentId() {
    }
    /** 完整的构造函数 */
    public StudentId(String id, String username) {
        this.id = id;
        this.username = username;
    }
    // 属性访问器
    public String getId() {
        return this.id;
    }
    public void setId(String id) {
        this.id = id;
    }
    public String getUsername() {
        return this.username;
    }
    public void setUsername(String username) {
        this.username = username;
    }
    public boolean equals(Object other) {
        if ((this == other))
            return true;
        if ((other == null))
            return false;
        if (!(other instanceof StudentId))
            return false;
        StudentId castOther = (StudentId) other;
        return ((this.getId() == castOther.getId()) || (this.getId() != null
                && castOther.getId() != null && this.getId().equals(
                castOther.getId())))
                && ((this.getUsername() == castOther.getUsername()) || (this
                        .getUsername() != null
                        && castOther.getUsername() != null && this
.getUsername().equals(castOther.getUsername()))));
    }
    public int hashCode() {
        int result = 17;
        result = 37 * result + (getId() == null ? 0 : this.getId().hashCode());
        result = 37 * result
                + (getUsername() == null ? 0 : this.getUsername().hashCode());
        return result;
    }
}
```

（2）编写 po 类 Student，将主键对象作为属性之一。代码如下：

```java
//Student.java
package po;
public class Student implements java.io.Serializable {
    // 字段
    private StudentId id;
    private String password;
    // 构造函数
    /* * 默认构造函数 */
    public Student() {
    }
    /* * 最小构造函数 */
    public Student(StudentId id) {
        this.id = id;
    }
    /* * 完整的构造函数 */
    public Student(StudentId id, String password) {
        this.id = id;
        this.password = password;
    }
    // 属性访问器
    public StudentId getId() {
        return this.id;
    }
    public void setId(StudentId id) {
        this.id = id;
    }
    public String getPassword() {
        return this.password;
    }
    public void setPassword(String password) {
        this.password = password;
    }
}
```

（3）在映射文件中进行配置，将主键类中的每个属性和表中的列对应，并指定复合主键的类型。代码如下：

```xml
//Student.hbm.xml
<?xml version = "1.0" encoding = "utf - 8"?>
<!DOCTYPE hibernate - mapping PUBLIC " - //Hibernate/Hibernate Mapping DTD 3.0//EN"
"http://hibernate.sourceforge.net/hibernate - mapping - 3.0.dtd">
<!--
    Mapping file autogenerated by MyEclipse Persistence Tools
-->
<hibernate - mapping>
    <class name = "po.Student" table = "student">
        <comment > student </comment >
```

```
        < composite - id name = "id" class = "po. StudentId">
            < key - property name = "id" type = "java. lang. String">
                < column name = "id" />
            </key - property >
            < key - property name = "username" type = "java. lang. String">
                < column name = "username" length = "10" />
            </key - property >
        </composite - id >
        < property name = "password" type = "java. lang. String">
            < column name = "password" length = "10">
                < comment > password </comment >
            </column >
        </property >
    </class >
</hibernate - mapping >
```

(4) 使用复合主键操作数据库。例如要查询主键为[1 张三](注意是复合主键)的学生,可以用以下代码:

```java
//Query5. java
import org. hibernate. * ;
import po. Student;
import po. StudentId;
import util. HibernateSessionFactory;
public class Query5 {
    public static void main(String[ ] args) {
        Session session = HibernateSessionFactory. getSession();
        StudentId sid = new StudentId();
        sid. setId("1");
        sid. setUsername("tom");
        Student stu = (Student)session. get(Student. class,sid);
        if(stu!= null)
        {
            System. out. println(stu. getPassword());
        }
        HibernateSessionFactory. closeSession();
    }
}
```

习题 11

1. 在数据库中建立表格 CUSTOMER(ACCOUNT,PASSWORD,CNAME),插入一些记录。

(1) 制作一个登录界面,输入账号和密码,如果匹配,显示"登录成功",否则显示"登录失败"。要求使用 Hibernate 框架实现。

(2) 实现注册功能,要求输入账号、密码、确认密码、姓名,可以在数据库中添加记录。

但是,密码和确认密码必须相同,账号不能重复。要求使用 Hibernate 框架完成。

2. 在数据库中建立表格 BOOK(BOOKID,BOOKNAME,BOOKPRICE),插入一些记录。

(1) 制作一个查询页面,输入两个数字,显示价格在这两个数字之间的图书的信息。要求使用 Hibernate 的 HQL 查询方法。

(2) 编写一个网页,输入图书名称的模糊资料,并输入一个数字,然后查询价格在该数字以下的图书的信息。要求使用 Hibernate 的准则查询方法。

第12章

Spring 框架

12.1 Spring 简介

Spring 是轻量级的 J2EE 应用程序开源框架,由 Rod Johnson 创建,它是为了解决企业应用开发的复杂性而创建的。Spring 使用基本的 JavaBean 来完成以前只能由 EJB 完成的事情。然而,Spring 的用途不仅仅限于服务器端的开发。从简单性、可测试性和松耦合的角度而言,任何 Java 应用都可以从 Spring 中受益。

Spring 的核心是一个轻量级容器(Container),是实现了 IoC(Inversion of Control)模式的容器。Spring 的目标是实现一个全方位的整合框架,在 Spring 框架下实现多个子框架的组合,这些子框架之间彼此可以独立,也可以使用其他的框架方案进行替代,Spring 希望提供 one-stop shop 的框架整合方案。

Spring 不会特别去提出一些子框架与现有的 OpenSource 框架竞争,除非它觉得所提出的框架够新、够好。Spring 有自己的 MVC 框架方案,因为它觉得现有的 MVC 方案有很多可以改进的地方,但它不强迫用户使用它提供的方案,用户可以选用自己希望的框架来取代其子框架,例如仍可以在 Spring 中整合 Struts 框架。

Spring 的核心概念是 IoC,IoC 的抽象概念是依赖关系的转移,"高层模块不应该依赖低层模块,模块都必须依赖于抽象"是 IoC 的一种表现,"实现必须依赖抽象,而不是抽象依赖实现"是 IoC 的一种表现,"应用程序不应依赖于容器,而是容器服务于应用程序"也是 IoC 的一种表现。用户可以回想一下面向对象的设计原则——OCP 原则和 DIP 原则。

Spring 的核心是一个 IoC/DI 的容器,它可以帮程序设计人员完成组件(类别)之间的依赖关系注入(连接),使得组件(类别)之间的依赖达到最小,进而提高组件的重用性。Spring 是一个低侵入性(invasive)的框架,Spring 中的组件并不会意识到它正置身于 Spring 中,这使得组件可以轻易地从框架中脱离,而几乎不用任何修改。反过来说,组件也可以用简单的方式加入到框架中,使得组件甚至框架的整合变得容易。

Spring 最被人重视的另一方面是支持 AOP(Aspect-Oriented Programming),然而 AOP 框架只是 Spring 支持的一个子框架,所以说 Spring 框架是 AOP 框架并不是一种适当的描述,人们对于新奇的 AOP 的关注映射到 Spring 上,使得人们对于 Spring 的关注集中在它的 AOP 框架上,虽然有所误解,但也突显了 Spring 的另一个令人关注的特色。

Spring 也提供了 MVC Web 框架的解决方案,但用户可以将自己熟悉的 MVC Web 框架与 Spring 整合,例如 Struts、WebWork 等,都可以与 Spring 整合而成为适用于自己的解决方案。

Spring 还提供了其他方面的整合,像是持久层的整合,如 JDBC、O/R Mapping 工具 (Hibernate、iBATIS)、事务处理等,Spring 做了对多方面整合的努力,所以说 Spring 是一个全方位的应用程序框架。

Spring 框架由 7 个定义明确的模块组成,如图 12-1 所示。

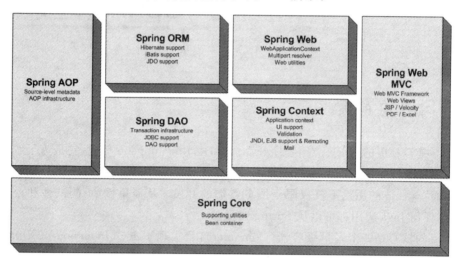

图 12-1　Spring 框架概览图

总体来说,Spring 是一个轻量级的控制反转(IoC)和面向切面(AOP)的容器框架。

12.1.1　Spring 的历史

Spring 的基础架构起源于 2000 年早期,它是 Rod Johnson 在一些成功的商业项目中构建的基础设施。

在 2002 年后期,Rod Johnson 发布了 *Expert One-on-One J2EE Design and Development* 一书,并随书提供了一个初步的开发框架实现——interface21 开发包,interface21 就是书中阐述的思想的具体实现。后来,Rod Johnson 在 interface21 开发包的基础之上进行了改造和扩充,使其发展为一个更加开放、清晰、全面、高效的开发框架——Spring。

2003 年 2 月,Spring 框架正式成为一个开源项目,并发布于 SourceForge 中。

12.1.2　Spring 的使命

Spring 的使命如下:

(1) J2EE 应该更加容易使用。

(2) 面向对象的设计比任何实现技术(比如 J2EE)都重要。

(3) 面向接口编程,而不是针对类编程。Spring 将使用接口的复杂度降低到零。

(4) 代码应该易于测试。Spring 框架会帮助用户使代码的测试更加简单。

(5) JavaBean 提供了应用程序配置的最好方法。

(6) 在 Java 中,已检查异常(Checked Exception)被过度使用。框架不应该迫使用户捕获不能恢复的异常。

12.2　Spring 的特点

下面介绍 Spring 的特点。

(1) 轻量：从大小与开销两个方面而言，Spring 都是轻量的。完整的 Spring 框架可以在一个大小只有 1MB 多的 JAR 文件中发布，并且 Spring 所需的处理开销也是微不足道的。此外，Spring 是非侵入式的，Spring 应用中的对象不依赖于 Spring 的特定类。

(2) 控制反转：Spring 通过一种称为控制反转(IoC)的技术促进了松耦合。当应用了 IoC 时，一个对象依赖的其他对象会通过被动的方式传递进来，而不是这个对象自己创建或者查找依赖对象。用户可以认为 IoC 与 JNDI 相反，不是对象从容器中查找依赖，而是容器在对象初始化时不等对象请求就主动将依赖传递给它。

(3) 面向切面：Spring 提供了面向切面编程的丰富支持，允许通过分离应用的业务逻辑与系统级服务(例如审计和事务管理)进行内聚性的开发。应用对象只实现它们应该做的，即完成业务逻辑，仅此而已。它们并不负责(甚至是意识)其他的系统级关注点，例如日志或事务支持。

(4) 容器：Spring 包含并管理应用对象的配置和生命周期，在这个意义上它是一种容器，用户可以配置自己的每个 Bean 如何被创建——基于一个可配置原型(prototype)，用户的 Bean 可以创建一个单独的实例或者每次需要时都生成一个新的实例，以及它们是如何相互关联的。然而，Spring 不应该被混同于传统的重量级的 EJB 容器，它们经常是庞大和笨重的，难以使用。

(5) 框架：Spring 可以将简单的组件配置、组合成复杂的应用。在 Spring 中，应用对象被声明式地组合，典型的是在一个 XML 文件里。Spring 也提供了很多基础功能(事务管理、持久化框架集成等)，将应用逻辑的开发留给了用户。

所有 Spring 的这些特征使用户能够编写出更干净、更可管理，并且更易于测试的代码。它们也为 Spring 中的各种模块提供了基础支持。

12.3　控制反转 IoC

IoC 的全名是 Inversion of Control，中文翻译是"控制反转"。初看 IoC，从字面上不容易了解其意义，如果要了解 IoC，最好从 Dependency Inversion 开始了解，也就是依赖关系的反转。

Dependency Inversion 在面向对象的设计原则之依赖倒置原则(Dependence Inversion Principle，DIP)中有清楚的解释。

简单地说，在设计模块时，高层的抽象模块通常是与业务相关的模块，它应该具有重用性，而不依赖于低层的实现模块，例如低层模块原先是软盘存取模式，而高层模块是存盘备份的需求，如果高层模块直接调用低层模块的函数，则就对其产生了依赖关系。请看下面的例子(见图 12-2)。

```
void Copy(){
  int c;
  while ((c = ReadKeyboard()) != EOF)
    WritePrinter(c);
}
```

这是僵化和不易改动的例子,为什么呢? 很显然,如果要将内容输出到磁盘上(见图 12-3),那么必须改动 Copy 的内容,并进行重新测试和编译。

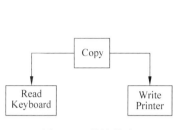

图 12-2　传统模式

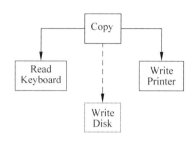

图 12-3　改进模式

改动后的程序如下:

```
enum OutputDevice {printer, disk};
void Copy(OutputDevice dev){
    int c;
    while((c = ReadKeyboard())!= EOF)
      if(dev == printer)
          WritePrinter(c);
      else
          WriteDisk(c);
}
```

如果要继续添加其他输入或输出方式,该程序还是无法重用,要对此程序进行修改才能继续使用。

利用依赖倒置原则(DIP)可以解决这个问题,DIP 原则可以从下面两点来解读。

第 1 点:高层模块不依赖低层模块,两者都依赖抽象,即高层模块和低层模块都应该依赖抽象。

第 2 点:抽象不应该依赖于细节,细节应该依赖于抽象。

上面所讲的例子如果用 DIP 原则,结果如图 12-4 所示。

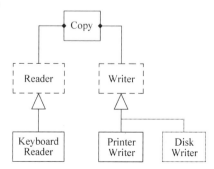

```
class Reader {
    public:
        virtual int read() = 0;
};
class Writer {
    public:
        virtual void write(int) = 0;
};
void Copy(Reader& r, Writer& w){
```

图 12-4　DIP 原则

```
        int c;
        while((c = r.read()) != EOF)
            w.write(c);
    }
```

这样一来,如果要添加新的输入或输出设备,只要改动相应的类(class Reader、Writer,利用多态来解决上面的问题)就可以了,而其他的程序不用改动,这就是依赖倒置原则的基本内涵。

在软件设计和构建中要遵循"高内聚、低耦合"的原则,那么,依赖对于我们来说究竟是好事还是坏事呢?

首先应该明白,类之间如果是零耦合的状态,是不能够构建应用程序的,只能构建类库。

由于人类的理解力和可控制的范围有限,大多数人难以理解和把握过于复杂的系统。把软件系统划分成多个模块,可以有效地控制模块的复杂度,使每个模块都易于理解和维护。但在这种情况下,模块之间就必须以某种方式交换信息,也就是必然要发生某种耦合关系。如果某个模块和其他模块没有任何关联(哪怕只是潜在的或隐含的依赖关系),我们几乎可以断定,该模块不属于此软件系统,应该从系统中去掉。如果所有模块之间都没有任何耦合关系,其结果必然是整个软件不过是多个互不相干的系统的简单堆积,对于每个系统而言,所有的功能还是要在一个模块中实现,这等于没有做任何模块的分解。

因此,模块之间必定会有这样或那样的依赖关系,永远不要幻想消除所有依赖。但是,过强的耦合关系(例如一个模块的变化会造成一个或多个其他模块同时发生变化的依赖关系)会对软件系统的质量造成很大的影响。特别是当需求发生变化时,代码的维护成本将非常高。所以,用户必须想尽办法来控制和消解不必要的耦合,特别是那种会导致其他模块发生不可控变化的依赖关系。依赖倒置、控制反转就是人们在解决依赖关系问题的过程中不断产生和发展起来的。

下面继续说明这个问题,首先看一个程序:

```
# include <floppy.h>
…
void save() {
        …
        saveToFloppy()
    }
}
```

由于 save()程序依赖于 saveToFloppy(),如果要更换低层的存储模块为 UsbDisk,则这个程序没有办法重用,必须加以修改才行,低层模块的变动造成了高层模块也必须跟着变动,这不是一个好的设计方式,我们希望模块都依赖于模块的抽象,这样才可以重用高层的业务设计。

如果以面向对象的方式来设计,依赖倒置(Dependency Inversion)的解释变为程序不应依赖实现,而是依赖于抽象,实现必须依赖于抽象。接下来看下面这个 Java 程序:

```
//BusinessObject.java
public class BusinessObject {
    private FloppyWriter writer = new FloppyWriter();
```

```
    ...

    public void save() {
        ...
        writer.saveToFloppy();

    }
}

public class FloppyWriter {

    ...          //相应的写盘的代码

}
```

在这个程序中，BusinessObject 的存盘依赖于实际的 FloppyWriter，如果想要改为存至 UsbDisk，必须修改或继承 BusinessObject 进行扩展，而无法直接使用 BusinessObject。

这时，接口(Interface)产生了。读者一定会问，面向对象的设计原则已经告诉我们，要针对接口编程，为什么不用呢？好，下面采用这个原则进行编程。

首先了解什么是接口？接口定义了行为的协议，这些行为在继承接口的类中实现。接口还定义了很多方法，但是没有实现它们。类履行接口协议并实现所有定义在接口中的方法。接口是一种只有声明没有实现的特殊类。

使用接口的优点如下：

(1) Client 不必知道其使用对象的具体所属类。

(2) 一个对象可以很容易地被(实现了相同接口的)另一个对象替换。

(3) 对象间的连接不必硬绑定(hardwire)到一个具体类的对象上，因此增加了灵活性。

(4) 松耦合(loosens coupling)。

(5) 增加了重用的可能性。

通过面向接口编程，可以改进这一情况，例如：

```
public interface IDeviceWriter {
    public void saveToDevice();
}
public class BusinessObject {
    private IDeviceWriter writer;

    public void setDeviceWriter(IDeviceWriter writer) {
        this.writer = writer;
    }
    public void save() {
        ...
        writer.saveToDevice();
    }
}
```

这样一来，BusinessObject 就是可重用的了，如果有存储至 Floppy 或 UsbDisk 的需求，只要实现 IDeviceWriter 即可，而不用修改 BusinessObject：

```
public class FloppyWriter implement IDeviceWriter {
    public void saveToDevice() {
        ...
        // 实际存储至 Floppy 的程序代码
    }
}
public class UsbDiskWriter implement IDeviceWriter {
    public void saveToDevice() {
        ...
        // 实际存储至 UsbDisk 的程序代码
    }
}
```

从这个角度来看，Dependency Inversion 的意思是程序不依赖于实现，程序和实现都要依赖于抽象。

这样还有没有问题呢？用户可能会有疑问，如果要根据不同的情况使用软盘、USB 碟或者其他的存储设备，应该怎么办呢？在程序包中，BusinessObject 不是还和 FloppyWriter 或者 UsbDiskWriter 绑定吗？如果在系统发布后，要将 FloppyWriter 替换为 UsbDiskWriter 不是还要去修改 IDeviceWriter 的实现吗？修改就意味着可能会带来错误，就要带来修改代码、进行测试、编译、维护等的工作量。还有更好的方法吗？IoC/DI 是解决之道。

IoC 的 Control 是控制的意思，其实它也是一种依赖关系的转移，如果 A 依赖于 B，其意义即是 B 拥有控制权，用户要转移这种关系，所以依赖关系的反转即是控制关系的反转，通过控制关系的转移，用户可以获得组件的可重用性。在上面的 Java 程序中，整个控制权从实际的 FloppyWriter 转移至抽象的 IDeviceWriter 接口上，使得 BusinessObject、FloppyWriter、UsbDiskWriter 几个实现依赖于抽象的 IDeviceWriter 接口。

使用 IoC，对象是被动地接受依赖类，而不是自己主动地去找。容器在实例化的时候主动将它的依赖类注入给它。可以这样理解：控制反转将类的主动权转移到接口上，依赖注入通过 XML 配置文件在类实例化时将其依赖类注入。

控制反转（Inversion of Control）与依赖倒置原则（Dependency Inversion Principle）是同义原则。虽然"依赖倒置"和"控制反转"在设计层面上都是消解模块耦合的有效方法，也都是试图令具体的、易变的模块依赖于抽象的、稳定的模块的基本原则，但二者在使用语境和关注点上存在差异："依赖倒置"强调的是对于传统的、源于面向过程设计思想的层次概念的"倒置"，而"控制反转"强调的是对程序流程控制权的反转。"依赖倒置"的使用范围更为宽广一些。

IoC 在容器的角度，可以用好莱坞名言"Don't call me, I'll call you."（不要打电话给我们，我们会通知你的）代表。好莱坞的演员们（包括大牌）都会在好莱坞进行登记，他们不能够直接打电话给制片人或者导演要求演出某个角色或者参加某个片子的演出，而是由好莱坞根据需要去通知他们（前提是他们已经在好莱坞做过登记）。在这里，好莱坞就相当于容器。

以程序的术语来说，就是"不要向容器要求您所需要的（对象）资源，容器会自动将这些对象给您！"IoC 要求的是容器不侵入应用程序本身，应用程序本身提供接口，容器可以通过这些接口将所需的资源注入程序中，应用程序不向容器主动要求资源，因此不会依赖于容器的组件,应用程序本身不会意识到正被容器使用,可以随时从容器中脱离转移而不用做任何修改,这个特性正是一些业务逻辑中间件最需要的。

12.4　依赖注入 DI

IoC 模式基本上是一个高层的概念,在 Martin Fowler 的 *Inversion of Control Containers and the Dependency Injection pattern* 中谈到,实现 IoC 有两种方式,即 Dependency Injection 和 Service Locator。

Spring 采用 Dependency Injection 来实现 IoC(大多数容器都是采取这种方式的),中文翻译为依赖注入。依赖注入的意思是,保留抽象接口,让组件依赖于抽象接口,当组件要与其他实际的对象发生依赖关系时,通过抽象接口注入依赖的实际对象。

回过头来仔细阅读一下上面给出的例子:

```
public interface IDeviceWriter {
    public void saveToDevice();
}
public class BusinessObject {
    private IDeviceWriter writer;
    public void setDeviceWriter(IDeviceWriter writer) {
        this.writer = writer;
    }
    public void save() {
        ...
        writer.saveToDevice();
    }
}
public class FloppyWriter implement IDeviceWriter {
    public void saveToDevice() {
        ...
        // 实际存储至 Floppy 的程序
    }
}
public class UsbDiskWriter implement IDeviceWriter {
    public void saveToDevice() {
        ...
        // 实际存储至 UsbDisk 的程序
    }
}
```

为了让 BusinessObject 获得重用性,这里不让 BusinessObject 依赖于实际的 Floppy-Writer,而是依赖于抽象的接口。

在此代码中,IDeviceWriter 的变量 writer 可以接受任何 IDeviceWriter 的实例;另外,FloppyWriter 或 UsbDiskWriter 的实例不是通过 BusinessObject 来获得,而是通过 setter(也可以用构造器)由外部传给它。这似乎跟我们往常的代码没什么不同(回想一下 JavaBean 的 setter/getter),但这已经是一个良好的设计。现在的关键问题是 FloppyWriter

或 UsbDiskWriter 的实例如何从外部注入给 BusinessObject？这就要通过 XML 来实现了（相当于演员们在好莱坞登记）。

Spring 的配置文件 applicationContext.xml 的代码片段如下：

```
< beans >
    < bean id = "FloppyWriter" class = "iocfirst.business.write" />
    < bean id = "BusinessObject" class = "iocfirst.business.BusinessObject" / >
        < property name = " FloppyWriter">
            < ref bean = " FloppyWriter " />
        </ property >
    </ bean >
</ beans >
```

如果想将 UsbDiskWriter 注入，修改 applicationContext.xml 即可。

但有了这个 XML 文件还不够，还要加载该 XML 文件。Spring 提供了现成的 API，在加载上面的 XML 的时候进行了以下操作：实例化 FloppyWriter 或 UsbDiskWriter 类，实例化 BusinessObject 类，并将 FloppyWriter 或 UsbDiskWriter 的实例作为参数赋给 BusinessObject 实例的 setDeviceWriter 方法。

BusinessObject 依赖于抽象接口，在需要建立依赖关系时，就是通过抽象接口注入依赖的实际对象的。

依赖注入在 Martin Fowler 的文章中谈到了 3 种实现方式，即 Interface Injection、Setter Injection 和 Constructor Injection，分别称它们为 Type 1 IoC、Type 2 IoC 和 Type 3 IoC。

（1）接口注入（Interface Injection）：它是在一个接口中定义需要注入的信息，并通过接口完成注入。Apache Avalon 是一个比较典型的 Type 1 型 IoC 容器，WebWork 框架的 IoC 容器也是 Type 1 型。

（2）设值注入（Setter Injection）：在各种类型的依赖注入模式中，设值注入模式在实际开发中得到了最广泛的应用（其中很大一部分得力于 Spring 框架的影响）。

基于设值模式的依赖注入机制更加直观、更加自然。上面的 BusinessObject 所实现的是 Type 2 IoC，通过 setter 注入依赖关系。

（3）构造器注入（Constructor Injection）：即通过构造函数完成依赖关系的设定。

目前，用户只要了解有这 3 种方式就可以了，具体内容将在后面的章节中进行介绍。

12.5 Spring 的配置

12.5.1 Spring 的下载

任何需要交给 Spring 管理的对象都必须在配置文件中注册，这个过程被称为 writing，下面做一个最简单的演示。

首先下载 Spring，Spring 的官方网站是 http://www.springframework.org/，这里下载的是 2.0.1 版，spring-framework-2.0.1-with-dependencies.zip 是该版本的压缩包，如

图 12-5 所示。

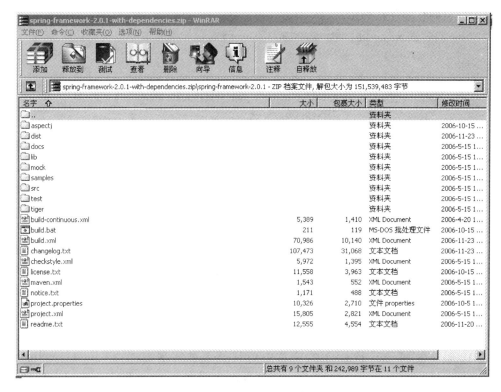

图 12-5　Spring 的下载

　　然后将压缩包的内容解压到一个目录中，D:\spring-framework-2.0.1 是这里使用的存放目录。

12.5.2　框架的搭建

　　操作步骤如下：

　　（1）使用 Eclipse 的 New Java Project 对话框，新建一个名为 spring-demo 的工程，如图 12-6 所示。MyEclipse 中的创建过程与之类似。

　　（2）新建一个名为 HelloTalker 的类，Package 选择 com. spring. demo，如图 12-7 所示。

　　（3）把需要使用的 Spring 项目的 JAR 文件添加到当前工程的 Libraries 中，由于本例中只使用 Spring 的简单 IoC 功能，只需要添加 spring-beans. jar、spring-core. jar 和 commons-logging. jar 3 个包即可。

　　右击工程名称，查看工程属性，选择工程属性中的 Java Builder Path，然后选择 Libraries 选项卡，通过单击 Add External JARs 按钮把外部的 JAR 文件添加到工程项目中，如图 12-8 所示。

　　（4）输入 HelloTalker. java 的完整源代码。其中，HelloTalker 类有一个 msg 属性，为该属性编写 set 方法，该方法必须严格遵守 JavaBean 的命名规则，即有一个 setMsg 方法用于设置 msg 属性的值。另外，直接在 HelloTalker 的 main 方法中使用 Spring 的 Bean 从配置文件中加载一个名为 helloBean、类型为 com. spring. demo. HelloTalker 的 Bean，然后调

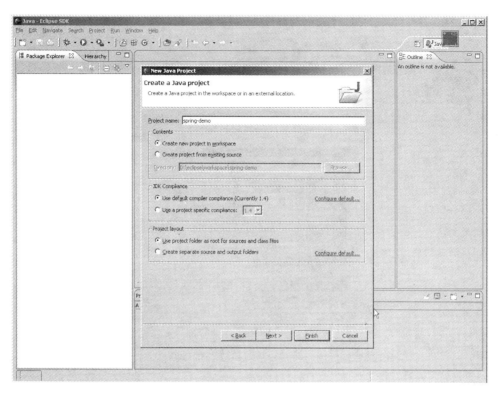

图 12-6　新建工程

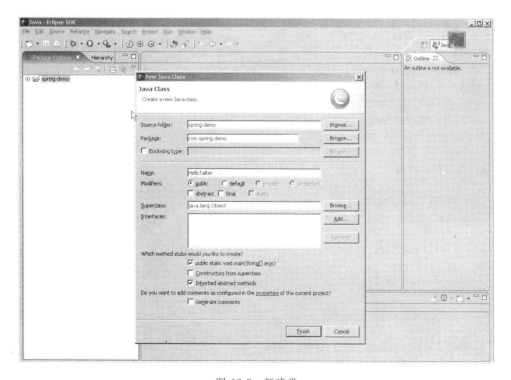

图 12-7　新建类

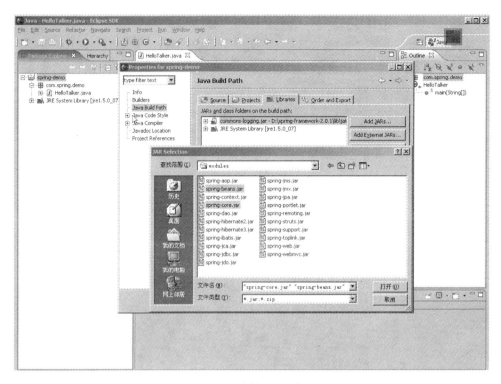

图 12-8 添加 JAR 包

用这个 Bean 的 sayHello 方法。全部源代码如下：

```
//HelloTalker.java
package com.spring.demo;
import org.springframework.beans.factory.BeanFactory;
import org.springframework.beans.factory.xml.XmlBeanFactory;
import org.springframework.core.io.ClassPathResource;
import org.springframework.core.io.Resource;
public class HelloTalker {
    /**
     * @param args
     */
    private String msg;
    public void setMsg(String msg)
    {
        this.msg = msg;
    }
    public void sayHello()
    {
        System.out.print(msg);
    }
    public static void main(String[] args) {
        //TODO Auto-generated method stub
        Resource res = new
ClassPathResource("com/spring/demo/springConfig.xml");
```

```
        BeanFactory factory = new XmlBeanFactory(res);
        HelloTalker hello = (HelloTalker)factory.getBean("helloBean");
        hello.sayHello();
    }
}
```

（5）任何需要交给 Spring 管理的对象都必须在配置文件中注册，这个过程被称为 writing。因此，在与 HelloTalker.java 同级的目录下建立一个名为 springConfig.xml（文件名可以任意）的 Spring 配置文件，在 Bean 配置文件中定义 helloBean，并通过依赖注入设置 helloBean 的 msg 属性值。其内容如下：

```
//HelloTalker.java
<?xml version = "1.0" encoding = "UTF - 8"?>
<!DOCTYPE beans PUBLIC " - //SPRING//DTD BEAN//EN"
"http://www.springframework.org/dtd/spring - beans.dtd">
< beans >
    < bean id = "helloBean" class = "com.spring.demo.HelloTalker">
        < property name = "msg" value = "Hello World 的 Spring 示例!"/>
    </bean >
</beans >
```

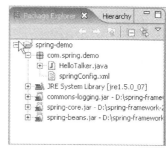

工程完成后，结构如图 12-9 所示。

（6）运行程序，在 HelloTalker.java 上右击，选择 Run As 下面的 Java Application，即可运行这个使用了 Spring 的程序，该程序将输出 helloBean 中的 msg 属性的值，即 "Hello World 的 Spring 示例!"，如图 12-10 所示。

到此为止，完成了一个最简单的 Spring 应用实践，对于更多的内容将在后面的部分逐步给出。

图 12-9　工程完成

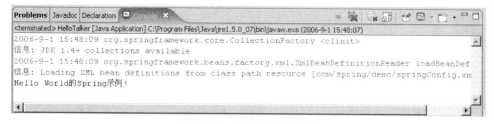

图 12-10　程序的运行结果

12.6　注入方式

前面已经提到依赖注入方式，Spring 建议使用的是 Setter Injection，但也允许用户使用 Constructor Injection，使用 Setter 或 Constructor 注入依赖关系视用户的需求而定，使用 Constructor 的好处之一是，用户可以在构建对象的同时完成依赖关系的建立，如果要建立的对象关系很多，则会在构建函数上留下一长串的参数，这时使用 Setter 会是一个不错的选择；另一方面，Setter 有明确的名称，可以了解注入的对象是什么。例如 set×××()这样的名称会比用 Constructor 上某个参数位置代表某个对象好。

　　前面讲的例子采用的是 Setter Injection。Type 1 IoC 是 Interface Injection,使用 Type 1 IoC 时会要求实现接口,这个接口是容器所用的,容器知道接口上所规定的方法,它可以呼叫实现接口的对象来完成依赖关系的注入。例如:

```
public interface IDependencyInjection {
    public void createDependency(Map dependObjects);
}

public class BusinessObject implement IDependencyInjection {
    private Map dependObjects;
    public void createDependency(Map dependObjects) {
        this.dependObject = dependObjects;
        //在这边实现与 BusinessObject 的依赖关系
        ...
    }
    public void save() {
        ...
        writer.saveToDevice();
    }
}
```

　　如果要完成依赖关系注入的对象,必须实现 IDependencyInjection 接口,并交由容器管理,容器会呼叫被管理对象的 createDependency() 方法完成依赖关系的建立。

　　在上面的例子中,Type 1 IoC 要求 BusinessObject 实现特定的接口,这就使得 BusinessObject 依赖于容器,如果日后 BusinessObject 要脱离目前这个容器,就必须修改程序,如果在更复杂的依赖关系中产生更多、更复杂的接口,组件与容器(框架)的依赖就会更加复杂,最后使得组件无法从容器中脱离。

　　所以,Type 1 IoC 具有强的侵入性,使用它实现依赖注入会使组件依赖于容器(框架),降低组件的重用性。

　　Spring 的核心是一个 IoC 容器,用户可以用 Setter 或 Constructor 的方式来实现业务对象,至于对象与对象之间关系的建立,则通过组态设定,让 Spring 在执行时根据组态档的设定建立对象之间的依赖关系。

　　那么,怎样使用 Construtor Injection 呢? 首先看一下 HelloBean:

```
//HelloBean.java
package onlyfun.caterpillar;
public class HelloBean {
    private String helloWord = "hello";
    private String user = "NoBody";

    public HelloBean(String helloWord, String user) {
        this.helloWord = helloWord;
        this.user = user;
    }
    public String sayHelloToUser() {
        return helloWord + "!" + user + "!";
    }
}
```

为了突显构造函数,这个 HelloBean 设计得比较简单,只提供了构造函数和必要的 sayHelloToUser(),我们来看一下 Bean 的定义文档:

```
//bean.xml
<?xml version = "1.0" encoding = "UTF - 8"?>
<!DOCTYPE beans PUBLIC " - //SPRING/DTD BEAN/EN"
"http://www.springframework.org/dtd/spring - beans.dtd">
<beans>
    <bean id = "helloBean" class = "onlyfun.caterpillar.HelloBean">
        <constructor - arg index = "0"><value>Greeting</value></constructor - arg>
        <constructor - arg index = "1"><value>Justin</value></constructor - arg>
    </bean>
</beans>
```

在 Bean 的定义文档中,使用<constructor-arg>表示将要使用 Constructor Injection,由于使用 Constructor Injection 时并不像使用 Setter Injection 时拥有 set×××()这样易懂的名称,所以必须指定参数的位置索引,index 属性就是用于指定对象将注入构造函数中的那一个参数,索引值从 0 开始,符合 Java 索引的惯例。

下面来看一下测试程序:

```
//Test.java
package onlyfun.caterpillar;
import java.io.*;
import org.springframework.beans.factory.BeanFactory;
import org.springframework.beans.factory.xml.XmlBeanFactory;

public class Test {
    public static void main(String[] args) throws IOException {
        InputStream is = new FileInputStream("bean.xml");
        BeanFactory factory = new XmlBeanFactory(is);

        HelloBean hello = (HelloBean) factory.getBean("helloBean");
        System.out.println(hello.sayHelloToUser());
    }
}
```

几种依赖注入模式的特点如下:

接口注入模式因为历史比较悠久,在很多容器中都已经得到应用。但由于其在灵活性、易用性上不如其他两种注入模式,因而在 IoC 领域中并不被看好。

Type 2 和 Type 3 型的依赖注入实现是目前主流的 IoC 实现方式,这两种实现方式各有特点,也各具有优势。

Type 2 设值注入的优势如下:

(1) 对于习惯了传统 JavaBean 开发的程序员而言,通过 setter 方法设定依赖关系显得更加直观,更加自然。

(2) 如果依赖关系(或继承关系)比较复杂,那么 Type 3 模式的构造函数也会相当庞大(我们需要在构造函数中设定所有的依赖关系),此时 Type 2 模式往往更为简洁。

(3) 对于某些第三方类库而言,可能要求组件必须提供一个默认的构造函数(例如

Struts 中的 Action),此时 Type 3 类型的依赖注入机制体现出其局限性,难以完成用户期望的功能。

Type 3 构造器注入的优势如下:

(1)"在构造期即创建一个完整、合法的对象",对于这条 Java 设计原则,Type 3 无疑是最好的响应者。

(2)避免了烦琐的 setter 方法的编写,所有依赖关系均在构造函数中设定,依赖关系集中呈现,更加易读。

(3)由于没有 setter 方法,依赖关系在构造时由容器一次性设定,因此组件在被创建之后即处于相对"不变"的稳定状态,用户无须担心上层代码在调用过程中执行 setter 方法对组件的依赖关系产生破坏,特别是对于 Singleton 模式的组件而言,这可能会对整个系统产生重大的影响。

(4)同样,由于关联关系仅在构造函数中表达,只有组件创建者需要关心组件内部的依赖关系。对于调用者而言,组件中的依赖关系处于黑盒之中。对上层屏蔽不必要的信息,也为系统的层次清晰性提供了保证。

(5)通过构造器注入,意味着用户可以在构造函数中决定依赖关系的注入顺序,对于一个大量依赖外部服务的组件而言,依赖关系的获得顺序可能非常重要,比如某个依赖关系注入的先决条件是组件的 UserDao 及相关资源已经被设定。

可见,Type 3 和 Type 2 模式各有特点,而 Spring、PicoContainer 都对 Type 3 和 Type 2 类型的依赖注入机制提供了良好的支持,这也为用户提供了更多的选择。理论上,以 Type 3 类型为主,辅之以 Type 2 类型机制作为补充,可以达到最好的依赖注入效果,不过对于基于 Spring Framework 开发的应用而言,Type 2 的使用更加广泛。

习题 12

1. Spring 框架的优势是什么?
2. 简述控制反转机制的核心思想。
3. 从官方网站下载 Spring 框架并安装、配置。

第13章

Struts+Hibernate+ Spring 整合实例

13.1 利用工具搭建环境

13.1.1 Struts 框架的加入

新建一个名为 ssh2 的 Web 项目,如图 13-1 所示。

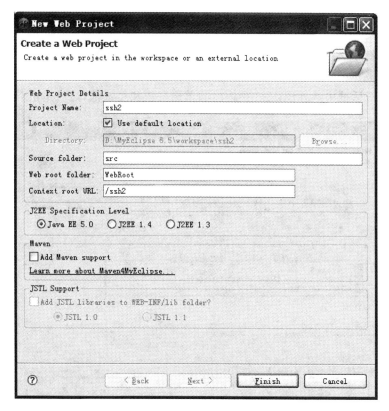

图 13-1　新建项目

把 Struts2 的依赖 JAR 包添加到项目工程中。用 WinRAR 解压 Struts-2.2.3\apps\ struts2-blank. war,把 Struts-2.2.3\apps\struts2-blank\WEB-INF\lib 下面的所有 JAR 包添加到 Web 工程的 lib 目录下。

13.1.2　Hibernate 框架的加入

添加 Hibernate 的依赖库,在此选中刚创建的项目,然后右击,具体操作如图 13-2 所示。

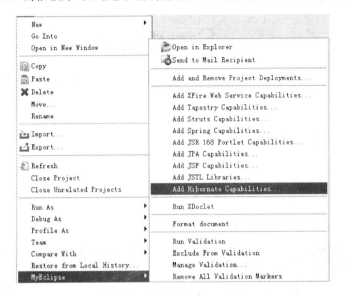

图 13-2　添加 Hibernate 支持

在弹出的对话框中选择图 13-3 中框住的单选按钮和复选框,然后单击 Next 按钮。

图 13-3　添加 Hibernate 支持界面 1

在弹出的对话框中不选择第 1 个复选框(见图 13-4),后面手工来编写。

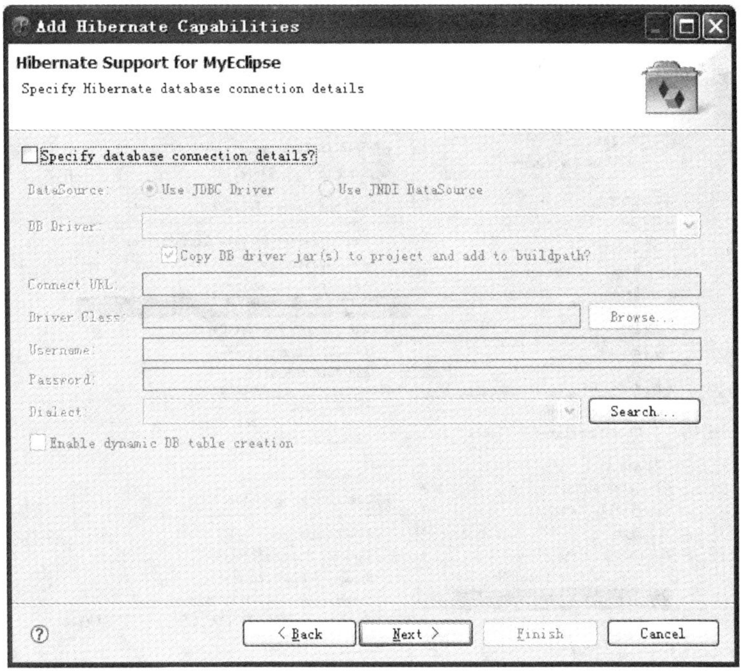

图 13-4　添加 Hibernate 支持界面 2

单击 Next 按钮,在弹出的对话框中仍然不选择复选框(见图 13-5),然后单击 Finish
按钮。

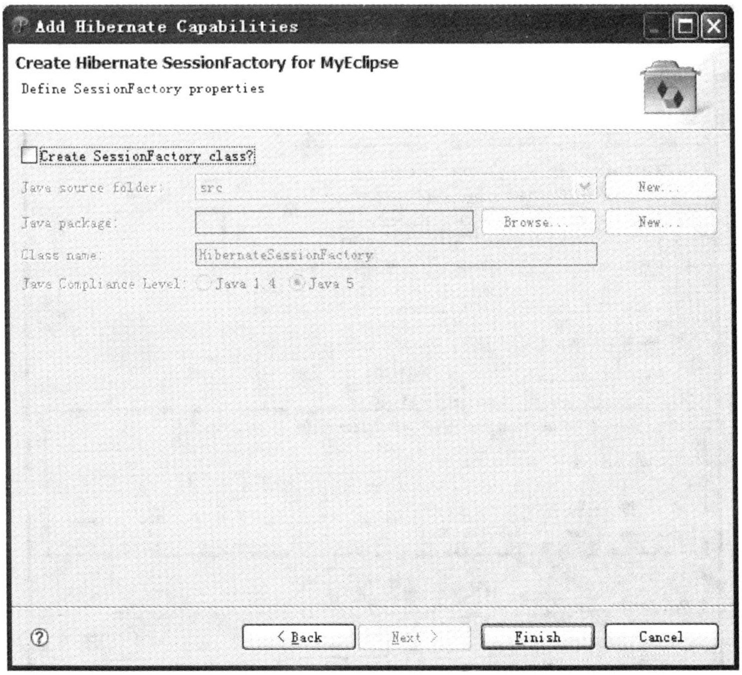

图 13-5　添加 Hibernate 支持界面 3

13.1.3　添加 Spring

选中刚创建的项目,然后右击,具体操作如图 13-6 所示。

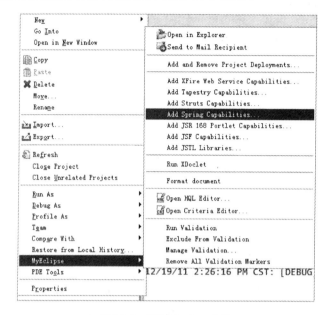

图 13-6　添加 Spring 支持

在弹出的对话框中选择图 13-7 中框住的单选按钮和复选框。

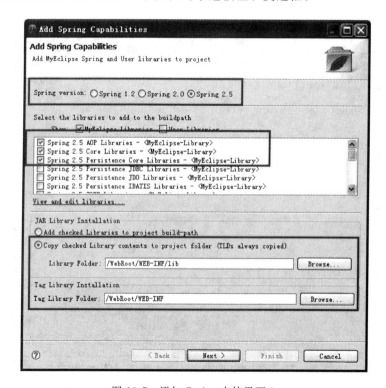

图 13-7　添加 Spring 支持界面 1

按图 13-8 选择之后,单击 Next 按钮进入下一个界面。

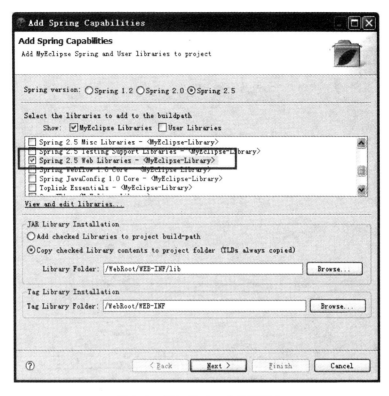

图 13-8　添加 Spring 支持界面 2

此处的 Folder 一定要写成 WebRoot/WEB-INF,否则不容易找到,如图 13-9 所示。

图 13-9　添加 Spring 支持界面 3

单击 Next 按钮,然后在弹出的如图 13-10 所示的对话框中直接单击 Finish 按钮。

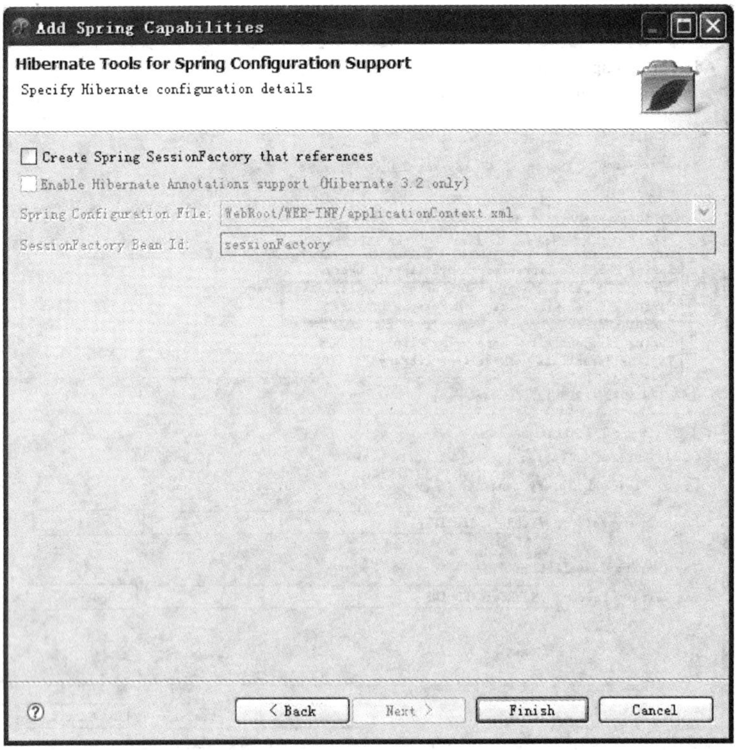

图 13-10　添加 Spring 支持界面 4

因为需要连接数据库,因此还需要数据库的依赖 JAR 包,下载 commons-dbcp-1.4.jar、commons-pool-1.5.6.jar、mysql-connector-java-5.0.8-bin.jar,并进行添加。由于 Struts 和 Spring 整合了,所以用户不要漏掉添加 struts2-spring-plugin-2.2.3.jar 文件,它位于 Struts-2.2.3\lib 目录下。

13.2　编写代码实现功能

13.2.1　创建映射类

在 com.lingdus.bean 包下创建 Users.java 类。

```
//Users.java
packagecom.lingdus.bean;
importjava.io.Serializable;
publicclassUsersimplementsSerializable{
privateintid;
privateStringusername;
privateStringpassword;
publicintgetId(){
returnid;
```

```
}
publicvoidsetId(intid){
this.id = id;
}
publicStringgetUsername(){
returnusername;
}
publicvoidsetUsername(Stringusername){
this.username = username;
}
publicStringgetPassword(){
returnpassword;
}
publicvoidsetPassword(Stringpassword){
this.password = password;
}
}
```

13.2.2　创建映射文件

在 com.lingdus.bean 包下创建一个 Users.xml 文件。

```
//Users.xml
<?xmlversion = "1.0"encoding = "UTF - 8"?>
<!DOCTYPEhibernate - mappingPUBLIC" - //Hibernate/HibernateMappingDTD3.0//EN"
"http://hibernate.sourceforge.net/hibernate - mapping - 3.0.dtd">
<hibernate - mapping>
<classname = "com.lingdus.bean.Users"table = "scbdqn_users">
<idname = "id"column = "id"type = "int">
<generatorclass = "increment"></generator>
</id>
<propertyname = "username"column = "username"type = "string"></property>
<propertyname = "password"column = "password"type = "string"></property>
</class>
</hibernate - mapping>
```

13.2.3　创建 DAO 文件

在 com.lingdus.dao 下创建一个 UserDAO.java 文件。

```
//UserDAO.java
packagecom.lingdus.dao;
importcom.lingdus.bean.Users;
publicinterfaceUserDAO{
publicvoiddoRegister(Usersuser);
}
```

在 com.lingdus.dao.impl 下创建一个 UserDAOImpl.java 文件。

```
//UserDAOImpl.java
packagecom.lingdus.dao.impl;
```

```
importorg. springframework. orm. hibernate3. support. HibernateDaoSupport;
importcom. lingdus. bean. Users;
importcom. lingdus. dao. UserDAO;
publicclassUserDAOImplextendsHibernateDaoSupportimplementsUserDAO{
publicvoiddoRegister(Usersuser){
this. getHibernateTemplate(). save(user);
}
}
```

13.2.4 创建 Service 接口

在 com. lingdus. service 下创建一个 UserService. java 文件。

```
//UserService. java
packagecom. lingdus. service;
importcom. lingdus. bean. Users;
publicinterfaceUserService{
publicvoiddoRegister(Usersuser);
}
```

13.2.5 实现 Service 接口

在 com. lingdus. service. impl 下创建一个 UserServiceImpl. java 文件。

```
//UserServiceImpl. java
packagecom. lingdus. service. impl;
importcom. lingdus. bean. Users;
importcom. lingdus. dao. UserDAO;
importcom. lingdus. service. UserService;
publicclassUserServiceImplimplementsUserService{
privateUserDAOuserDAO;
publicUserDAOgetUserDAO(){
returnuserDAO;
}
publicvoidsetUserDAO(UserDAOuserDAO){
this. userDAO = userDAO;
}

publicvoiddoRegister(Usersuser){
this. userDAO. doRegister(user);
}
}
```

13.2.6 创建 Action

在 com. lingdus. action 下创建一个 UserRegisterAction. java 文件。

```
//UserRegisterAction. java
packagecom. lingdus. action;
importjava. util. Map;
```

```
importorg.apache.struts2.ServletActionContext;
importcom.lingdus.bean.Users;
importcom.lingdus.service.UserService;
importcom.opensymphony.xwork2.ActionSupport;
publicclassUserRegisterActionextendsActionSupport{
privateUserServiceservice;
privateUsersuser;
publicUserServicegetService(){
returnservice;
}
publicvoidsetService(UserServiceservice){
this.service = service;
}
publicUsersgetUser(){
returnuser;
}
publicvoidsetUser(Usersuser){
this.user = user;
}
@Override
publicStringexecute()throwsException{
this.service.doRegister(this.user);
if(0 == this.user.getId()){
returnERROR;
}
returnSUCCESS;
}
}
```

13.2.7　配置 applicationContext.xml

将 WebRoot\WEB-INF 下的 applicationContext.xml 替换成以下内容：

```
//applicationContext.xml
<?xmlversion = "1.0"encoding = "UTF - 8"?>
< beansxmlns = "http://www.springframework.org/schema/beans"
xmlns:xsi = "http://www.w3.org/2001/XMLSchema - instance"
xsi:schemaLocation = " http://www.springframework.org/schema/beans http://www.springframework.
org/schema/beans/spring - beans - 2.5.xsd">
< beanid = "dataSource"
class = "org.apache.commons.dbcp.BasicDataSource"
destroy - method = "close">
< propertyname = "driverClassName">
< value > com.microsoft.sqlserver.jdbc.SQLServerDriver </value >
</property >
< propertyname = "url">
< value > jdbc:sqlserver://localhost:1433;databaseName = ssh2 </value >
</property >
< propertyname = "username">
< value > sa </value >
</property >
```

```xml
< propertyname = "password">
< value > sql2008 </value >
</property >
</bean >
< beanid = "sessionFactory"
class = "org. springframework. orm. hibernate3. LocalSessionFactoryBean">
< propertyname = "dataSource"ref = "dataSource"/>
< propertyname = "mappingResources">
< list >
< value > com/lingdus/bean/Users. xml </value >
</list >
</property >
< propertyname = "hibernateProperties">
< props >
< propkey = "hibernate. dialect">
org. hibernate. dialect. SQLServerDialect
</prop >
< propkey = "hibernate. show_sql"> false </prop >
</props >
</property >
</bean >
< beanid = "userDAO"class = "com. lingdus. dao. impl. UserDAOImpl">
< propertyname = "sessionFactory"ref = "sessionFactory"></property >
</bean >
< beanid = "userService"
class = "com. lingdus. service. impl. UserServiceImpl">
< propertyname = "userDAO"ref = "userDAO"></property >
</bean >
< beanid = "springUserRegisterAction"
class = "com. lingdus. action. UserRegisterAction">
< propertyname = "service"ref = "userService"></property >
</bean >
</beans >
```

13.2.8　配置 struts. xml

在 src 目录下创建一个 struts. xml 文件,内容如下:

```xml
//struts.xml
<?xmlversion = "1. 0"encoding = "UTF - 8"?>
<! DOCTYPEstrutsPUBLIC
" - //ApacheSoftwareFoundation//DTDStrutsConfiguration2. 1. 7//EN"
"http://struts. apache. org/dtds/struts - 2. 1. 7. dtd">
< struts >
< packagename = "ssh2"extends = "struts - default">
< actionname = "doRegister"class = "springUserRegisterAction">
< resultname = "success"> ok. jsp </result >
< resultname = "error"> error. jsp </result >
</action >
</package >
</struts >
```

13.2.9 配置 web.xml

将 WebRoot\WEB-INF 下的 web.xml 替换成以下内容：

```
//web.xml
<?xmlversion = "1.0"encoding = "UTF - 8"?>
< web - appversion = "2.5"xmlns = "http://java.sun.com/xml/ns/javaee"
xmlns:xsi = "http://www.w3.org/2001/XMLSchema - instance"
xsi:schemaLocation = "http://java.sun.com/xml/ns/javaee
http://java.sun.com/xml/ns/javaee/web - app_2_5.xsd">
< welcome - file - list >
< welcome - file > index.jsp </welcome - file >
</welcome - file - list >
< filter >
< filter - name > ssh2 </filter - name >
< filter - class >
org.apache.struts2.dispatcher.ng.filter.StrutsPrepareAndExecuteFilter
</filter - class >
</filter >
< filter - mapping >
< filter - name > ssh2 </filter - name >
< url - pattern >/ * </url - pattern >
</filter - mapping >
< listener >
< listener - class >
org.springframework.web.context.ContextLoaderListener
</listener - class >
</listener >
</web - app >
```

在 ssh2 数据库中创建 users 表，字段为 id(int，仅设置主键)、username(varchar(255))、password(varchar(255))，删除 lib 目录下的 asm-2.2.3.jar、asm-3.1.jar 文件。

13.2.10 编写 index.jsp 文件

```
//index.jsp
<?xmlversion = "1.0"encoding = "UTF - 8"?>
< % @pagelanguage = "java"import = "java.util. * "pageEncoding = "UTF - 8" % >
< %
Stringpath = request.getContextPath();
StringbasePath = request.getScheme() + "://"
 + request.getServerName() + ":" + request.getServerPort()
 + path + "/";
% >

<!DOCTYPEHTMLPUBLIC" - //W3C//DTDHTML4.01Transitional//EN">
< html >
< head >
< basehref = "< % = basePath % >">
```

```
<title>MyJSP'index.jsp'startingpage</title>
<metahttp-equiv="pragma"content="no-cache">
<metahttp-equiv="cache-control"content="no-cache">
<metahttp-equiv="expires"content="0">
<metahttp-equiv="keywords"content="keyword1,keyword2,keyword3">
<metahttp-equiv="description"content="Thisismypage">
</head>

<body>
<formaction="doRegister.action"method="post">
账号:
<inputtype="text"name="user.username"/>
<br/>
密码:
<inputtype="password"name="user.passoword"/>
<br/>
<inputtype="submit"value="注册"/>
</form>
</body>
</html>
```

启动项目,整合结束。

习题 13

1. 完成本章中的 ssh2 整合实例。

2. 创建一个 user 表(userid,name,password,age,sex,email),利用 ssh2 整合框架完成增、删、改、查操作。

参 考 文 献

［1］ ［美］Y. Daniel Liang 著. Java 语言程序设计基础篇. 原书第 5 版. 王镁，新夫，李娜译. 北京：机械工业出版社，2008.

［2］ 雍俊海. Java 语言程序设计教程. 2 版. 北京：清华大学出版社，2008.

［3］ 郑莉，等. Java 语言程序设计. 北京：清华大学出版社，2007.

［4］ 洪维恩. Java 2 面向对象程序设计. 北京：中国铁道出版社，2005.

［5］ 林信良. Java 学习笔记. 北京：清华大学出版社，2008.

［6］ 陈国君，等. Java 程序设计基础. 3 版. 北京：清华大学出版社，2011.

［7］ 郭克华，等. JavaEE 程序设计与应用开发. 北京：清华大学出版社，2011.

［8］ 耿祥义，等. Java 2 实用教程. 4 版. 北京：清华大学出版社，2012.

［9］ 陆飞，等. Java 程序设计实用教程(普通高等教育"计算机类专业"规划教材). 北京：清华大学出版社，2013.

［10］ 刘慧琳. Java 程序设计教程. 2 版. 北京：人民邮电出版社，2013.